高等职业教育"十四五"系列教材

AutoCAD 中文版基础应用信息化教程

（第二版）

主 编 付 饶 段利君 洪友伦
副主编 陈晓雲 张 黎 刘英蝶 任宣霓
参 编 唐丽君

扫码加入学习圈
轻松解决重难点

南京大学出版社

内 容 简 介

本书结合大量实例,系统地介绍了使用AutoCAD 2008进行计算机绘图的方法与技巧。全书共分13章,主要内容包括AutoCAD绘图基础,绘制和编辑二维图形,面域与图案填充,文字与表格,标注尺寸,创建与使用图块,绘制和编辑三维图形以及输出图形等。

本书内容注重将AutoCAD的作图原理和方法与实际应用相结合,结构清晰,叙述深入浅出,既可作为高职高专院校相关专业的教材,也可作为从事计算机绘图技术研究与应用人员的参考书。

图书在版编目(CIP)数据

AutoCAD中文版基础应用信息化教程 / 付饶,段利君,
洪友伦主编. -- 2 版. -- 南京:南京大学出版社,
2024. 10. -- ISBN 978-7-305-28134-1

Ⅰ. TP391.72
中国国家版本馆CIP数据核字第2024MA0822号

出版发行	南京大学出版社
社　　址	南京市汉口路22号　邮编　210093
书　　名	**AutoCAD中文版基础应用信息化教程**
	AutoCAD ZHONGWENBAN JICHU YINGYONG XINXIHUA JIAOCHENG
主　　编	付 饶　段利君　洪友伦
责任编辑	吴 华　　　编辑热线　025-83596997
照　　排	南京新华丰制版有限公司
印　　刷	南京京新印刷有限公司
开　　本	787mm×1092mm　1/16　印张16.75　字数418千
版　　次	2024年10月第2版　2024年10月第1次印刷
ISBN	978-7-305-28134-1
定　　价	43.00元

网址　http://www.njupco.com
官方微博　http://weibo.com/njupco
微信公众号　njupress
销售咨询热线　025-83594756

扫码教师可免费
申请教学资源

* 版权所有,侵权必究
* 凡购买南大版图书,如有印装质量问题,请与所购
　图书销售部门联系调换

前　　言

　　AutoCAD是美国Autodesk公司开发的通用计算机辅助设计软件。该软件具有操作简单、体系结构开放、平台要求不高等优点，能够绘制二维图形与常见三维图形、标注图形、渲染图形等。其AutoCAD经典工作界面在广大用户中深受好评，被广泛应用于机械、建筑、电子、服装、建材设计等领域。

　　本教材内容将AutoCAD的作图原理和方法与实际应用有机结合，通过大量的插图和实例循序渐进地介绍AutoCAD软件的主要功能、操作方法和使用技巧。教材共分为13章。第1章主要介绍AutoCAD 2008的基本功能与用户界面；第2章介绍图形文件的操作方法；第3章介绍绘制二维图形的各种使用命令及方法；第4章介绍编辑二维图形的方法；第5章介绍图案填充的操作方法；第6章介绍创建文字和表格的形式及标注文字的方法；第7章介绍尺寸标注样式的设置及各种尺寸的标注方法；第8章介绍图块的创建和管理；第9章介绍设计中心与对象特性编辑的功能；第10章介绍各种三维图形的创建以及渲染图形的方法；第11章介绍复杂三维模型的创建方法；第12章介绍图形文件的输出方法；第13章介绍机械图样绘制的综合应用并融入课程思政教学。

　　近年来随着信息技术的发展，在线学习成为一种重要的学习模式。以本教材为主讲教材的《识图与制图》课程先后评为四川省"十三五"、"十四五"精品在线开放课程。课程于2019年11月成功上线中国大学MOOC网，至今开课9期，选课人数15000人以上。为了方便本教材的学习者使用《识图与制图》课程MOOC视频资源，在本次教材改版过程中我们把10个MOOC教学视频、2个课程思政教学视频和13个习题讲解视频与二维码链接起来，使用者只需用手机扫描相应二维码即可观看相应视频。所有视频均为超高清录制，MOOC视频和课程思政视频配有字幕。

　　在这次教材改版中，我们在第13章中增加了课程思政的教学内容。通过讲解二号标准图旗的绘制方法和赏析学生优秀CAD作品进行思政教学，将专业内容与思政教学有机融合，达到润物细无声的育人效果。教材各章节后的练习题许多来自Autodesk公司的CAD应用工程师认证题库，实现书证融通，充分体现职业教育的特点。

　　《识图与制图》课程每年春、秋两季均在中国大学MOOC网上开课，学习者可登录网址www.icourse163.org搜索课程名在线辅助学习。

　　教材由付饶、段利君、洪友伦主编，陈晓雲、张黎、刘英蝶、任宣霓任副主编，唐丽君参编。由于编者水平有限，教材中难免有不足之处，欢迎广大读者批评指正。我们的电子邮箱是：425256618@qq.com。

编　者

2024年2月

目 录

第1章 AutoCAD 2008概述 1
1.1 AutoCAD简介 1
　1.1.1 AutoCAD的发展概况 1
　1.1.2 AutoCAD的基本功能 1
1.2 AutoCAD的用户界面 3
思考与练习 6

第2章 AutoCAD绘图基础 7
2.1 图形文件的操作方法 7
　2.1.1 创建图形文件 7
　2.1.2 打开图形文件 11
　2.1.3 保存图形文件 11
　2.1.4 关闭当前图形文件 12
2.2 设置绘图环境 12
2.3 设置颜色、线型、线宽及图层 ... 19
　2.3.1 设置颜色 19
　2.3.2 设置线型 19
　2.3.3 设置线宽 21
　2.3.4 设置图层 21
2.4 主命令的执行方式 24
　2.4.1 命令行输入 24
　2.4.2 工具栏按钮输入 25
　2.4.3 下拉菜单输入 25
　2.4.4 快捷键方式输入 26
2.5 坐标系及其应用 27
　2.5.1 绝对直角坐标系 27
　2.5.2 相对直角坐标系 28
　2.5.3 绝对极坐标系 29
　2.5.4 相对极坐标系 29
2.6 辅助绘图工具的应用 30
　2.6.1 捕捉与栅格 30
　2.6.2 正交 31

　2.6.3 极轴 31
　2.6.4 对象捕捉与对象追踪 ... 33
　2.6.5 动态输入 34
2.7 个性化工作空间 36
　2.7.1 工具选项板 37
　2.7.2 面板 38
　2.7.3 自定义工作空间 38
思考与练习 39

第3章 绘制二维图形 41
3.1 绘制基本二维图形的命令 ... 41
3.2 常用绘图命令的使用及有关参数
　　设置 42
　3.2.1 直线 42
　3.2.2 构造线 43
　3.2.3 多段线 44
　3.2.4 正多边形 46
　3.2.5 矩形 47
　3.2.6 圆 48
　3.2.7 圆弧 52
　3.2.8 椭圆 55
　3.2.9 样条曲线 57
　3.2.10 点 58
思考与练习 61

第4章 编辑二维图形及信息查询 63
4.1 常用二维图形的编辑命令 ... 63
　4.1.1 删除 64
　4.1.2 移动 65
　4.1.3 复制 66
　4.1.4 镜像 67
　4.1.5 偏移 69

4.1.6	阵列	71	
4.1.7	旋转	73	
4.1.8	缩放（比例）	74	
4.1.9	拉伸	76	
4.1.10	拉长	77	
4.1.11	修剪	79	
4.1.12	延伸	80	
4.1.13	打断	81	
4.1.14	合并	82	
4.1.15	倒角	83	
4.1.16	圆角	84	
4.1.17	分解	84	
4.1.18	特性匹配	85	
4.1.19	夹点编辑	86	
4.1.20	对象特性编辑	87	
4.1.21	生成选择集过滤对象	88	

4.2 图形信息的查询 …… 91
    4.2.1 查询距离 …… 91
    4.2.2 查询面积 …… 92
    4.2.3 查询面域/质量特性 …… 94
    4.2.4 列表 …… 95
思考与练习 …… 96

第5章 面域与图案填充 …… 98
5.1 面域 …… 98
    5.1.1 创建面域 …… 98
    5.1.2 面域的编辑 …… 99
    5.1.3 面域信息的查询 …… 100
5.2 图案填充 …… 101
    5.2.1 创建图案填充 …… 101
    5.2.2 编辑图案填充 …… 107
思考与练习 …… 108

第6章 文字与表格 …… 110
6.1 文字样式的创建与注写 …… 110
    6.1.1 设置文字样式 …… 110
    6.1.2 输入单行文字 …… 111
    6.1.3 输入多行文字 …… 112
    6.1.4 编辑文字 …… 114
    6.1.5 创建堆叠文字 …… 115
6.2 表格的创建与编辑 …… 117
    6.2.1 创建表格 …… 118
    6.2.2 编辑表格 …… 122
思考与练习 …… 128

第7章 标注尺寸 …… 130
7.1 尺寸的组成和标注类型 …… 130
    7.1.1 尺寸的组成 …… 130
    7.1.2 尺寸标注的类型 …… 131
7.2 尺寸标注样式 …… 131
    7.2.1 标注样式管理器 …… 131
    7.2.2 创建新的标注样式 …… 133
7.3 标注图形尺寸 …… 137
    7.3.1 长度型尺寸的标注 …… 138
    7.3.2 圆弧型尺寸标注 …… 141
    7.3.3 角度型尺寸标注 …… 143
    7.3.4 引线标注 …… 144
7.4 尺寸的编辑 …… 147
7.5 形位公差的标注 …… 148
思考与练习 …… 150

第8章 创建与使用图块 …… 152
8.1 创建图块 …… 152
    8.1.1 创建内部图块 …… 152
    8.1.2 创建外部图块 …… 153
8.2 插入图块 …… 154
8.3 编辑图块 …… 155
8.4 设置图块属性 …… 156
    8.4.1 定义块属性 …… 156
    8.4.2 创建插入带属性的图块 …… 157
    8.4.3 编辑插入图块的属性 …… 158
    8.4.4 提取图块的属性 …… 159
8.5 创建与应用动态块 …… 163
    8.5.1 创建动态块 …… 163

  8.5.2 应用动态块 …………… 166
 思考与练习 ……………………… 168

第9章 设计中心与对象特性编辑 …… 169
 9.1 设计中心 ……………………… 169
  9.1.1 启动设计中心 …………… 169
  9.1.2 设计中心的工作界面介绍 … 170
  9.1.3 设计中心的使用 ………… 171
 9.2 对象特性编辑 ………………… 174
  9.2.1 使用对象特性 …………… 174
  9.2.2 对象特性编辑方法 ……… 174
 思考与练习 ……………………… 176

第10章 绘制三维图形 …………… 177
 10.1 基本绘图命令 ………………… 177
  10.1.1 绘制长方体 …………… 178
  10.1.2 绘制圆锥体 …………… 180
  10.1.3 绘制球体 ……………… 180
  10.1.4 绘制圆柱体 …………… 181
  10.1.5 绘制圆环体 …………… 181
  10.1.6 绘制螺旋 ……………… 182
  10.1.7 绘制楔体 ……………… 182
  10.1.8 三维多段线 …………… 183
  10.1.9 拉伸 …………………… 184
  10.1.10 加厚 ………………… 185
  10.1.11 扫掠 ………………… 186
  10.1.12 旋转 ………………… 186
  10.1.13 放样 ………………… 187
 10.2 渲染 …………………………… 188
  10.2.1 在渲染窗口中渲染对象 … 188
  10.2.2 在视口中渲染对象 …… 188
  10.2.3 设置渲染背景 ………… 189
 10.3 创建光源 ……………………… 190
  10.3.1 创建点光源 …………… 191
  10.3.2 创建聚光灯 …………… 191
  10.3.3 创建平行光 …………… 192
 10.4 设置材质 ……………………… 192
 10.5 设置贴图 ……………………… 195

 思考与练习 ……………………… 196

第11章 编辑三维图形 …………… 197
 11.1 创建复杂的三维图形 ………… 197
  11.1.1 并集运算 ……………… 197
  11.1.2 差集运算 ……………… 198
  11.1.3 交集运算 ……………… 199
  11.1.4 三维旋转 ……………… 199
  11.1.5 三维阵列 ……………… 200
  11.1.6 三维对齐 ……………… 202
  11.1.7 剖切 …………………… 202
  11.1.8 倒角 …………………… 203
  11.1.9 圆角 …………………… 204
  11.1.10 实体的夹点编辑 ……… 205
  11.1.11 坐标系的转换与应用 … 206
  11.1.12 动态观察器的使用 …… 207
 11.2 实体表面编辑 ………………… 208
  11.2.1 拉伸面 ………………… 208
  11.2.2 移动面 ………………… 209
  11.2.3 偏移面 ………………… 210
  11.2.4 删除面 ………………… 211
  11.2.5 旋转面 ………………… 212
  11.2.6 倾斜面 ………………… 213
  11.2.7 复制面 ………………… 214
  11.2.8 着色面 ………………… 215
  11.2.9 复制边和着色边 ……… 216
  11.2.10 压印和清除 …………… 216
  11.2.11 抽壳 ………………… 217
 11.3 创建复杂三维实体模型的综合
    实例 …………………………… 218
 11.4 三维实体生成平面视图的方法
    ………………………………… 224
  11.4.1 基本原理 ……………… 224
  11.4.2 具体步骤 ……………… 225
 思考与练习 ……………………… 228

第12章 输出图形 ……………… 230

12.1 模型空间与图纸空间 ……… 230
　12.1.1 模型空间 …………… 230
　12.1.2 在模型空间输出图形 … 231
　12.1.3 图纸空间 …………… 234
12.2 创建布局及浮动视口 ……… 234
　12.2.1 创建布局 …………… 235
　12.2.2 建立浮动视口 ……… 235
　12.2.3 在图纸空间输出图形 … 239
12.3 电子打印与发布 …………… 241
　12.3.1 电子打印 …………… 241
　12.3.2 发布 ………………… 242
思考与练习 ………………………… 244

第13章 综合应用 …………………… 245
13.1 机械设计特殊符号输入、机械样式字体以及CAD国标图层设置 ………… 245
　13.1.1 机械设计特殊符号输入 … 245
　13.1.2 机械样式字体设置 …… 248
　13.1.3 CAD图标图层设置 …… 249
13.2 第三角画法与第一角画法的AutoCAD转换方法 ………………… 250
13.3 综合应用实例——思政教学 … 253
　13.3.1 二号标准国旗的绘制 … 253
　13.3.2 学生CAD作品赏析 …… 256
思考与练习 ………………………… 260

第1章

AutoCAD 2008 概述

学习目标

本章作为全书的开端，将简单介绍AutoCAD 2008中文版软件的基本功能与操作界面，为下面的学习打下坚实的基础。

学习要求

- **了解**：AutoCAD 2008中文版的基本功能。
- **掌握**：AutoCAD 2008的操作界面。

1.1 AutoCAD简介

扫码可见"软件的基本设置和操作"

AutoCAD是美国Autodesk公司开发的计算机辅助绘图与设计软件。由于该软件具有适应性广、功能强大且操作方便等特点，因而成为当今设计领域应用最为广泛的计算机绘图软件。

1.1.1 AutoCAD的发展概况

Autodesk公司于1982年12月首次将AutoCAD推向市场，开创了利用微型计算机进行计算机辅助设计的先河。由于该软件具有优越的性价比，因而受到广大用户的喜爱。历经20余年的不断改进和完善，AutoCAD已成为当今世界上使用最广的CAD软件。

AutoCAD 2008为Autodesk公司近期推出的新版本。与以往的版本相比较，2008版在用户界面、工作空间、面板、选项板、图形管理、图层等多个方面进行了改进。

1.1.2 AutoCAD的基本功能

AutoCAD软件的基本功能包括图形绘制与编辑、文字注写、尺寸标注、二次开发和图形输出等，下面将分别进行介绍。

1. 图形绘制功能

① 绘制二维图形

在AutoCAD中，利用绘图命令可以绘出点、直线、圆、圆弧、椭圆、矩形、正多边形等二维图形对象。用户可以采用多段线、样条曲线和多线等图线样式绘制图样，并可按国家标准的规定，绘出实线、点画线和虚线等多种线型（如图1-1所示为使用AutoCAD绘制的输出轴零件图）。

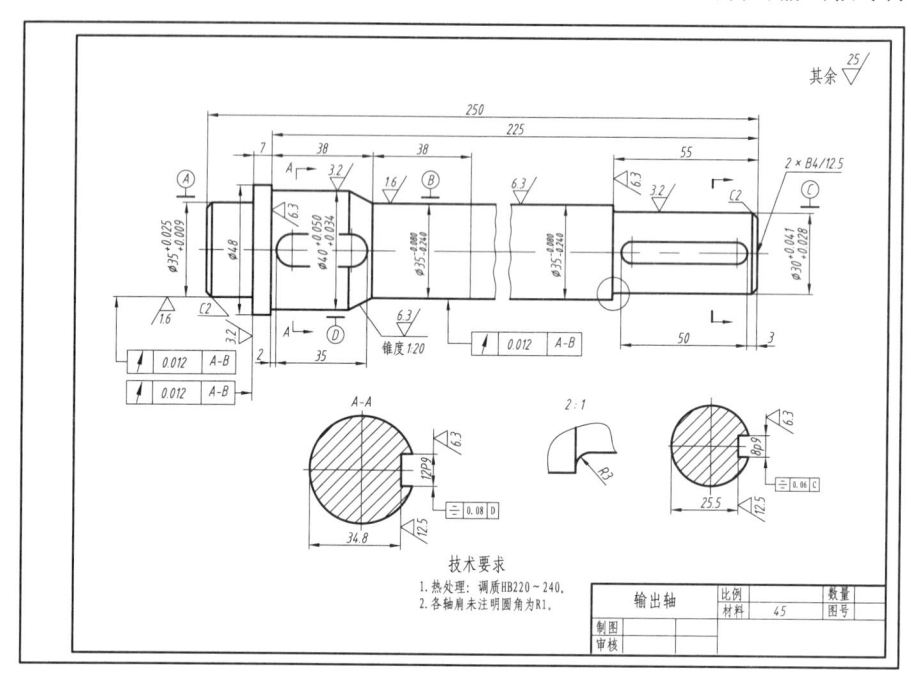

图1-1　用AutoCAD绘制的输出轴零件图

② 绘制三维实体造型

AutoCAD软件提供了创建球体、长方体、圆柱体、圆锥体、圆环体和楔体共6种基本体的命令，用户可通过拉伸、旋转、剖切及布尔运算等多种方法创建复杂的三维实体模型。如图1-2所示为使用AutoCAD创建的曲轴三维实体及其渲染图。

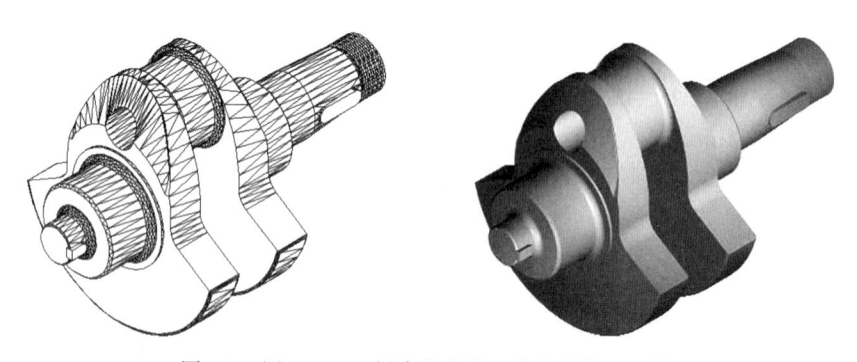

图1-2　用AutoCAD创建的曲轴三维实体模型及其渲染图

2. 图形编辑功能

AutoCAD具有很强的图形编辑功能,用户可利用该软件对二维几何图形、三维实体模型以及文字、表格进行删除、移动、复制、镜像、旋转、缩放等编辑处理。

3. 注写文字、标注尺寸及绘制表格功能

在AutoCAD中,用户可以根据需要创建适合自己工作的文字、尺寸和表格样式,并通过相应的命令,在图样上注写文字、标注尺寸或绘制表格。

4. 二次开发功能

由于AutoCAD为通用性的软件,因此为了扩充系统的功能和满足不同用户的需求,AutoCAD提供了多种编程接口,支持用户使用内嵌的或外部编程语言对其进行二次开发。AutoCAD中,可以使用的语言包括Visual LISP、Visual C++和Visual Basic等。如图1-3所示为使用Visual LISP语言编程绘制的图形。

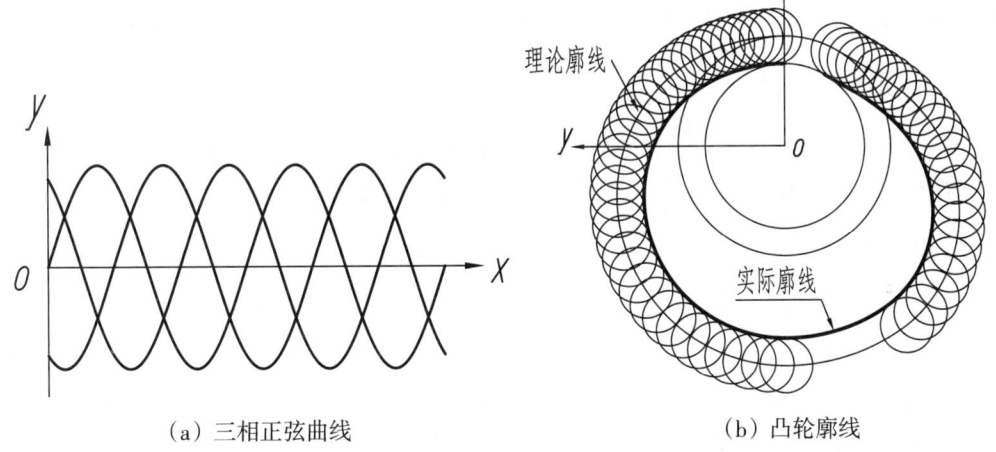

(a) 三相正弦曲线　　　　　　　　(b) 凸轮廓线

图1-3　利用Visual LISP语言绘制的图形

5. 图形输出功能

利用AutoCAD的图形输出命令,用户可以按任意的比例将图形的全部(或部分)打印在图纸上,或输出到文件中。

1.2　AutoCAD的用户界面

用户可以参考下面所介绍的方法启动AutoCAD 2008软件:
- 双击Windows桌面上的AutoCAD 2008快捷方式图标 。
- 选择"开始"|"程序"| Autodesk | AutoCAD 2008命令。

参考上面的方法启动AutoCAD 2008后,系统将打开如图1-4所示的"启动"对话框。单击

"启动"对话框中的"确定"按钮,将创建一空白页,其用户界面如图1-5所示。

图1-4　"启动"对话框

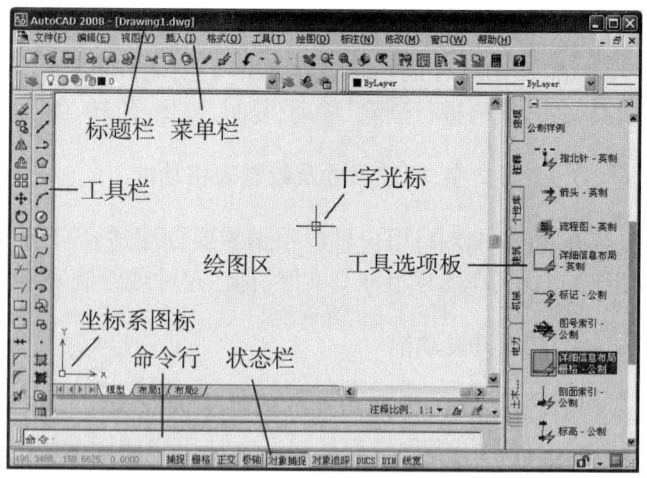

图1-5　AutoCAD 2008的用户界面

AutoCAD 2008的用户界面主要由标题栏、菜单栏、工具栏、工具选项板、绘图区、十字光标、坐标系图标、命令行和状态栏等组成,如图1-5所示。下面将分别介绍其各部的功能。

1. 标题栏

AutoCAD的标题栏显示了AutoCAD的版本和当前图形文件的名称及保存的路径。标题栏的右侧为控制AutoCAD系统窗口最小化、最大化、还原和关闭的按钮。

2. 菜单栏

AutoCAD的菜单栏汇集了AutoCAD的大部分命令,当用户选择菜单栏中的命令时,系统将弹出相应的菜单,如图1-6所示。AutoCAD系统菜单中命令后面所附符号表示的意义如下:
- 菜单项后面带有"…"符号时,表示选择该命令后,系统将打开一个对话框。
- 菜单项后面带有"▶"符号时,表示该命令带有子级菜单。

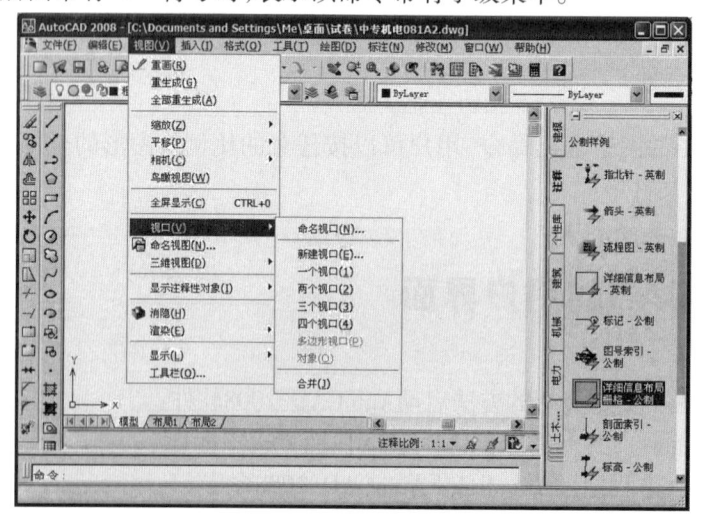

图1-6　下拉菜单

若菜单栏中的菜单命令呈灰色,表示在当前状态下,该命令不可使用。

3. 工具栏

AutoCAD 2008提供了三十多个工具栏,工具栏中的每个按钮(图标)代表一项命令,用户可以通过单击工具栏中的按钮输入命令。

AutoCAD软件启动后,系统默认显示"标准"工具栏、"绘图"工具栏、"修改"工具栏、"图层"工具栏、"特性"工具栏、"工作空间"工具栏和"绘图次序"工具栏,如图1-7所示。

若将光标指针放在工具栏上方的蓝色区域,按住鼠标左键可以拖动工具栏至适当的位置。若把光标指针移动到某一按钮上并停顿片刻,该按钮旁便会显示相应的名称,同时在状态栏中将显示该按钮的简要文字说明。

若用鼠标右键单击任意一个工具栏,系统将弹出如图1-8所示的"工具栏名称"菜单,通过该菜单用户可以打开或关闭某个工具栏。另外,单击工具栏右侧的 ✕ 按钮,也可关闭该工具栏。

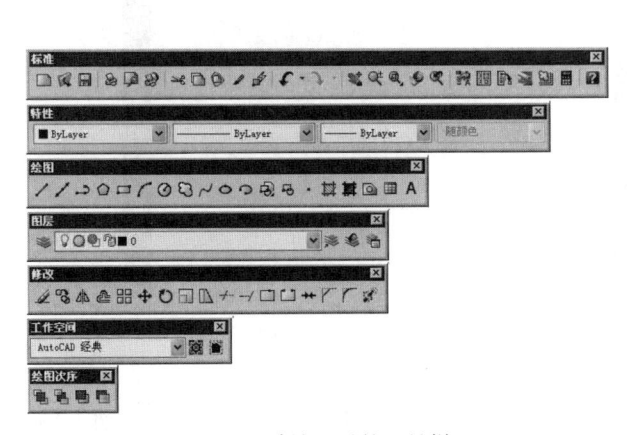

图1-7 默认显示的工具栏   图1-8 工具栏快捷菜单

4. 绘图区

AutoCAD的绘图区是用户绘制图形的区域。鼠标光标在绘图区中将显示为十字形,其十字线的交点即为光标的当前位置。在实际作图工作中,鼠标光标用于绘制图形和选取对象。

在绘图区的左下角有一个坐标系图标,该图标表明当前坐标系的类型。另外,若选择绘图区下方的"模型"(或"布局")选项卡,可以在"模型空间"和"图纸空间"之间进行切换。

5. 命令行

AutoCAD中的命令行是用户用键盘输入命令和系统显示提示信息的区域。在软件默认情况下,命令行保留三行最后执行的命令(或提示信息)。

6. 状态栏

AutoCAD的状态栏位于绘图区下方,其左侧显示了光标定位点的X、Y、Z坐标值,中间排列着"捕捉"、"栅格"、"正交"、"极轴"、"对象捕捉"、"对象追踪"、"DUCS动态坐标系"、"DYN动态输入"、"线宽"和"模型"等10个辅助绘图工具按钮。

状态栏的右侧的 图标,用于锁定工具栏和窗口的位置。单击状态栏中的"清除屏幕"按钮 可清除当前系统所有打开的工具栏,并以全屏方式显示绘图区。

7. 工具选项板(面板)

在AutoCAD的工具选项板(面板)上汇集了绘图、修改等常用命令和各种常用的图块,如图1-9所示。

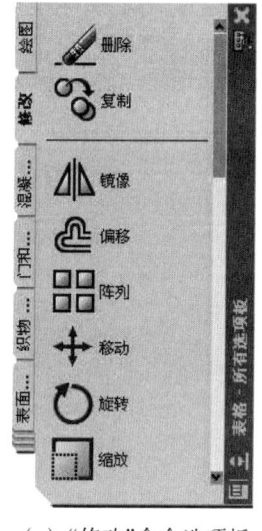

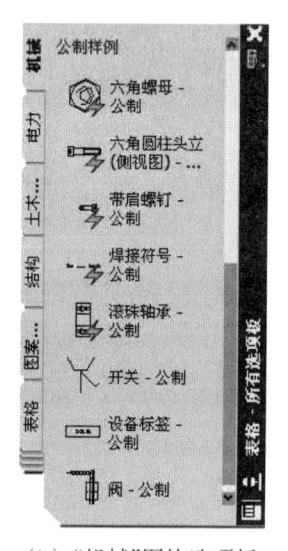

(a)"修改"命令选项板　　　　(b)"机械"图块选项板

图1-9　工具选项板

用户在作图时可以单击工具选项板中的命令按钮,快速输入命令,或者拖动工具选项板中的图块图标将其插入绘图区所需的位置。为方便作图,一般将工具选项板固定在绘图区的两侧,不用时可以将其隐藏或关闭。

思考与练习

(1) 简述AutoCAD的基本功能。
(2) 简述如何启动AutoCAD软件。
(3) 打开菜单栏中的各个选项,熟悉各选项的内容。
(4) 简述打开、移动和关闭AutoCAD工具栏的操作方法。

第 2 章

AutoCAD 绘图基础

学习目标

本章将分别介绍AutoCAD图形文件的创建、打开、关闭及保存的方法；常用绘图参数的范围及设定方法；图层及线宽、线型、颜色的设置方法；常用坐标系的相关设置规定；命令的输入方法以及辅助绘图工具的使用方法。

学习要求

- **了解**：AutoCAD常用绘图参数的范围及设定方法；常用坐标系的相关设置规定。
- **掌握**：图形文件的操作方法；图层的设定方法；命令的输入以及辅助绘图工具的使用方法。

2.1 图形文件的操作方法

AutoCAD 2008图形文件的基本操作内容包括创建图形文件、打开图形文件、保存和关闭图形文件等，下面将分别进行介绍。

2.1.1 创建图形文件

在AutoCAD中，用户可参考下面的方法输入"创建新图形"的命令。
- 工具栏：单击"标准"工具栏中的"新建"按钮 。
- 菜单栏：选择"文件"|"新建"命令。
- 命令行：输入NEW或QNEW后，按下Enter键。

输入"创建新图形"的命令后，系统将打开"创建新图形"对话框，如图2-1所示。若没有打开"创建新图形"对话框，则需通过命令栏修改系统参数STARTUP的设置，具体方法如下：

命令:STARTUP
输入startup的新值＜0＞: 1

将STARTUP参数修改为1后,再激活"新建图形"命令,便可弹出"创建新图形"对话框。

1. 从草图开始(使用默认图形样板文件中的设置创建新图形)

在如图2-1所示的"创建新图形"对话框中单击 (从草图开始)按钮,然后在"默认设置"选项区域中选中"英制(英尺和英寸)"单选按钮(或"公制"单选按钮),并单击"确定"按钮即可创建一个新图形。

2. 使用样板文件创建新图形

在"创建新图形"对话框中单击 (使用样板)按钮,将显示"使用样板"对话框(如图2-2所示)。这时,用户可从"选择样板"列表框中选择所需的样板文件,同时在"样板说明"区域中看到所选样板的文字说明信息,并且在"样板预览"区域中看到样板文件的图形信息。在完成样板文件的选择后,单击"确定"按钮即可创建图形。

图2-1 "创建新图形"对话框　　　　图2-2 使用样板创建新图形

3. 使用向导创建新图形

在"创建新图形"对话框中单击 (使用向导)按钮,将显示"使用向导"对话框(如图2-3所示)。这时,系统提供了两个选项,一个是"高级设置"选项,另一个是"快速设置"选项。设计者在"使用向导"对话框中的"选择向导"选项区域内选择所需的选项即可设置图形的相关参数,具体方法如下。

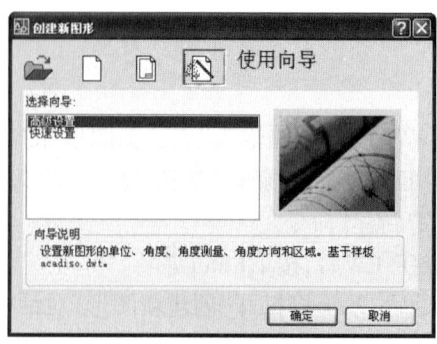

图2-3 使用向导创建新图形

① "高级设置"选项

"高级设置"选项用于设置新建图形的单位、角度、角度测量、角度方向和区域等参数。选

中"高级设置"选项后单击"使用向导"对话框中的"确定"按钮,将打开"高级设置-单位"对话框,如图2-4所示。

图2-4 "高级设置-单位"对话框

在"高级设置-单位"对话框中,用户可对新建图形的"测量单位"和"单位精度"进行设置。设置完成后,单击"下一步"按钮,将打开"高级设置-角度"对话框,如图2-5所示。

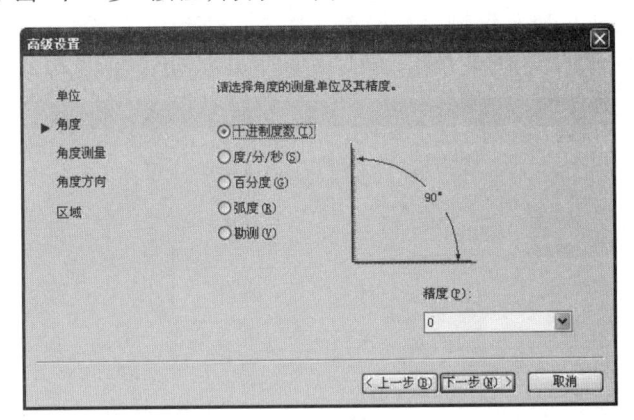

图2-5 "高级设置-角度"对话框

在"高级设置-角度"对话框中,将允许用户对新建图形的"角度测量单位和精度"进行设置。设置完成后,单击"下一步"按钮,将打开"高级设置-角度测量"对话框,如图2-6所示。

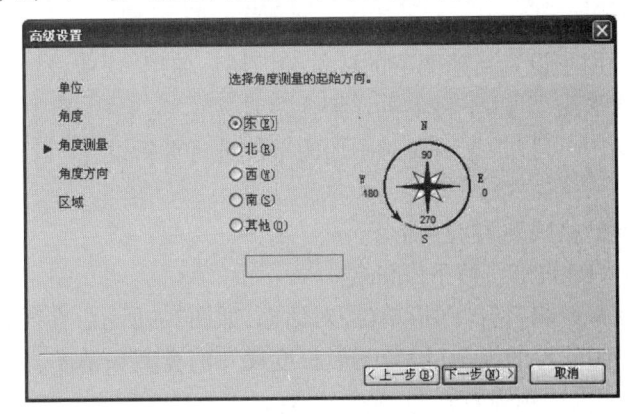

图2-6 "高级设置-角度测量"对话框

在"高级设置-角度测量"对话框中,将允许用户对新建图形的"角度测量起始方向"进行设置。设置完成后,单击"下一步"按钮,将打开"高级设置-角度方向"对话框,如图2-7所示。

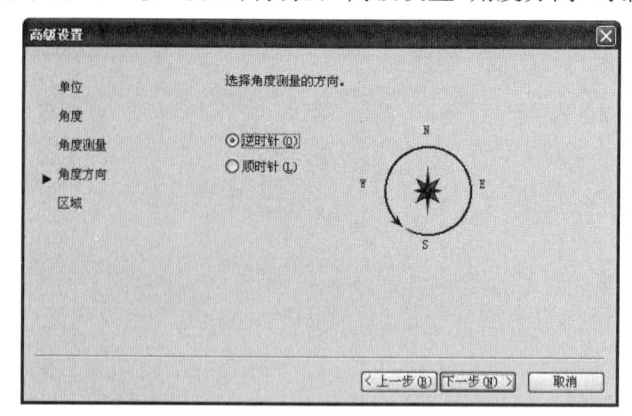

图2-7 "高级设置-角度方向"对话框

在"高级设置-角度方向"对话框中,将允许用户对新建图形的"角度测量方向"进行设置。设置完成后,单击"下一步"按钮将打开"高级设置-区域"对话框,如图2-8所示。在该对话框中,将允许用户对新建图形的默认区域进行设置(从图2-8所示可以看出系统默认的绘图区域为A3(420×297)图幅)。设置完成后,单击"完成"按钮结束"高级设置"过程,系统将进入绘图界面。

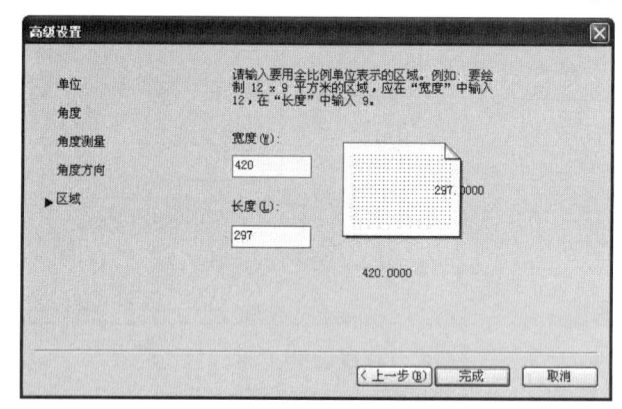

图2-8 "高级设置-区域"对话框

② "快速设置"选项

"快速设置"选项用于设置新建图形的单位和区域。使用"快速设置"选项的方法与使用"高级设置"选项的方法类似(这里将不再详细介绍)。

用户在实际应用中,可以根据需要对图形的单位进行重新设置。设置图形单位的命令有以下两种。

- 菜单栏:选择"格式"|"单位"命令。
- 命令行:输入UNITS后,按下Enter键。

使用以上命令后系统将打开"图形单位"对话框,如图2-9所示。在"图形单位"对话框中,用户可以根据AutoCAD软件的提示,设置图形长度尺寸的类型和精度、角度尺寸的类型和精度、角度的方向以及插入比例等内容。

第 2 章　AutoCAD 绘图基础

图2-9　"图形单位"对话框

2.1.2　打开图形文件

在AutoCAD中，用户可参考下列方法打开图形文件。
- 工具栏：单击"标准"工具栏中的"打开"按钮。
- 菜单栏：选择"文件"|"打开"命令。
- 命令行：输入OPEN后，按下Enter键。

执行上述任一命令后，系统将打开如图2-10所示的"选择文件"对话框，用户在该对话框中选择需要的图形文件后，单击"打开"按钮，即可将文件打开。

图2-10　"选择文件"对话框

在"选择文件"对话框中，系统默认的打开文件的类型为"*.dwg"，用户若要打开其他类型的文件，可以单击"文件类型"下拉列表框右侧的"▼"按钮，然后在弹出的下拉列表中进行选择。

2.1.3　保存图形文件

在AutoCAD中，要保存图形文件，用户可以执行下列命令之一。
- 工具栏：单击"标准"工具栏中的"保存"按钮。

- 菜单栏：选择"文件"|"保存"命令。
- 命令行：输入SAVE或QSAVE后，按下Enter键。

当对新建的图形文件第一次保存时，系统将打开"图形另存为"对话框。在该对话框中用户可以对要保存文件的"保存路径"和"文件类型"进行设定。AutoCAD 2008默认的保存文件类型为"*.dwg"，若要将文件保存为其他类型，可以单击"文件类型"下拉列表框右侧的"▼"按钮，然后在弹出的下拉列表中进行选择。

2.1.4 关闭当前图形文件

在AutoCAD中关闭当前图形文件的方法有以下几种。
- 菜单栏：在"文件"或"窗口"菜单中选择"关闭"命令。
- 命令行：输入CLOSE后，按下Enter键。
- 标题栏：单击当前图形窗口标题栏右侧的"关闭"按钮 ❌ 。

图2-11 AutoCAD提示框

在关闭文件之前，若设计者修改了当前图形的内容而没有进行保存，系统将打开如图2-11所示的对话框，提示用户是否将改动后的文件进行保存。

> **注意**：◆ 如果要一次关闭多个已打开图形文件，可以在"窗口"下拉菜单中选择"全部关闭"选项。

2.2 设置绘图环境

AutoCAD 2008中的许多选项可以根据用户个人的工作方式或操作习惯进行设定。要设置绘图环境，用户可以在如图2-12所示的"选项"对话框中进行操作。

在AutoCAD中，用户可以参考以下两种方法打开"选项"对话框。
- 工具栏：选择"工具"|"选项"命令。
- 命令行：输入OPTIONS后，按下Enter键。

下面将分别介绍"选项"对话框中各选项卡的功能。

1. "文件"选项卡

"选项"对话框中共有10个选项卡，选择该对话框中的"文件"选项卡后，将显示如图2-12所示的选项卡界面。在"文件"选项卡中显示了AutoCAD 2008相关的支持文件(包括菜单文件、帮助文件、字体文件等)的保存路径和位置，用户在该选项卡中可根据实际操作需要调整文件的保存路径和位置。

第 2 章　AutoCAD 绘图基础

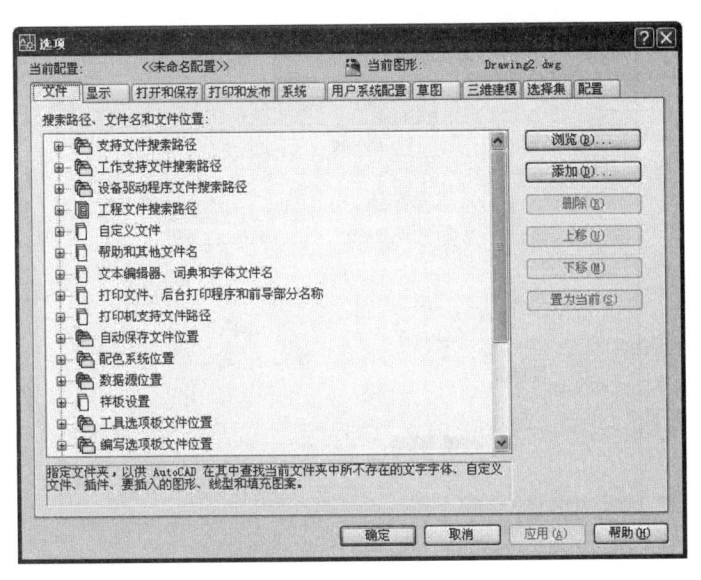

图2-12　"选项"对话框

2. "显示"选项卡

选择"显示"选项卡后,"选项"对话框将如图2-13所示。"显示"选项卡中的设置内容较多,其中重要的常用设置功能如下:

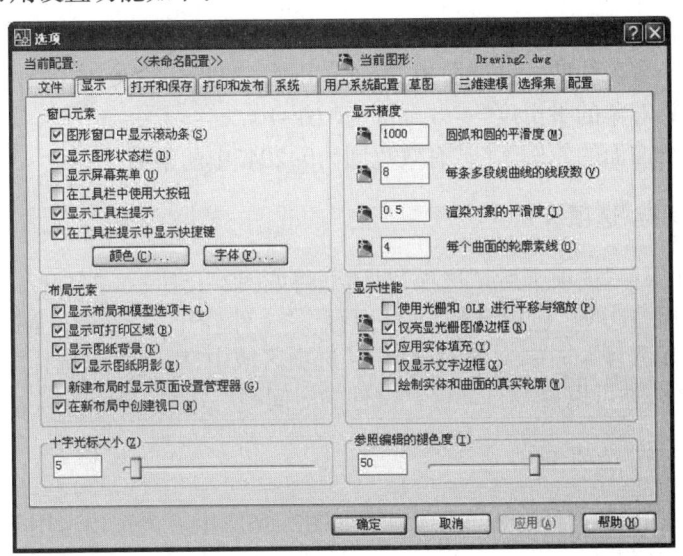

图2-13　"显示"选项卡

- 单击"颜色"按钮,将打开"图形窗口颜色"对话框,如图2-14所示。在"图形窗口颜色"对话框中,用户可以指定主应用程序窗口中元素的颜色(包括背景颜色、界面各组成元素的颜色等)。例如,要将二维模型空间的背景颜色设置为白色,那么在"背景"列表中选择"二维模型空间"选项,在"界面元素"列表中选择"统一背景"选项,在"颜色"下拉列表中选择"白色"选项,然后单击"应用并关闭"按钮即可(若需要恢复所有背景,则可以在"图形窗口颜色"

- 13 -

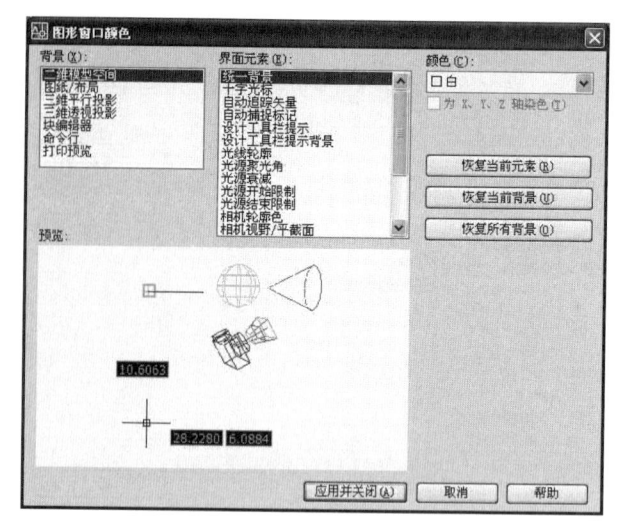

图2-14 "图形窗口颜色"对话框

对话框中单击"恢复所有背景"按钮)。

- 选中"图形窗口中显示滚动条"复选框后,可在绘图区域的底部和右侧显示用于调整图形位置的滚动条。
- "显示精度"选项区域用于控制对象的显示质量,精度设置越高则显示速度越慢(对于一般要求的设计者按照默认值设置即可)。"显示精度"选项区域中各项设置的允许值范围如下:
    ◆ "圆弧和圆的平滑度"有效范围为1~20000。
    ◆ "每条多段线曲线的线段数"有效范围为–32767~32767中的整数。
    ◆ "渲染对象的平滑度"有效范围为0.01~10。
    ◆ "每个曲面的轮廓素线"有效范围为0~2047中的整数。

3. "打开和保存"选项卡

选择"打开和保存"选项卡后,"选项"对话框将如图2-15所示。"打开和保存"选项卡用于控制保存文件的相关选项。包括设置"文件保存"、"文件打开"、"文件安全措施"、"外部参照"和"ObjedtARX应用程序"。在"文件安全措施"选项区域中,用户可以选择"自动保存"复选框设置自动保存文件,并可以修改自动保存文件的时间(默认为10分钟)。

4. "打印和发布"选项卡

"选项"对话框中的"打印和发布"选项卡如图2-16所示。该选项卡用于控制与打印和发布相关的各个选项(包括"新图形的默认打印设置"、"打印到文件"、"后台处理选项"、"打印并发布日志文件"、"自动发布"和"基本打印选项"等设置内容)。

5. "系统"选项卡

在"选项"对话框中的"系统"选项卡中,用户可以对AutoCAD软件进行系统级别的设置(包括"三维性能"、"当前定点设备"、"布局重生成选项"、"数据库连接选项"、"基本选项"等),如图2-17所示。

第 2 章　AutoCAD 绘图基础

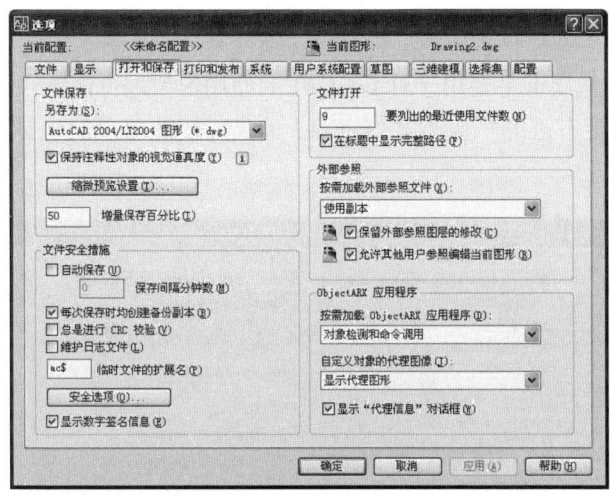

图2-15 "打开和保存"选项卡

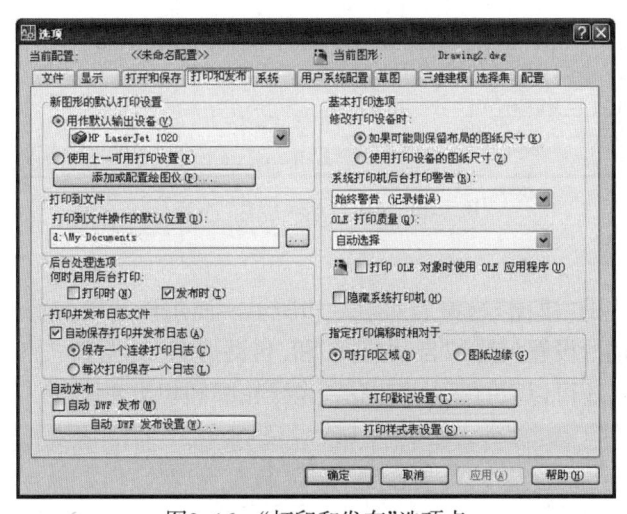

图2-16 "打印和发布"选项卡

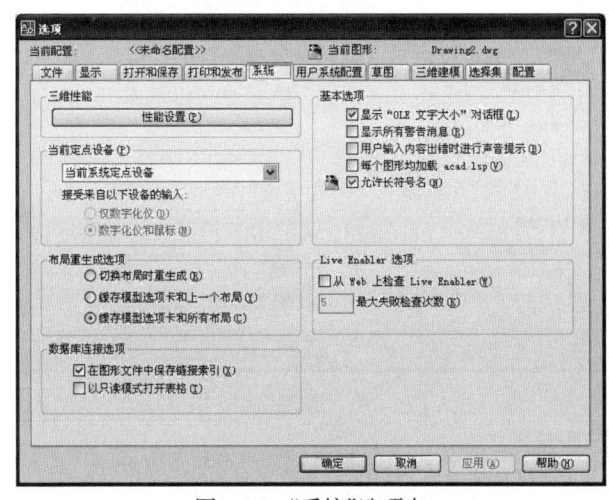

图2-17 "系统"选项卡

- 15 -

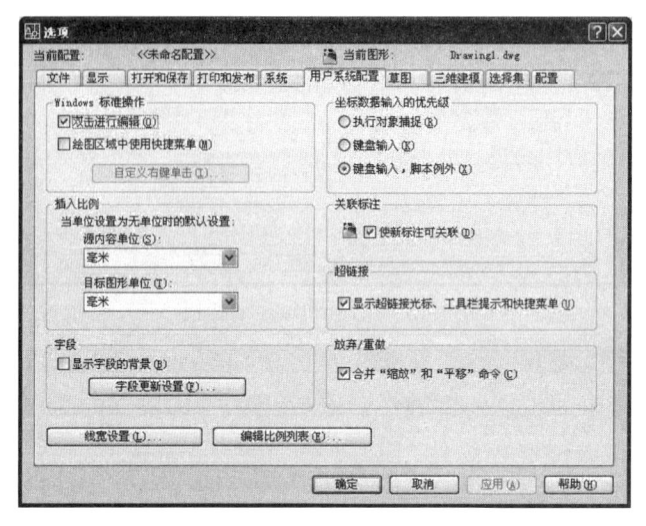

6. "用户系统配置"选项卡

"用户系统配置"选项卡主要用于对AutoCAD的使用习惯进行设置,如图2-18所示。在该选项卡中,用户可以设定右键的响应方式(按Enter键或者快捷菜单)、坐标输入优先级、插入比例、关联标注等。

图2-18 "用户系统配置"选项卡

7. "草图"选项卡

"选项"对话框中的"草图"选项卡如图2-19所示。使用该选项卡不仅可以对AutoCAD软件的草图辅助功能进行设置(包括"自动捕捉"和"自动追踪"的设置、"自动捕捉标记大小"和"靶框大小"的设置),还可以设置工具栏提示、光线轮廓和相机轮廓等。

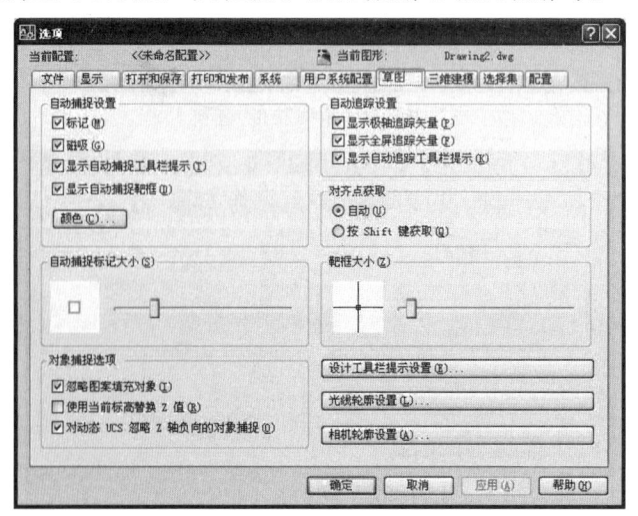

图2-19 "草图"选项卡

8. "三维建模"选项卡

"选项"对话框中的"三维建模"选项卡如图2-20所示。该选项卡主要用于设置在三维实体中使用实体和曲面的选项,具体设置包括"三维十字光标"、"三维对象"、"显示UCS图标"、"动态输入"和"三维导航"。在"三维建模"对话框中的"三维对象"选项区域中,"曲面和网格上的U素线数"文本框内的有效值为0~200的整数(包括0和200);"曲面和网格上的V素线数"文本框内有效值也为0~200的整数(包括0和200)。

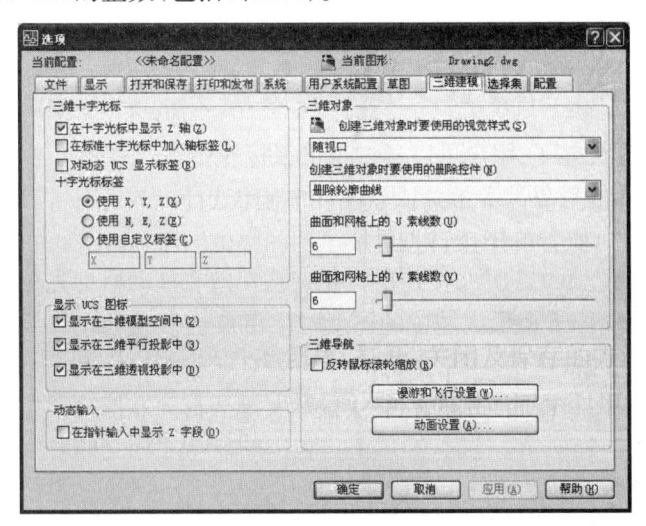

图2-20 "三维建模"选项卡

9. "选择集"选项卡

"选择集"选项卡中的各选项如图2-21所示。用户在该选项卡中可以指定拾取框的大小和夹点的大小(左右拖运滚动条),或者设置选择集的模式以及夹点的颜色等参数("选择对象时限制显示的夹点数"的有效值为1~32767)。

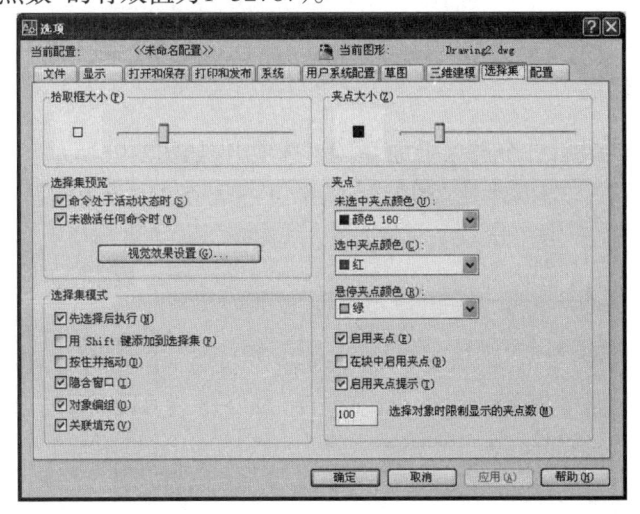

图2-21 "选择集"选项卡

在AutoCAD默认状态下,允许用户使用鼠标先选择对象,然后选择修改编辑命令。在这种情况下先选择的对象以虚线形式亮显,并且在对象的特定位置显示"夹点",如图2-22所示。

当用户输入编辑命令后，需要选择图形对象。此时，选中的图像对象将以虚线显示，但不会显示"夹点"，如图2-23所示。

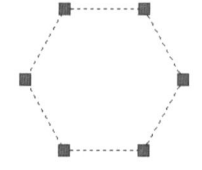

图2-22　先选择后执行　　　　　　图2-23　先编辑后执行

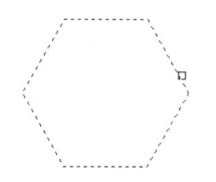

在AutoCAD默认状态下，用户可以通过单击鼠标左键来选择单个独立对象（也可以连续单击左键来选择更多的对象）。除此之外，常用的对象选择方式还有"窗口选择"和"交叉窗口选择"两种，具体如下。

- 窗口选择：在AutoCAD中，按住鼠标左键从左向右拖动鼠标光标，选择框将显示实线矩形区域。这时，完全位于矩形区域中的图形对象将被选中，例如图2-24所示中的直线和正六边形位于该区域内即被选中。
- 交叉窗口选择：在AutoCAD中，按住鼠标左键从右向左拖动鼠标光标，选择框将显示虚线矩形区域，如图2-25所示。这时，矩形窗口包围的或与之相交的对象，例如图2-25中所示的直线、正六边形和圆均被选中。

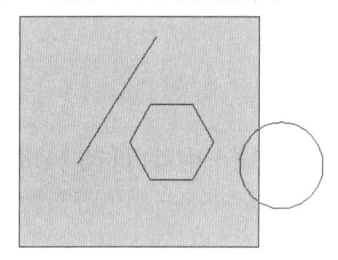

图2-24　窗口选择方式　　　　　　图2-25　交叉选择方式

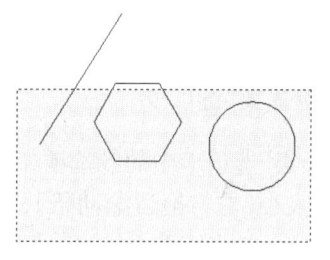

10."选项"对话框

"选项"对话框的最后一个选项卡为"配置"选项卡，如图2-26所示。

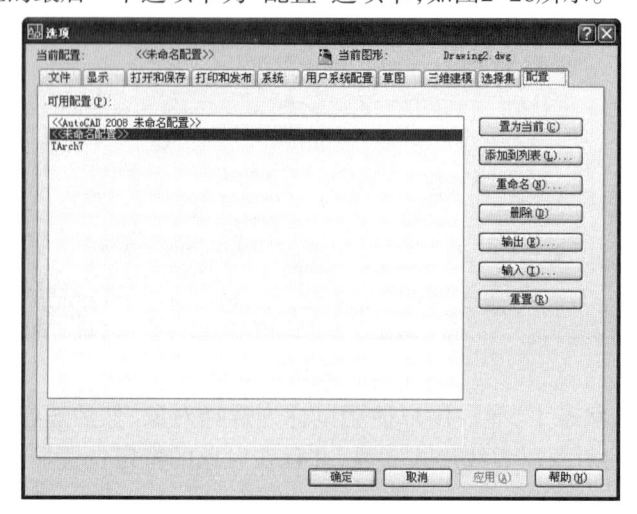

图2-26　"配置"选项对话框

在"配置"选项卡的默认状态下，系统将在一个名为"未命名配置"的配置中恢复当前设置。用户可以在该选项卡中根据需要设置绘图环境，并将其添加到"可用配置"列表框中。如果用户要在"配置"选项卡中设置当前配置，可以先在"可用配置"列表框中选择所需配置，然后单击"置为当前"按钮。

2.3 设置颜色、线型、线宽及图层

扫码可见"图层"

在AutoCAD 2008中，用户既可以为创建的图形对象赋予特定的性质（如线型、线宽、颜色等），也可通过图层的使用，对不同类型的图形对象进行组织和管理。

2.3.1 设置颜色

在AutoCAD中，用户可参考下列方法之一输入"设置颜色"的命令。
- 菜单栏：选择"格式"|"颜色"命令。
- 命令行：输入COLOR后，按下Enter键。
- 工具栏：选择"特性"工具栏中"颜色控制"下拉列表内的"选择颜色"选项。

参考以上方法输入"设置颜色"命令后，将打开"选择颜色"对话框，如图2-27所示。用户在该对话框中，单击某一色块，然后单击"确定"按钮即可将该颜色设定为当前所选色。

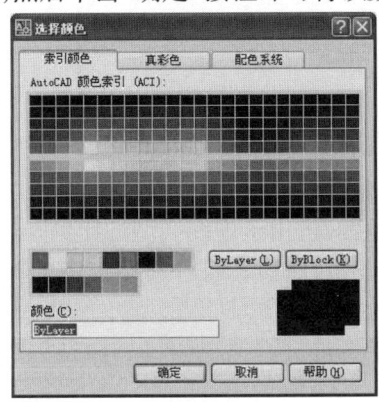

图2-27 "选择颜色"对话框

2.3.2 设置线型

在AutoCAD中，用户可参考下列方法之一输入"设置线型"的命令。
- 菜单栏：选择"格式"|"线型"命令。
- 命令行：输入LINETYPE后，按下Enter键。
- 工具栏：选择"特性"工具栏中"线型控制"下拉列表内的"其他"选项。

参考以上方法输入"设置线型"命令后，将打开"线型管理器"对话框，如图2-28所示。在"线型管理器"对话框中，默认的图形文件中有Bylayer（随层）、Byblock（随块）和Continuous（实

线)等3种线型。用户若需要使用其他线型,可以单击"线型管理器"对话框中的"加载"按钮,打开"加载或重载线型"对话框进行选择,如图2-29所示。

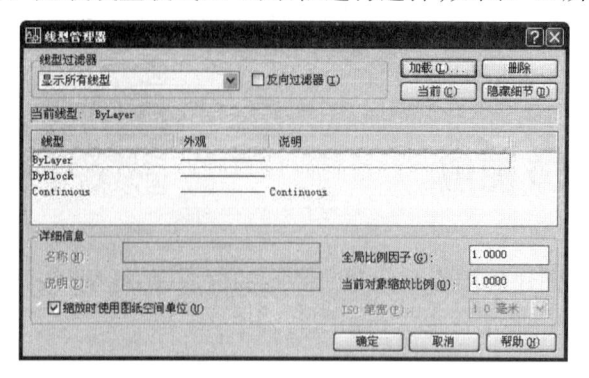

图2-28 "线型管理器"对话框　　　　图2-29 "加载或重载线型"对话框

在"加载或重载线型"对话框中选择要加载的线型后(如虚线线型、点画线线型),单击"确定"按钮,虚线和点画线即可加载到"线型管理器"对话框中,如图2-30所示。

若选择"加载或重载线型"对话框中的虚线线型,将创建虚线,如图2-31所示为虚线圆和虚线直线。

图2-30 "线型管理器"对话框　　　　图2-31 虚线圆和虚线直线

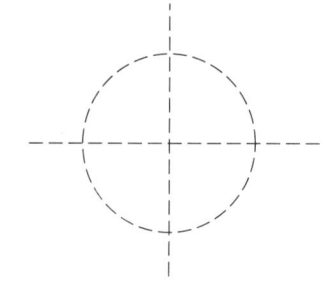

若系统没有显示虚线,其原因是:由于虚线线型的比例因子不合适。这时可单击"线型管理器"对话框中的"显示细节"按钮,然后在打开对话框中的"全局比例因子"文本框中调节比例因子的大小,如图2-32所示。

图2-32 调节线型比例

2.3.3 设置线宽

在AutoCAD中,用户可参考下列方法之一输入"设置线宽"的命令。
- 菜单栏:选择"格式"|"线宽"命令。
- 命令行:输入LWEIGHT后,按下Enter键。
- 工具栏:单击"特性"工具栏中的"线宽控制"下拉列表按钮(直接选取线宽)。

参考以上方法,输入"设置线宽"的命令后,将打开"线宽设置"对话框,如图2-33所示。在"线宽设置"对话框中用户可以选择线宽,或者指定线宽单位并调节线宽的显示比例。如图2-34所示矩形的线宽为0.7 mm。

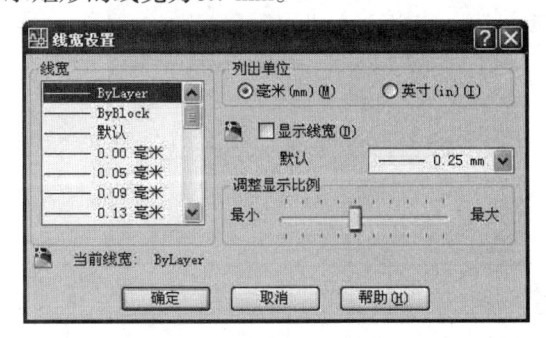

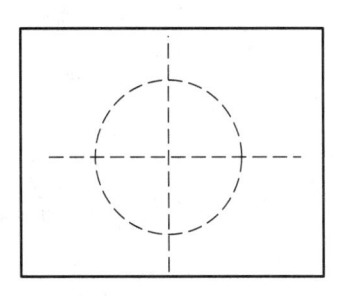

图2-33 "线宽设置"对话框　　　图2-34 设置"线宽"后的图形

2.3.4 设置图层

图层是AutoCAD中重要的绘图设置内容。用户可以将图层理解为互相对齐且重叠的透明纸,在其上不仅可以绘制不同的对象,还可以给每一图层指定线型、颜色和线宽,或者根据需要对图层进行单独控制(例如打开/关闭、冻结/解冻、锁定/解锁和打印/不打印等)。

在AutoCAD中,用户可参考下列方法之一输入"图层"的命令。
- 工具栏:单击"图层"工具栏中的"图层特性管理器"按钮。
- 菜单栏:选择"格式"|"图层"命令。
- 命令行:输入LAYER后,按下Enter键。

参考以上的方法输入"设置图层"的命令后,将打开"图层特性管理器"对话框,如图2-35所示。

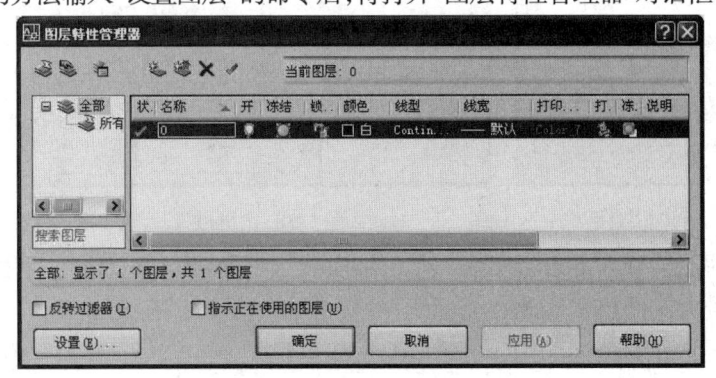

图2-35 "图层特性管理器"对话框

> **注意**
> ◆ 每个AutoCAD图形文件都包括一个名为"0"的图层,"0"图层不能被删除或重命名。

单击"图层特性管理器"对话框中的"新建图层"按钮，便可在该对话框内新建一个图层,效果如图2-36所示。

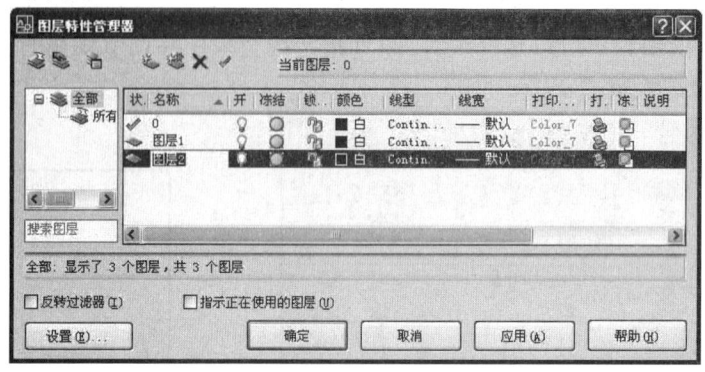

图2-36 新建图层

在"图层特性管理器"对话框的"名称"列中激活图层名后,用户可以修改图层的名称。单击对话框中图层的"颜色"列方框,可在打开的"选择颜色"对话框中设定图层的颜色;单击图层的"线型"列名称,可在打开"线型管理器"对话框中进行图层的线型设置;单击图层的"线宽"列选项后,将打开如图2-37所示的"线宽"对话框,用户可在该对话框中选取适当的线宽。

在"图层特性管理器"对话框中创建多个图层,并对新建图层的名称、颜色、线型、线宽进行设置后,用户可以得到一组常用的机械设计图层,效果如图2-38所示。

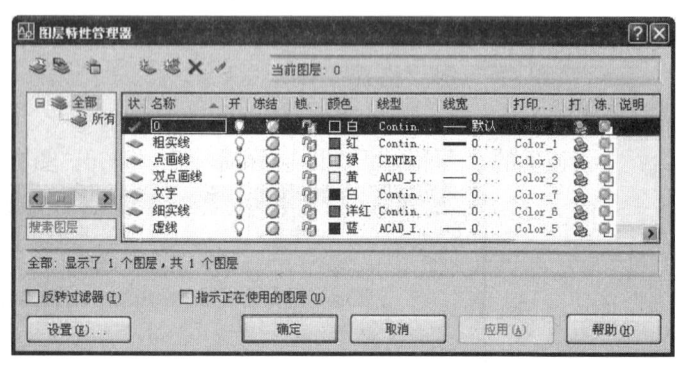

图2-37 "线宽"对话框　　　　图2-38 "机械设计"常用图层的设置

按设置好的图层分别绘出粗实线、虚线、细实线、点画线等4条直线,如图2-39所示。若需将图2-39中编号为①的粗实线改变成虚线,可参考如下所示方法操作。

第 2 章　AutoCAD 绘图基础

① ────────────────
② ── ── ── ── ── ──
③ ───── ───── ─────
④ ──·──·──·──·──·──

图2-39　用4种线型绘制的直线

- 方法一：选中图2-39中编号为①的粗实线,单击"图层"工具栏中的"▼"下拉列表按钮,在弹出的下拉列表中选择"虚线"图层,然后按ESC键退出即可,如图2-40所示。
- 方法二：单击"标准"工具栏中的"特性匹配"按钮,然后根据命令行的提示,选择图2-39中编号为②的虚线,再选中目标对象编号为①的粗实线,并按Enter键结束即可。

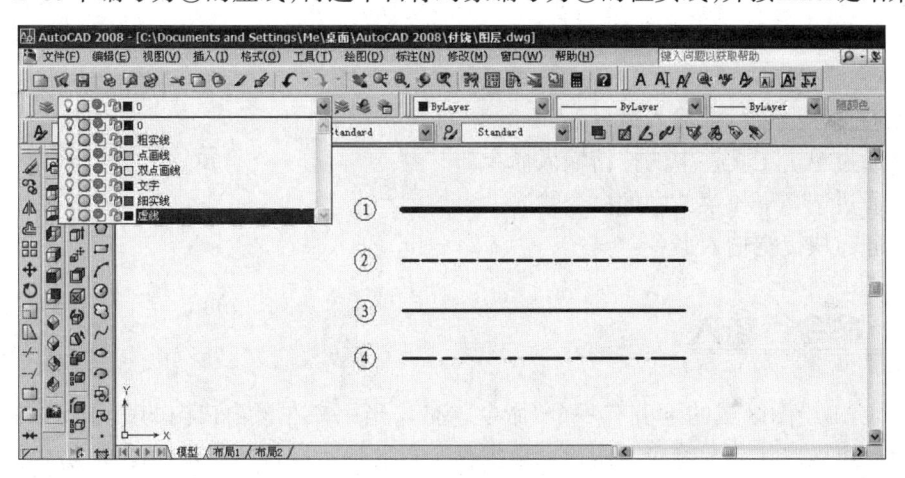

图2-40　改变对象的图层

控制图层的具体操作方法如下。

- "打开/关闭"图层：在"图层"工具栏下拉列表或"图层特性管理器"对话框中,单击某图层对应的灯泡符号,当该符号显示为亮显时,即表示图层被打开;当该符号呈灰暗色时则表示图层被关闭。打开的图层是可见的,并且可以打印,而关闭的图层为不可见,且不能被打印。
- "冻结/解冻"图层：在"图层"工具栏下拉列表或"图层特性管理器"对话框中,单击某图层对应的太阳符号,当该符号亮显时将解冻图层;当该符号显示为雪花状时将冻结图层。冻结图层上的对象不可见,系统还会将该图层的数据临时封闭起来,加快系统显示和操作的速度。
- "锁定/解锁"图层：在"图层"工具栏下拉列表或者"图层特性管理器"对话框中,单击某图层对应的锁符号,当该符号显示为锁扣打开时表示解锁图层;当该符号显示为锁扣合上即表示锁定图层。锁定图层中的对象虽然是可见的,但不能被编辑(如复制、移动、删除等)。如果用户只需要查看图层信息而不希望改动图层中的对象,可以选用锁定图层功能。

- "打印/不打印"图层：在"图层"工具栏下拉列表或者"图层特性管理器"对话框中，单击某图层对应的打印机符号，当该符号为亮显状态时为打印图层；当该符号显示为叉显状态时为不打印图层(不打印图层上的对象仍会显示出来)。

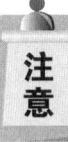

> **注意**
> ◆ 用户可以在"图层特性管理器"中删除不需要的图层，但当前正在使用的图层和名为"0"的图层不能被删除。

2.4 主命令的执行方式

在AutoCAD 2008中，有多种输入命令的方式。通常情况下，执行同一个命令可采用以下几种方式：
- 通过在命令行中输入命令。
- 通过单击工具栏中的按钮输入命令。
- 通过选择下拉菜单中的命令输入。
- 通过快捷键输入命令。

2.4.1 命令行输入

AutoCAD绘图区域的下方有一个"命令"窗口，当用户在该窗口内的命令行中输入命令后，系统即可做出相应的响应。用户可根据命令行的提示进行下一步的操作，直到完成所有的操作。下面将以绘制一个圆的命令为例，对命令行输入的要求及特点进行介绍。

```
命令：
CIRCLE 指定圆的圆心或 [三点(3P)/两点(2P)/相切、相切、半径(T)]: 100,50
指定圆的半径或 [直径(D)] <30.0000>: d
```

图2-41　命令行输入

在如图2-41所示的命令行中，用"[ ]"符号括起来的内容为可供选择的选项，具有多个选项时，各选项之间用"/"符号来隔开；选项后用"( )"符号括起来的字母数字等为激活这些选项的标识，如果需要选择某选项，则可在当前命令行中输入该选项的标识；用"< >"符号括起来的值(或选项)为当前系统默认的值或选项，如果要接受当前默认的值或选项，可直接按Enter键。

在执行命令行输入操作的过程中，用户如果按下ESC键，可以取消当前正在进行的命令行命令。

> **注意**
> ◆ 在命令行输入命令时，需将输入法转换为西文输入法，并且输入的拉丁字母不用区分大小写。
> ◆ 如果想重复调用前一个用过的命令，只需按下 Enter 键即可。

2.4.2 工具栏按钮输入

在AutoCAD中,单击工具栏上的按钮输入命令,是一种常用并且直观的命令输入方式。下面将以"绘图"工具栏中"多边形"的命令为例,介绍使用工具栏按钮输入命令的具体方法。

【例2-1】 通过工具栏按钮输入命令,绘制如图2-42所示的多边形。

(1) 打开"绘图"工具栏,单击"多边形"命令按钮 ◙ ,然后根据命令行提示进行如下操作:

命令:_polygon
输入边的数目<4>:5
指定正多边形的中心点或[边(E)]:100,50
输入选项[内接于圆(I)/外切于圆(C)]<I>:↵
指定圆半径:50

(2) 完成以上操作后,正五边形效果如图2-42所示。

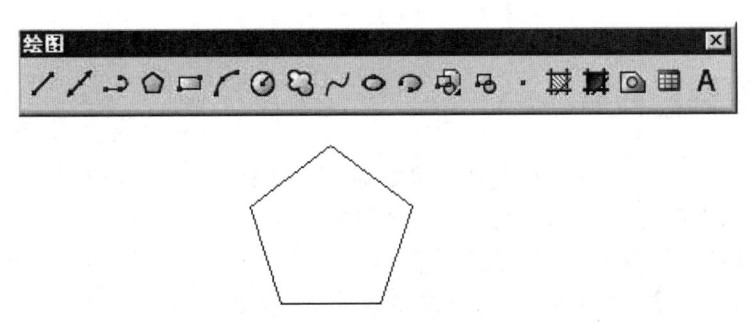

图2-42 绘制正五边形

2.4.3 下拉菜单输入

用户首先从下拉菜单中选择所需命令,然后根据命令行的提示进行操作。例如图2-43所示,绘制一个圆与等边三角形的三个边相切。

【例2-2】 使用下拉菜单输入命令的方式,绘制如图2-43所示的圆。

(1) 选择"绘图"|"圆"命令,然后弹出的菜单中选取"相切、相切、相切(A)"命令子项,并根据命令栏提示进行如下操作:

命令:_circle
指定圆的圆心或[三点(3P)/二点(2P)/相切、相切、半径(T)]:3P
指定圆上的第一个点:_tan到 // 捕捉到三角形的任一边
指定圆上的第二个点:_tan到 // 捕捉到三角形的另一边
指定圆上的第三个点:_tan到 // 捕捉到三角形的最后一边

(2) 完成以上操作后,圆效果如图2-43所示。

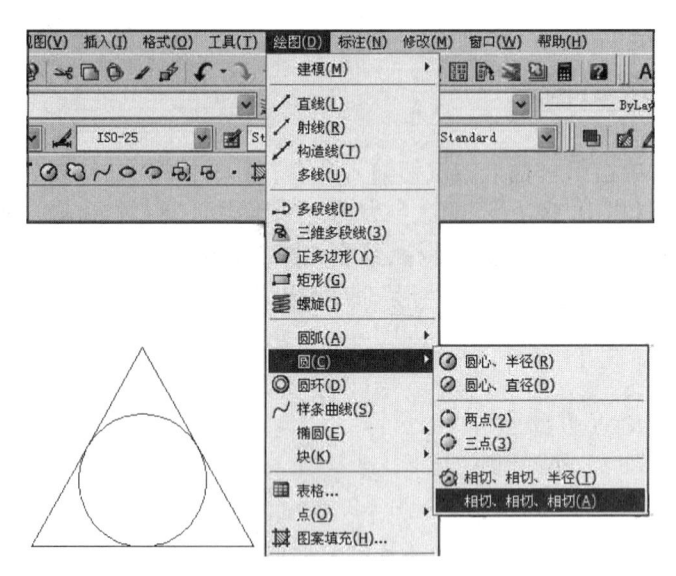

图2-43 绘制与三角形相切的圆

2.4.4 快捷键方式输入

为了提高作图效率,用户还可以使用快捷菜单输入命令。例如,在执行"直线"命令时,根据命令行的提示指定两点后右击鼠标,可以弹出如图2-44所示的快捷菜单,在该菜单中列出了此时与当前动作有关的命令(如果选择菜单中的"确认"命令,则可完成直线绘图命令)。

另外,用命令行输入命令时,可以在命令行的空白处右击鼠标,弹出如图2-45的快捷菜单。在该菜单中列出了近期使用过的命令,用户从中选取所需的命令即可完成命令输入。

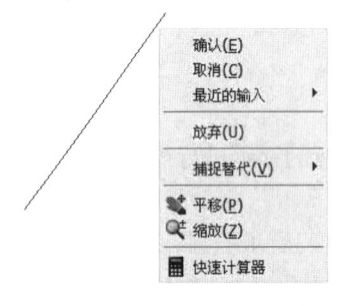

图2-44 与当前动作有关的命令  　　　　图2-45 显示近期所使用的命令

> ◆ 需要注意的是,快捷菜单大多是通过右击鼠标弹出的。用户可以在如图2-18所示"选项"对话框的"用户系统配置"选项卡中,单击其中的"自定义右键单击"按钮,然后在打开的(如图2-46所示)"自定义右键单击"对话框中修改默认的右键单击行为。

第 2 章　AutoCAD 绘图基础

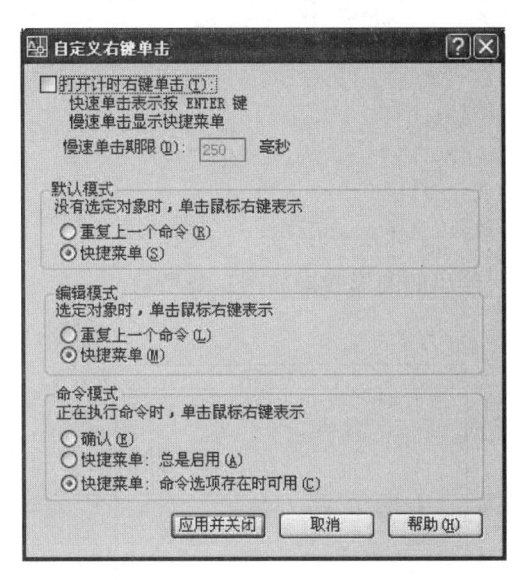

图2-46　"自定义右键单击"对话框

2.5　坐标系及其应用

根据坐标轴等相关特性的不同，AutoCAD中的坐标系可分为直角坐标系、极坐标系、球坐标系和柱坐标系。常用的坐标系为直角坐标系和极坐标系。直角坐标系和极坐标系又可细分为绝对直角坐标系、相对直角坐标系、绝对极坐标系和相对极坐标系。

2.5.1　绝对直角坐标系

绝对直角坐标系指的是定义了坐标原点(0,0)，X和Y轴以及单位长度的坐标系统。绝对直角坐标系的坐标是用X，Y，Z坐标值来表示的，各坐标值之间用逗号隔开，即输入的格式为X，Y，Z。如果用户只在二维空间中绘图，可以省略Z坐标值。例如，输入(420,297)坐标值和输入(420,297,0)坐标值是一样的。

绝对直角坐标系的坐标都是相对于坐标原点(0,0)的。例如，如图2-47所示的A点的坐标即为(10,5)。用户可以利用绘制直线的命令精确绘出A3图纸的外框，具体作图步骤如下例所示。

【例2-3】　利用绘制直线的命令，绘制如图2-48所示的A3图纸外框。

（1）在AutoCAD中，参考以下3种方法之一输入直线命令。

- 工具栏：单击"绘图"工具栏的"直线"按钮 ◢ 。
- 菜单栏：选择"绘图"|"直线"命令。
- 命令行：输入LINE命令后，按下Enter键。

（2）根据命令行提示进行如下操作：

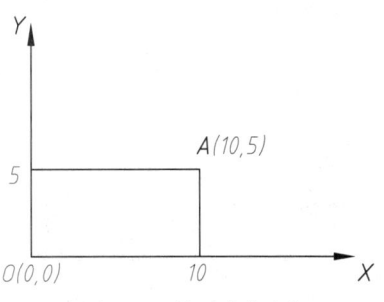

图2-47　绝对直角坐标

- 27 -

```
命令:_line
指定第一点: 0,0
指定下一点或[放弃(U)]: 420,0
指定下一点或[放弃(U)]: 420,297
指定下一点或[闭合(C)/放弃(U)]: 0,297
指定下一点或[闭合(C)/放弃(U)]: C 或者 0,0
```

(3) 完成以上操作后,绘出的图形效果如图2-48所示。

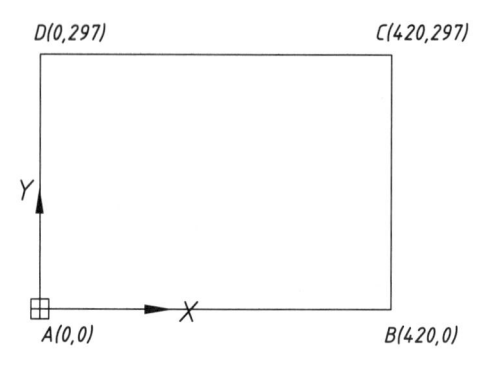

图2-48　A3图纸外框的绝对直角坐标

2.5.2　相对直角坐标系

相对直角坐标系图形中的尺寸大都给出的是相对尺寸,如图2-49所示。即A点的绝对坐标已知,B点和A点的相对关系已知,B点相对于A点向右偏移了5个单位(偏移方向与X轴正方向相同),B点相对于A点向上偏移了4个单位(偏移方向与Y轴正方向相同),则B点坐标在输入时表示为@5,4。

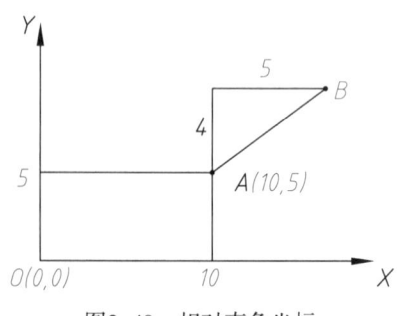

图2-49　相对直角坐标

注意
◆ 偏移方向与X、Y轴的正方向相同时取正值,偏移方向与X、Y轴正方向相反则取负值。

2.5.3 绝对极坐标系

若图形中点的坐标涉及到三角函数关系时,就需输入该点的极坐标。在平面上定义任意一点的极坐标方法,如图2-50所示。从图2-50所示的绝对极坐标系为例,A点和极点O之间的距离称之为极径(极径取绝对值),极轴X与OA向量的转角角度为极角(逆时针转动为正值,顺时针转动为负值)。所以A点的极坐标值为极径10,极角为30°,在AutoCAD 2008中的输入为10<30。

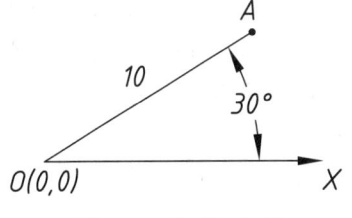

图2-50 绝对极坐标

> ◆ 注意,此时30后面没有表示度数的符号"°",极径和极角之间尖括号"<"隔开。

2.5.4 相对极坐标系

为方便作图,AutoCAD 2008也引入了相对极坐标系的概念。如图2-51所示中可以看出,A点为作图的基准点,B点相对于A点的关系已知,即B点与A点的极径为20个单位,B点相对于A点的极角为45°,则B点相对于A点的极坐标在输入时可表示为@20<45(或@20<-315)。同理,C点相对于B点的极坐标在输入时可表示为@10<135(或@10<-225)。此时,用户可精确绘出如图2-51所示的折线ABC。

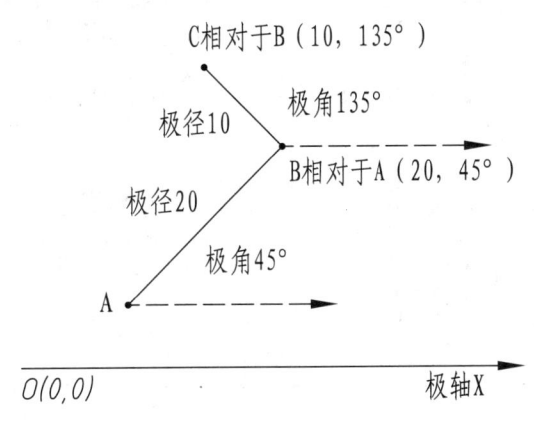

图2-51 相对极坐标

用相对极坐标系输入点坐标时,和输入点的先后顺序有关,如图2-51中所示的折线ABC,若先确定了C点位置,再来确定B、A点,则坐标值会完全不同(用户可以参考上述方法重新绘制一遍折线ABC)。

2.6 辅助绘图工具的使用

在AutoCAD绘图区下方的状态栏中,设置了若干辅助绘图工具按钮。用户在绘图时合理地使用这些辅助工具,可以起到事半功倍的效果。下面将分别介绍AutoCAD辅助绘图工具的功能与使用方法。

2.6.1 捕捉与栅格

"捕捉"功能常与"栅格"功能结合使用。在AutoCAD状态栏选中"捕捉"按钮(按钮下凹)后,则表示启动"捕捉"功能。启用"捕捉"功能后,绘图区域中的十字光标只能按照预先的设定移动,即是按照系统默认的X轴捕捉间距和Y轴捕捉间距(均为10mm)移动。

在状态栏选中"栅格"按钮时,则表示"栅格"功能启动。此时,在指定绘图区中(默认区域为A3图幅)将显示设定参数的栅格点阵(默认栅格点阵间距为10mm),如图2-52所示(系统在绘图区中所显示的栅格点阵不会被打印出来)。

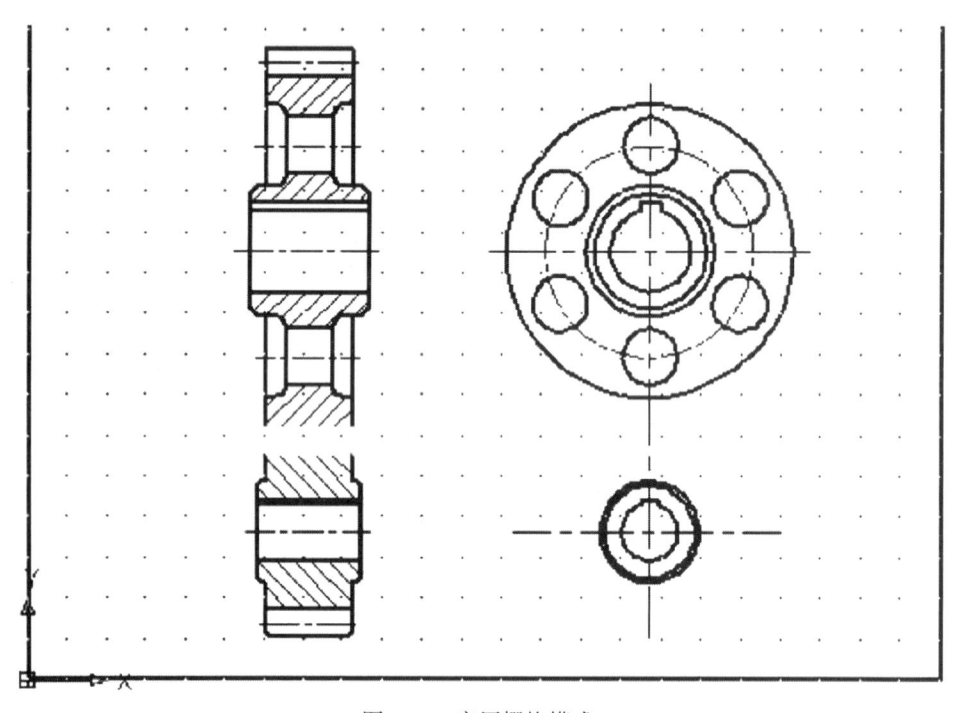

图2-52 启用栅格模式

在AutoCAD中,选择"工具"|"草图设置"命令后,将打开"草图设置"对话框。在"草图设置"对话框中选择"捕捉和栅格"选项卡后,将显示如图2-53所示的选项卡界面。在该选项卡中,用户可以设置栅格显示间距、捕捉光标间距以及设置捕捉类型和栅格行为、是否启动捕捉等参数。

第 2 章　AutoCAD 绘图基础

图2-53　"捕捉和栅格"选项卡

2.6.2　正交

在AutoCAD状态栏内选中"正交"按钮后，可以在绘图区域快速地绘制水平线或垂直线（用户按下F8键可以切换正交功能的开/关状态）。在绘制直线时，启用"正交"模式，可以利用"直接距离输入法"快速精确地绘制水平线或垂直线。

> **注意**
> ◆ 利用"直接距离输入法"绘制水平线或垂直线的方法将在本书下面的内容中进行介绍。

2.6.3　极轴

在AutoCAD状态栏选中"极轴"按钮后，则表示启动"极轴追踪"模式。这时，用户可以在绘图区根据设定的极轴角度，绘出具有特定角度的直线。系统默认的极轴角度为90°，若将极轴增量角度设定为30°，则在绘图时可以自动引出30°及其倍数的极轴追踪线，如图2-54所示。另外，按下F10键，可以切换极轴模式的开/关状态。

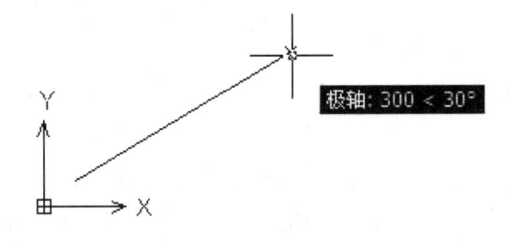

图2-54　极轴追踪绘制30°及其倍数线

- 31 -

选择"工具"|"草图设置"命令,打开"草图设置"对话框,然后在该对话框中选中"极轴追踪"选项卡,将显示如图2-55所示的选项卡界面。

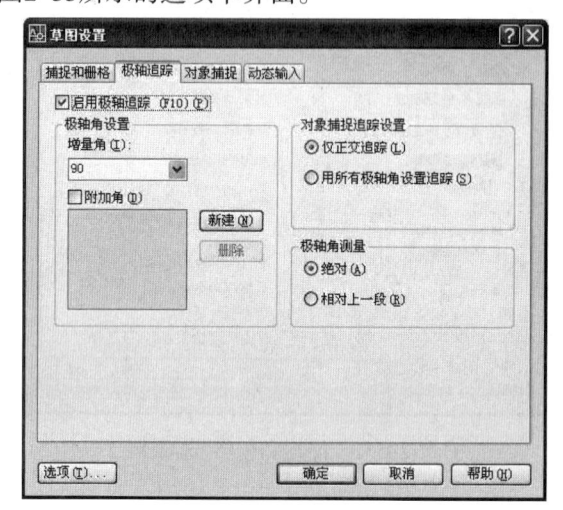

图2-55 "极轴追踪"选项卡

在"极轴追踪"选项卡中主要的设置如下。

- "增量角"下拉列表:设置用来显示极轴追踪线的极轴增量角度。可以输入任何角度,也可在其下拉列表中选择常用角度(如15°、30°、45°等)。
- "附加角"复选框:对极轴追踪使用列表中的任何一种附加追踪角度。单击"新建"按钮,可以添加新的附加角(最多可以添加10个附加角)。如图2-56所示,设置增量角为30°,附加角为10°,则在绘图时除了可以引出30°及其倍数的极轴追踪线外,还可引出角度为10°的极轴追踪线。

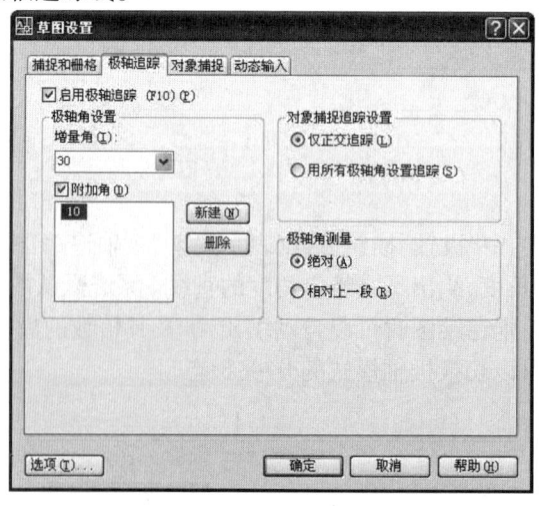

图2-56 增量角为30°、附加角为10°的极轴追踪

- "对象捕捉追踪设置"选项区域:如果选中该选项区域中的默认设置"仅正交追踪"单选按钮,则当打开"对象追踪"功能时,仅显示已获得的对象捕捉点的正交追踪线;如果选中"用所有极轴角设置追踪"单选按钮,则当使用"对象追踪"功能时,光标将从获得的对象捕捉点起沿所设的极轴角显示追踪线。

2.6.4 对象捕捉与对象追踪

1. 对象捕捉

选中AutoCAD状态栏中的"对象捕捉"按钮后,则表示启用对象捕捉模式。"对象捕捉"是将指定点限制在现有对象的确切位置上(例如直线的中点或端点)。用户按下F3键,可以切换对象捕捉模式的开/关状态。

设置对象捕捉的方法(打开"对象捕捉"对话框)有以下两种:
- 选择"工具"|"草图设置"命令,然后在打开的"草图设置"对话框中选择"对象捕捉"选项卡。
- 将鼠标光标放在状态栏"对象捕捉"按钮上右击鼠标,然后在弹出的快捷菜单中选择"设置"命令。

参考上面的方法,打开的"对象捕捉"选项卡如图2-57所示。

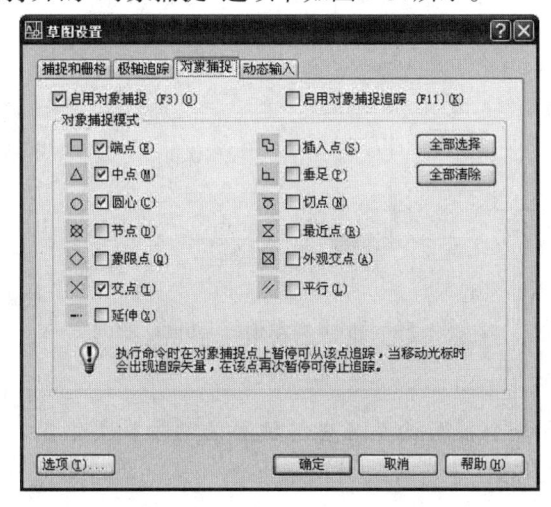

图2-57 "对象捕捉"选项卡

在"对象捕捉"选项卡中,选中"对象捕捉模式"选项区域中所需的捕捉模式,这种捕捉模式为"永久"捕捉模式。另外,还有一种"临时捕捉"的模式,其特点是每单击一次"对象捕捉"工具栏(如图2-58所示)中的捕捉选项,光标只能捕捉一次所需的特殊位置点。

图2-58 "对象捕捉"工具栏

2. 对象追踪

在AutoCAD状态栏中选中"对象追踪"按钮后,则表示启用对象追踪模式。使用对象追踪模式时,鼠标光标可以沿基于其他对象捕捉点的对齐路径进行追踪(注意,使用对象追踪功

- 33 -

能,必须启用"对象捕捉"模式)。用户按下F11键可以切换对象追踪模式的开/关状态。

例如,要在三角形最右边顶点的水平线和竖直线段延长线的交点上确定圆心,然后绘制圆,使用对象追踪功能的操作方法如下。

【例2-4】 利用"对象追踪"功能,绘制如图2-59所示的圆。

(1)在AutoCAD状态栏中,将"对象捕捉"与"对象追踪"功能设置为打开状态,并选择"对象捕捉"模式中的"端点"、"交点"选项。

(2)激活绘制"圆"命令。

(3)移动鼠标光标捕捉到三角形最右边顶点并停留片刻,出现小十字图标后,水平向右拉出对象追踪虚线,如图2-59所示。接下来移动鼠标光标捕捉到竖直线段的下端点并停留片刻,当系统出现小十字光标后,竖直向下拉出对象追踪虚线,当两条虚线相交时将出现"×"图标时,单击鼠标,确定圆心位置,然后输入圆的半径值,即可完成圆的绘制。

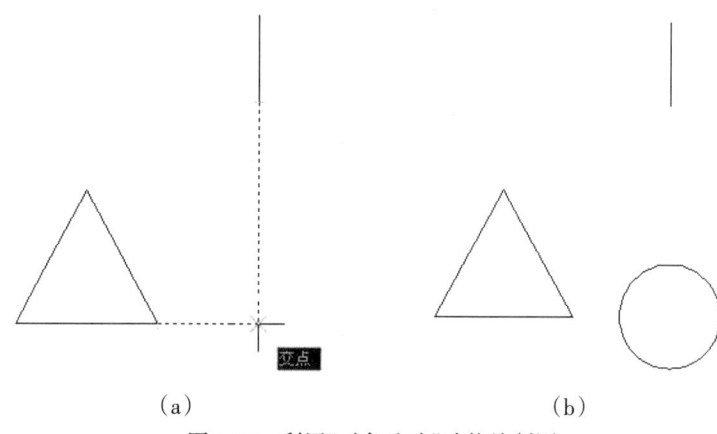

(a)　　　　　　　　　　(b)

图2-59　利用"对象追踪"功能绘制圆

> **注意**
> ◆ 只有当有命令被激活并且当前被激活的命令要求用户在绘图区域确定一个点的坐标时,十字光标才会捕捉到所需的特殊点。

2.6.5　动态输入

在AutoCAD状态栏中单击DYN按钮,则表示启用动态输入模式。启用动态输入模式时,工具栏显示的提示内容将在光标附近出现,并且该信息会随着光标移动而更新。动态输入不会取代命令窗口,但它丰富了用户的操作形式,可以帮助用户专注于绘图区域。用户按下F12键,可以控制动态输入模式的开/关状态。激活动态输入模式的方法有以下两种:

- 选择"工具"|"草图设置"命令,然后在打开的"草图设置"对话框中选择"动态输入"选项卡。
- 将鼠标光标放在状态栏DYN按钮上后,然后右击鼠标,然后在弹出的快捷菜单中选择"设置"命令。参考以上方法激活动态输入模式后,打开的"动态输入"选项卡如图2-60所示。

第 2 章 AutoCAD 绘图基础

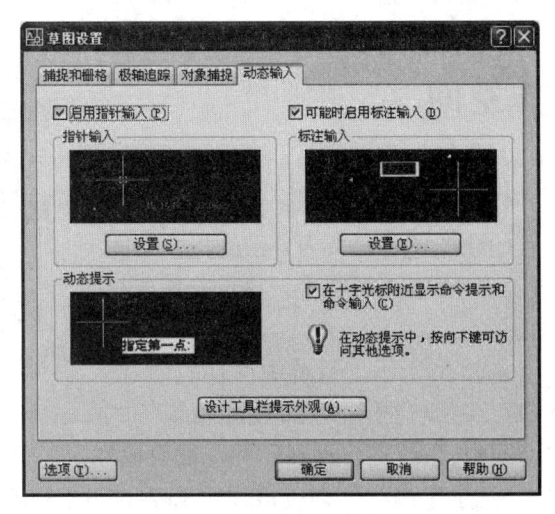

图2-60 "动态输入"选项卡对话框

在"动态输入"选项卡中,用户可对"动态输入"的"指针输入"、"标注输入"、"动态提示"等内容进行设置。动态输入模式的绘图步骤如下(用圆心、直径方式画圆)。

【例2-5】 在"动态输入"模式中,绘制如图2-62(b)所示的图。

(1)新建图形文件,然后参考本节所介绍的方法激活动态输入模式。

(2)输入画"圆"的命令。

(3)将光标置于绘图区域中,显示如图2-61(a)所示的工具栏提示。输入圆心X坐标为100,并输入","分隔符,此时工具栏提示如图2-62(b)所示。这时,输入圆心Y坐标为100,然后按下Enter键。

(a)　　　　　　　　　　　　　　　(b)

图2-61 根据工具栏提示输入圆心坐标

(4)当工具栏显示提示"指定圆的半径或 ▼"的提示信息时,按键盘的向下箭头方向键,然后在弹出的选择菜单中选择"直径"命令,如图2-62(a)所示,并输入直径值40。按下Enter键后,完成的图形效果如图2-62(b)所示。

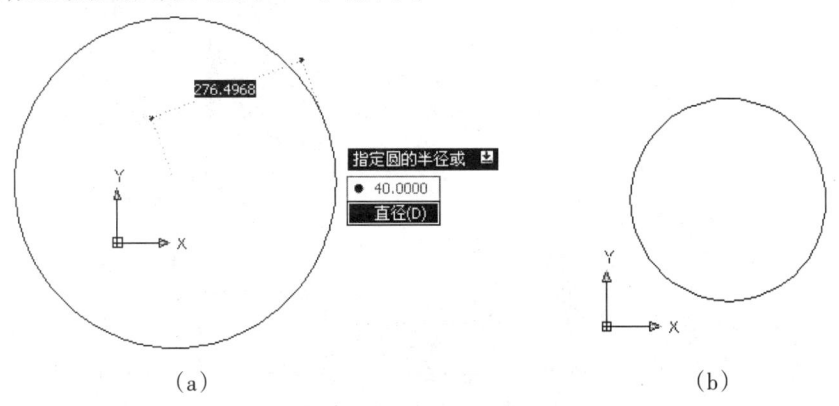

(a)　　　　　　　　　　　　　　　(b)

图2-62 根据工具栏提示完成圆的绘制

2.7 个性化工作空间

在AutoCAD中，用户可以根据工作性质和作图习惯设置一个绘图环境，并将设置的绘图环境定义为自己的工作空间并加以保存。当成功设置工作空间后，系统将只显示与任务相关的菜单、工具栏和选项板。

"工作空间"工具栏如图2-63所示。系统中保存的"工作空间"有"二维草图与注释"、"三维建模"、"AutoCAD经典"和"AutoCAD默认"等4种模式。当用户单击打开所需的工作空间时，系统将自动显示相应的菜单栏、工具栏、面板及工具选项板。其中，"二维草图与注释"、"三维建模"工作空间分别如图2-64、图2-65所示。

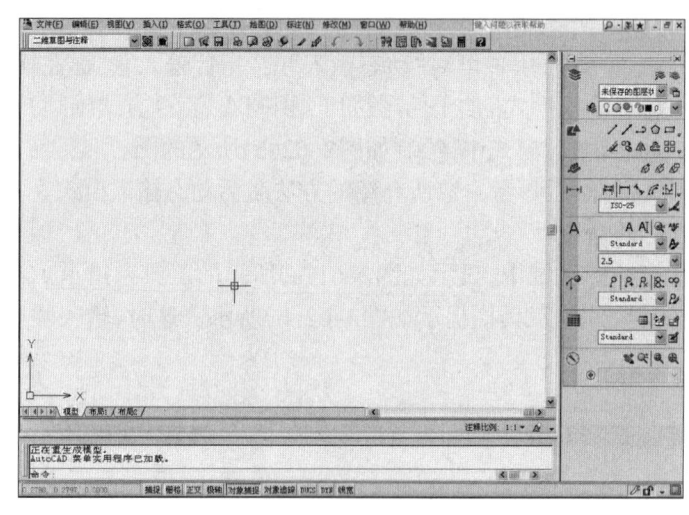

图2-63 "工作空间"工具栏

图2-64 "二维草图与注释"工作空间

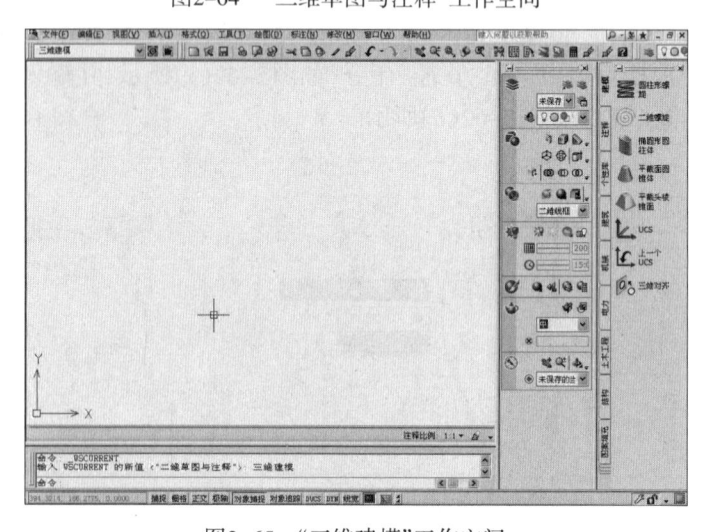

图2-65 "三维建模"工作空间

2.7.1 工具选项板

在AutoCAD中,选择"工具"|"选项板"|"工具选项板"命令,将打开如图2-66所示的工具选项板。在工具选项板中有数十个选项卡,单击其左下角选项卡的重叠区域,可弹出选项卡名称列表(如图2-67所示),用户可从中选取需要显示的选项卡。

在工具选项板的空白区域右击,将弹出一个快捷菜单,在该快捷菜单中可以对"是否固定选项板"、"调节选项板透明度"、"选项卡图标大小"等选项进行设定。

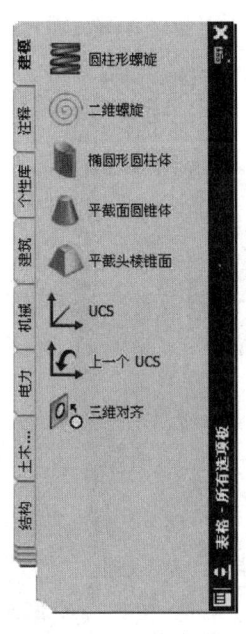

图2-66　工具选项板　　　　　图2-67　选项卡名称列表

为不影响作图,用户可以将"工具选项板"进行隐藏设置,具体操作方法有以下两种:
- 单击"工具选项板"右下角的"特性"图标,然后在弹出的快捷菜单中,选择"自动隐藏"命令。
- 单击"工具选项板"下方的"自动隐藏"按钮 。

若要恢复工具选项板的正常显示,只需再次单击工具选项板中的"特性"图标,然后在弹出的快捷菜单中,取消"自动隐藏"选项即可。"自动隐藏"选项的含义是:当光标移到工具选项板区域时,工具选项板将显示出来,此时可以单击所需要的命令(当光标离开工具选项板区域后,工具选项板将不显示出来)。

> **注意**
> ◆ 若单击工具选项板右上角的"关闭"按钮,可以将工具选项板关闭。

2.7.2 面板

面板是一种特殊的选项板,主要用于显示与当前工作相关的按钮和控件。用户可以通过下列方法之一打开面板。

- 菜单栏:选择"工具"|"选项板"|"面板"命令。
- 命令行:输入DASHBOARD后,按下Enter键。

输入以上命令后,系统打开的"二维草图与注释"和"三维建模"工作空间的面板,如图2-68所示(用户可以添加和删除面板中的工具栏,具体方法如下)。

在面板的空白区域右击,然后在弹出的快捷菜单中选择"控制台"命令中的其他命令名称(勾选模式),则可添加相应的工具栏(同理,若取消所选的工具栏名称,则相应的工具栏会被删除),如图2-69所示。

图2-68 "二维草图与注释"和"三维建模"面板　　　　图2-69 添加工具栏

注意 ◆ 面板也可以设置为隐藏模式,其操作方法和工具选项板的设置完全一样。

2.7.3 自定义工作空间

用户在绘图过程中,可以使用"自定义工作空间"功能来设置特定的和实用的工作空间。用户可以根据自身绘图的习惯及工作对象的要求,将与绘制平面图形相关的工具栏打开,并拖动到相应的位置,然后单击"工作空间"工具栏的下拉列表,选择"将当前工作空间另存为"

选项，在打开的"保存工作空间"对话框（如图2-70所示）中输入名称"我的二维绘图工作空间"，并单击"保存"按钮，则一个名为"我的二维绘图工作空间"的工作空间就被添加到"工作空间"的下拉列表中。当AutoCAD软件启动后，用户只要单击"工作空间"工具栏的下拉列表中的相应名称（如图2-71所示），即可进入所需的工作空间（用同样的方法还可以设定一个名为"我的三维建模工作空间"的工作空间）。

图2-70 "保存工作空间"对话框 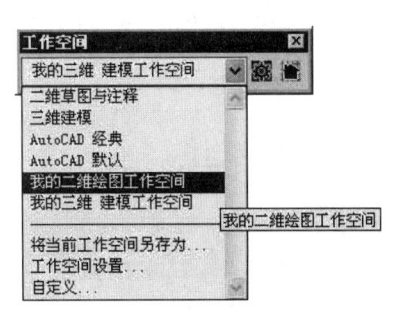　　　　图2-71 "自定义工作空间"下拉菜单

用户参考以上所介绍的操作后，创建的"我的二维绘图工作空间"工作空间的效果，如图2-72所示。

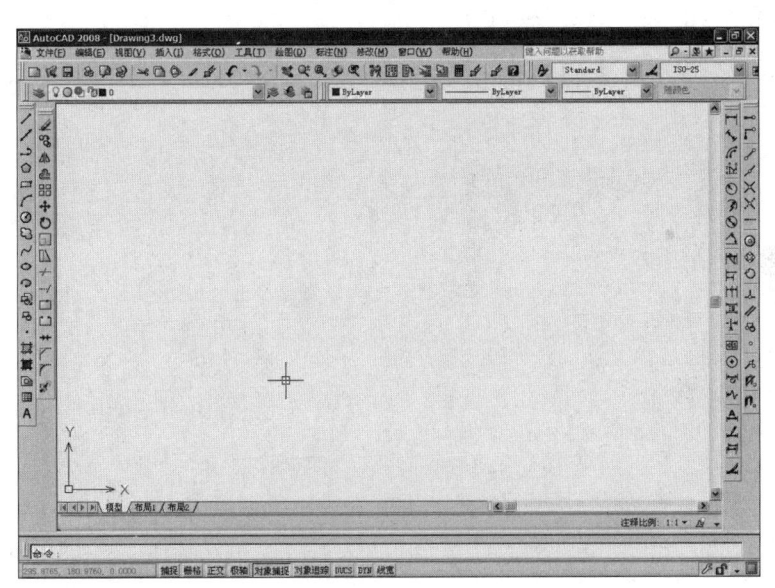

图2-72 "我的二维绘图工作空间"界面

思考与练习

（1）简述创建和保存AutoCAD 2008图形文件的几种方法。

（2）利用"创建新图形"对话框中的"使用向导"选项卡，并使用"高级设置"选项，创建一个名为"A3图纸"的图形文件。

（3）简述如何将AutoCAD的绘图区域背景颜色更改为白色。

（4）列表对比总结4种常用坐标系之间的关系。

（5）打开和关闭正交、对象捕捉、对象追踪、栅格、动态输入状态的功能快捷键分别是什么？

（6）在名为"A3图纸"的图形文件中设定机械设计常用的图层。

（7）设置属于自己的二维、三维绘图的工作空间。

第3章

绘制二维图形

学习目标

本章将通过具体实例,重点介绍使用AutoCAD 2008创建二维图形的方法和相关参数设置,帮助用户掌握绘制直线、圆、圆弧、正多边形等图形的操作。

学习要求

- **了解**：构造线、多段线、样条曲线、点以及矩形的创建方法和参数设置。
- **掌握**：直线、圆、圆弧、正多边形、椭圆的创建方法和参数设置。

3.1 绘制基本二维图形的命令

AutoCAD的基本二维图形对象主要包括直线、构造线、多段线、圆、圆弧、椭圆、矩形、多边形、点、样条曲线等。任何复杂的二维图形都可以被看做是由基本二维图形对象组合和编辑而成(基本二维图形的绘制命令位于如图3-1所示的"绘图"下拉菜单中)。

在如图3-2所示的"绘图"工具栏中,集中了基本二维图形的绘制工具按钮。将鼠标光标放在相应工具按钮上并停留片刻,将会在鼠标指针末端显示该按钮的中文提示。

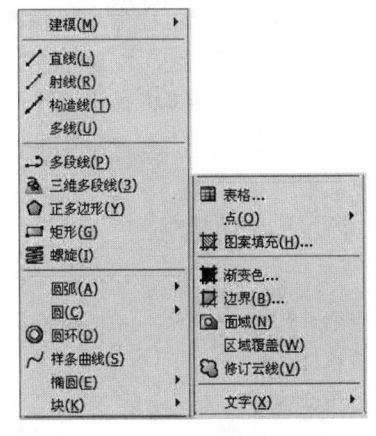

图3-1 "绘图"菜单选项

图3-2 "绘图"工具条

3.2 常用绘图命令的使用及有关参数设置

AutoCAD的绘图命令较多，本节将重点介绍常用AutoCAD绘图命令的使用方法与具体参数设置。

3.2.1 直线

在AutoCAD中，用户可参考下列方法之一输入"直线"的命令。
- 工具栏：单击"绘图"工具栏中的"直线"按钮 。
- 菜单栏：选择"绘图"|"直线"命令。
- 命令行：输入LINE后，按下Enter键。

参考以上方法输入命令后，命令行提示如下：

命令:_line
指定第一点:
指定下一点或[放弃(U)]:
指定下一点或[放弃(U)]:
指定下一点或[闭合(C)/放弃(U)]:

扫码可见"直线的画法"

当命令行提示"指定第一点"或"指定下一点"时，用户就可以用多种方法给出点的位置。用户可在绘图区域用单击鼠标的方法确定一个点，也可通过输入点的坐标确定点，还可以利用"对象捕捉"与"对象追踪"功能来确定点的位置。

用户可以参考以下方式之一终止直线命令：
- 直接按Enter键（结束当前命令）。
- 右击鼠标，在弹出的快捷菜单中选择"确定"命令。
- 按ESC键（退出当前命令）。

直线命令两个选项的功能如下所示。
- 放弃(U)：当输入的某点有误，用户希望取消该点的输入时，便可在命令栏输入U。
- 闭合(C)：当用户连续输入3个点或者超过3个点时，命令行就会提示"闭合(C)"。此时用户如果输入C，则"直线"命令会自动找到输入的第一个点，用一直线将最后一个点与第一个点相连接，生成一个封闭图形。

【例3-1】以A(0,0)为起点，用直线命令绘制如图3-3所示的封闭折线。

激活直线命令:_line
指定第一点：0,0   //A点绝对坐标
指定下一点或[放弃(U)]: @100,0   //B点相对坐标
指定下一点或[闭合(C)/放弃(U)]: @0,40   //C点相对坐标
指定下一点或[闭合(C)/放弃(U)]: @36<145 //D点相对极坐标

指定下一点或[闭合(C)/放弃(U)]：@-20,0　　　　//E点相对坐标
指定下一点或[闭合(C)/放弃(U)]：@0,15　　　　//F点相对坐标
指定下一点或[闭合(C)/放弃(U)]：@-30,0　　　　//G点相对坐标
指定下一点或[闭合(C)/放弃(U)]：@0,-30　　　　//H点相对坐标

（1）"对象捕捉"与"对象追踪"功能状态打开后，捕捉到H点，停留片刻，当出现小十字光标后拖动鼠标，拉出向左对象追踪线，捕捉到A点，再次停留片刻，再一次出现小十字光标后拖动鼠标，拉出向上追踪线，当两条追踪线相交时，单击鼠标左键确定I点位置，完成后效果如图3-4所示。

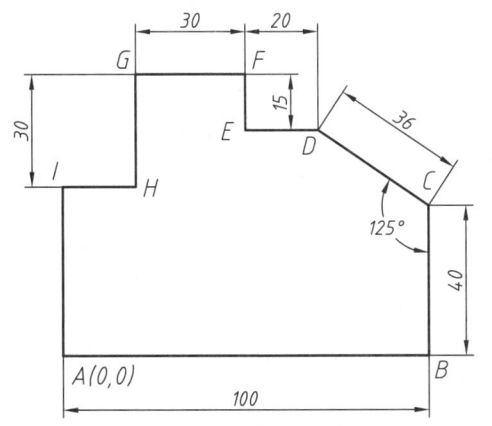

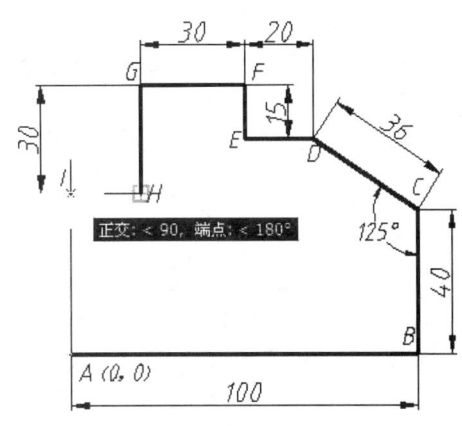

图3-3　绘制封闭折线　　　　　　　图3-4　"直线"命令的应用

指定下一点或[闭合(C)/放弃(U)]：C 或者捕捉到A点后单击鼠标左键

（2）完成以上操作后，图形效果如图3-3所示。

在画水平和竖直方向的直线时，用直接距离输入法来确定点的位置，则会提高绘图效率。直接距离输入法的操作步骤如下：

（1）在应用程序状态栏中将"正交"功能打开，并激活"直线"命令。
（2）确定第一个点的位置。
（3）将光标放在要画直线的方向一侧，在命令行中输入直线的长度尺寸，完成后按下Enter键。

3.2.2　构造线

AutoCAD中的构造线是指向两个方向无限延伸的直线，构造线通常作为创建其他对象的参照。输入构造线的方法有以下几种。

- 工具栏：单击"绘图"工具栏中的"构造线"按钮 。
- 菜单栏：选择"绘图"|"构造线"命令。
- 命令行：输入XLINE后，按下Enter键。

输入构造线命令后，命令行的提示如下：

_Xline指定点或[水平(H)/垂直(V)/角度(A)/二等分(B)/偏移(O)]：

构造线的画法及点的坐标输入法与直线命令类似，下面将以构造线"二等分(B)"选项为例，介绍构造线的画法。

【例3-2】利用构造线绘制如图3-5所示两线段夹角的角平分线。

（1）输入构造线命令后，命令行提示如下：

_Xline指定点或[水平(H)/垂直(V)/角度(A)/二等分(B)/偏移(O)]：B
指定角的顶点：捕捉到A点
指定角的起点：捕捉下方直线的下端点
指定角的端点：捕捉上方直线的上端点
指定角的端点：↵

（2）完成以上操作后，图形的效果如图3-6所示。

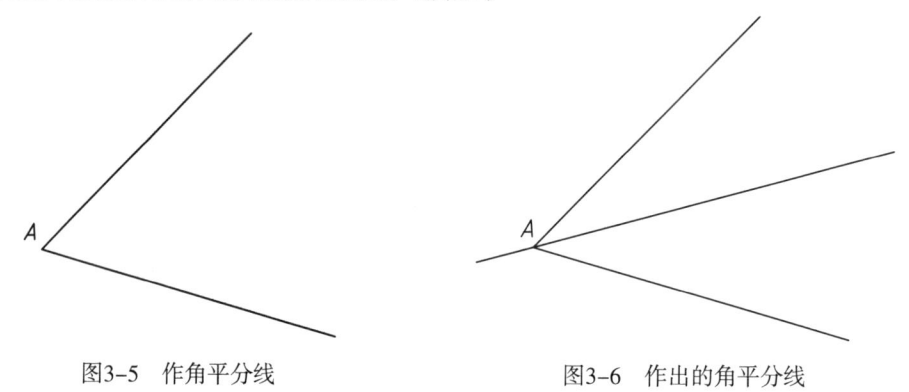

图3-5 作角平分线　　　　　　图3-6 作出的角平分线

3.2.3　多段线

AutoCAD的多段线由相互连接的序列线段组成，多线段可以是直线、圆弧或者是直线与圆弧两者的组合。由于多段线是作为单个对象存在的，所以当选中其中组成的任一序列线段时整个多段线都将被选中。在AutoCAD中，输入"多段线"命令的方法有以下几种：

- 工具栏：单击"绘图"工具栏中的"多段线"按钮 。
- 菜单栏：选择"绘图"|"多段线"命令。
- 命令行：输入PLINE后，按下Enter键。

参考上面的方法输入命令后，命令行提示如下：

命令：_pline
指定第一个点：
指定下一个点或[圆弧(A)/半宽(H)/长度(L)/放弃(U)/宽度(W)]：
指定下一个点或[圆弧(A)/闭合(C)/半宽(H)/长度(L)/放弃(U)/宽度(W)]：

以上提示中，常用选项的含义如下。

- 圆弧(A)：将弧线段添加到多段线中。
- 宽度(W)：指定下一条直线的宽度(输入此选项并确认后，需要分别指定起点宽度和终点宽度)。

【例3-3】用"多段线"命令绘制如图3-7所示的图形。
(1) 输入"多段线"命令(打开"正交"功能及"对象捕捉"功能)。

命令：_pline
指定第一个点：在绘图区域适当位置用光标确定A点的位置
指定下一个点或[(A)/半宽(H)/长度(L)/放弃(U)/宽度(W)]]：100
指定下一个点或[圆弧(A)/闭合(C)/半宽(H)/长度(L)/放弃(U)/宽度(W)]：100
指定下一个点或[圆弧(A)/闭合(C)/半宽(H)/长度(L)/放弃(U)/宽度(W)]：100
指定下一个点或[圆弧(A)/闭合(C)/半宽(H)/长度(L)/放弃(U)/宽度(W)]：A
指定圆弧的端点或[角度(A)/圆心(CE)/闭合(CL)/方向(D)/半宽(H)/直线(L)半径(R)/第二个点(S)/放弃(U)/宽度(W)]： 捕捉到A点

(2) 完成以上操作后的图形效果如图3-7所示（当用鼠标选中图形中的任一组成部分时，该多段线将被选中）。

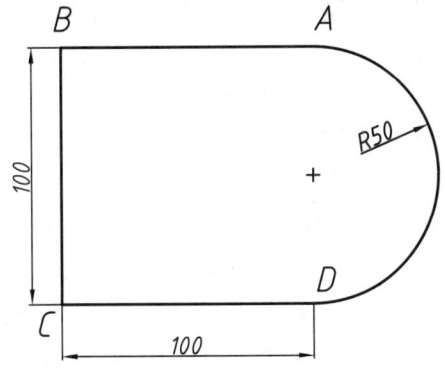

图3-7 用多段线命令绘出的图形

【例3-4】用"多段线"命令绘制如图3-8所示的箭头图案。

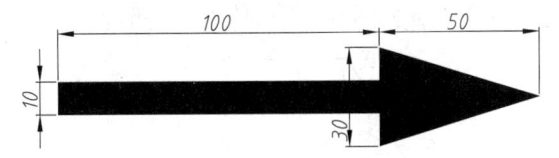

图3-8 用"多段线"命令绘制的箭头

(1) 输入"多段线"命令,打开"正交"功能。

命令：_pline
指定第一个点：在绘图区域适当位置用鼠标左键确定箭头左端点的位置
指定下一个点或[(A)/半宽(H)/长度(L)/放弃(U)/宽度(W)]]：W
指定起点宽度<0.000>：10
指定终点宽度<10.000>：
指定下一个点或[圆弧(A)/闭合(C)/半宽(H)/长度(L)/放弃(U)/宽度(W)]：100
指定下一个点或[圆弧(A)/闭合(C)/半宽(H)/长度(L)/放弃(U)/宽度(W)]：W
指定起点宽度<10.000>：30
指定终点宽度<30.000>：0
指定下一个点或[圆弧(A)/闭合(C)/半宽(H)/长度(L)/放弃(U)/宽度(W)]：50

指定下一个点或[圆弧(A)/闭合(C)/半宽(H)/长度(L)/放弃(U)/宽度(W)]：↵

（2）完成以上的操作后箭头图形效果如图3-8所示。

> **注意**
> ◆ 从以上所示的例子中可以看出，多段线的"宽度"选项与图层中的线宽设置在使用上有着本质的不同。

3.2.4 正多边形

在AutoCAD 2008中，可以绘制具有3~1024条边的正多边形。绘制正多边形的方式有按内接于圆的方式绘制、按外切于圆的方式绘制和按指定边长的方式绘制（默认项为内接于圆的方式）等几种。正多边形也是作为单个对象存在的。输入"正多边形"命令的方法有以下几种。

- 工具栏：单击"绘图"工具栏中的"正多边形"按钮 ⬡ 。
- 菜单栏：选择"绘图"|"正多边形"命令。
- 命令行：输入POLYGON后，按下Enter键。

参考以上方法输入命令后，命令行提示如下：

命令：_polygon
输入边的数目<4>：
指定正多边形的中心点或边(E)：
输入选项[内接于圆(I)/外切于圆(C)]<I>：
指定圆半径：

【例3-5】用正多边形命令绘制如图3-9所示的正六边形。

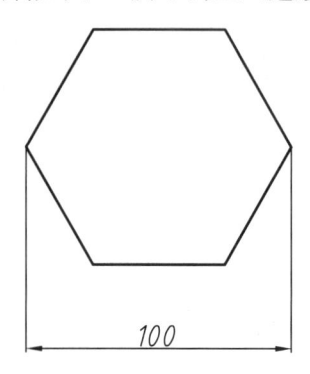

图3-9 绘制正六边形

（1）输入正多边形命令后，命令行提示如下：

命令：_polyon
输入边的数目<4>：6
指定正多边形的中心点或边(E)：在绘图区域适当位置用鼠标左键确定中心点的位置或者输入中心点

的准确坐标值后按"Enter"键

输入选项[内接于圆(I)/外切于圆(C)]<I>：↵

指定圆半径：50

（2）完成以上操作后的正六边形效果如图3-9所示。

> **注意** ◆ 若不需精确绘制六边形,在输入圆半径值时可以不输入具体数值,而由拖动光标来改变正多边形的大小,以及由旋转光标的方式来改变正多边形放置的角度。

3.2.5 矩形

AutoCAD绘出的矩形是单一的对象。用户可通过指定长度和宽度尺寸的方式来绘制矩形。输入"矩形"命令的方法有以下几种。

- 工具栏：单击"绘图"工具栏中的"矩形"按钮 ▭。
- 菜单栏：选择"绘图"|"矩形"命令。
- 命令行：输入RECTANG后,按下Enter键。

参考以上方法输入命令后,命令行提示如下：

命令：_rectang
指定第一个角点或[倒角(C)/标高(E)/圆角(F)/厚度(T)/宽度(W)]：
指定另一个角点或[面积(A)/尺寸(D)/旋转(R)]：

以上命令行提示中,常用选项的含义如下。

- 倒角(C)：设置矩形4个角的倒角距离。
- 圆角(F)：设置矩形4个角的圆角半径。
- 尺寸(D)：确定矩形的长度和宽度。

【例3-6】使用矩形命令绘制如图3-10所示图形。

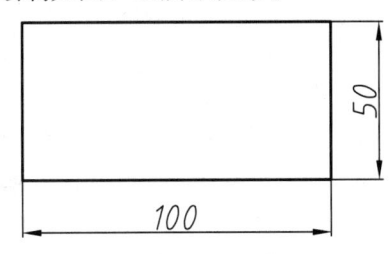

图3-10 绘制矩形

（1）输入"矩形"命令后,命令行提示如下：

命令：_rectang
指定第一个角点或[倒角(C)/标高(E)/圆角(F)/厚度(T)/宽度(W)]：在绘图区域适当位置用鼠标左键确定一角点位置

指定另一个角点或[面积(A)/尺寸(D)/旋转(R)]: @100,50   //另一角点的相对坐标

（2）完成的矩形如图3-10所示。

【例3-7】 利用"矩形"命令绘制如图3-11所示带有圆角的矩形。

（1）输入"矩形"命令后，命令行提示如下：

命令: _rectang

指定第一个角点或[倒角(C)/标高(E)/圆角(F)/厚度(T)/宽度(W)]: F

指定矩形的圆角半径<0.000>: 5

指定第一个角点或[倒角(C)/标高(E)/圆角(F)/厚度(T)/宽度(W)]: 在绘图区域的适当位置用鼠标左键确定一个角点位置

指定另一个角点或[面积(A)/尺寸(D)/旋转(R)]: D

指定矩形的长度<0.000>: 100

指定矩形的宽<0.000>: 50

指定另一个角点或[面积(A)/尺寸(D)/旋转(R)]: 单击鼠标左键

（2）完成以上操作后，图形效果如图3-11所示。

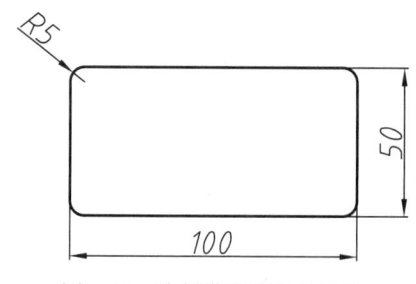

图3-11 绘制带有圆角的矩形

3.2.6 圆

在AutoCAD中，输入"圆"命令的方法有以下几种。

- 工具栏：单击"绘图"工具栏中的"圆"按钮。
- 菜单栏：选择"绘图"|"圆"命令。
- 命令行：输入CIRCLE后，按下Enter键。

在AutoCAD 2008中选择"绘图"|"圆"命令后，在显示的菜单中提供了6种绘制圆的方法，如图3-12所示。

1. "圆心、半径"绘制方法

在AutoCAD中，绘制"圆心、半径"的方法如下：

命令: _circle:

指定圆的圆心或[三点(3P)/二点(2P)/相切、相切、半径(T)]: 输入圆心坐标值，或者用鼠标在绘图区域确定一个点

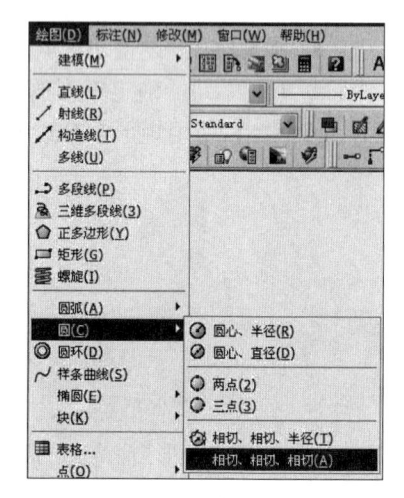

图3-12 "圆"菜单选项

指定圆的半径或[直径(D)]：输入半径值，或者拖动光标来控制所绘圆的大小

【例3-8】 要绘制一个半径为25，圆心坐标为(50,50)的圆，其具体操作步骤如下。

(1) 输入"圆心、半径"命令后，命令行提示如下：

命令：_circle:
指定圆的圆心或[三点(3P)/二点(2P)/相切、相切、半径(T)]：50,50
指定圆的半径或[直径(D)]：25

(2) 完成以上操作后的图形效果如图3-13所示。

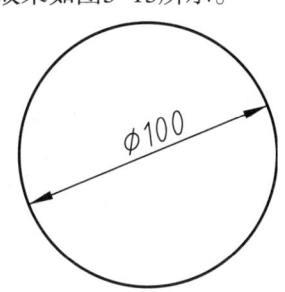

图3-13 "圆心、半径"绘制圆

2. "圆心、直径"绘制方法

在AutoCAD中，绘制"圆心、直径"的具体方法如下：

命令：_circle:
指定圆的圆心或[三点(3P)/二点(2P)/相切、相切、半径(T)]：输入圆心坐标值，或者用鼠标在绘图区域确定一个点
指定圆的半径或[直径(D)]：D
指定圆的直径：输入直径值，或者拖动光标来控制所绘圆的大小

> **注意** ◆ 用户可以用以上方法重新绘制图3-13所示的圆。

3. "两点"绘制方法

使用"两点"绘制方法指的是通过指定两点来定义一条直径创建圆（指定的两点实际上是直径上的两个端点）。

命令：_circle:
指定圆的圆心或[三点(3P)/二点(2P)/相切、相切、半径(T)]：2P
指定圆直径的第一个端点：输入第一个端点的坐标值，或者用鼠标在绘图区域确定一个点
指定圆直径的第二个端点：输入第二个端点的坐标值，或用鼠标在绘图区域确定一个点

【例3-9】 绘制与如图3-14所示正六边形外接的圆。

(1) 输入"圆"命令（打开"对象捕捉"状态）后，命令行提示如下：

命令:_circle:
指定圆的圆心或[三点(3P)/二点(2P)/相切、相切、半径(T)]：2P
指定圆直径的第一个端点：用光标捕捉到正六边形最上方顶点并确定
指定圆直径的第二个端点：用光标捕捉到正六边形最下方顶点并确定

（2）完成以上操作后，图形效果如图3-14所示。

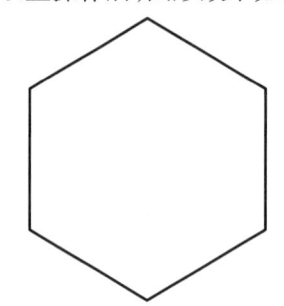

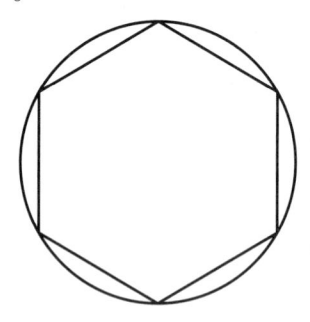

图3-14 "两点"绘制圆

4. "三点"绘制方法

"三点"绘制方法指的是通过输入不在一条直线上的3个点的位置坐标来确定圆。也就是说该圆要通过3个点绘制，并且当这3个点在同一条直线上时输入无效。

命令:_circle:
指定圆的圆心或[三点(3P)/二点(2P)/相切、相切、半径(T)]：3P
输入圆上的第一个点：输入第一个点的坐标值，或者用鼠标在绘图区域确定一个点
输入圆上的第二个点：输入第二个点的坐标值，或者用鼠标在绘图区域确定一个点
输入圆上的第三个点：输入第三个点的坐标值，或者用鼠标在绘图区域确定一个点

【例3-10】 绘制与如图3-15所示正三边形外接的圆。

（1）输入"圆"命令（打开"对象捕捉"状态）后，命令行提示如下：

命令:_circle:
指定圆的圆心或[三点(3P)/二点(2P)/相切、相切、半径(T)]：3P
输入圆上的第一个点：捕捉正三角形的一个顶点并确定
输入圆上的第二个点：捕捉正三角形的另一个顶点并确定
输入圆上的第三个点：捕捉正三角形的最后一个顶点并确定

（2）完成以上操作后，图形效果如图3-15所示。

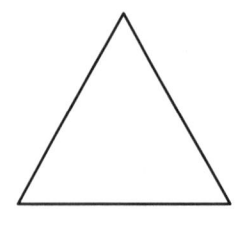

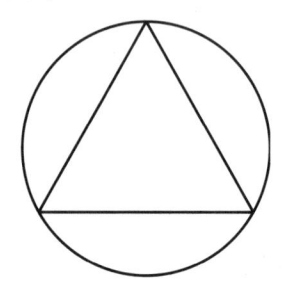

图3-15 "三点"绘制圆

5. "相切、相切、半径"绘制方法

"相切、相切、半径"绘制方法是指：圆和另外两个对象（可以是直线、圆、圆弧或其他曲线）相切，并且以给定圆的半径的方法绘制圆。

命令：_circle：
指定圆的圆心或[三点(3P)/二点(2P)/相切、相切、半径(T)]：T
指定对象与圆的第一个切点：捕捉第一个相切对象的大致切点位置，直至出现"切点符号"，然后确定
指定对象与圆的第二个切点：捕捉第二个相切对象的大致切点位置，直至出现"切点符号"，然后确定
指定圆的半径<0.000>：输入所给定的圆的半径值

【例3-11】 绘制一半径为40mm的圆，要求该圆与已知的圆和直线相切（如图3-16所示）。

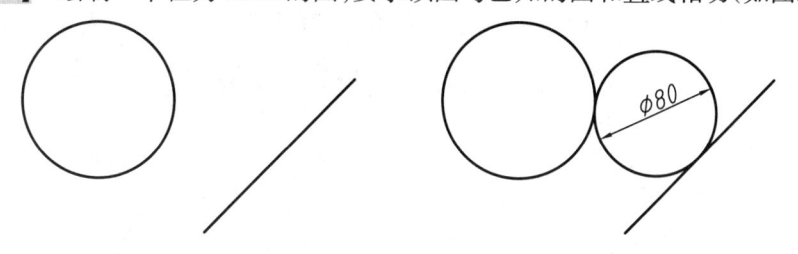

图3-16 "相切、相切、半径"画圆

（1）输入"圆"命令后，命令行提示如下：

命令：_circle：
指定圆的圆心或[三点(3P)/二点(2P)/相切、相切、半径(T)]：T
指定对象与圆的第一个切点：捕捉第一个相切对象"圆"的大致切点位置，然后确定（如图3-17所示）。
指定对象与圆的第二个切点：捕捉相切对象"直线"的大致切点位置（如图3-18所示）。

图3-17 捕捉到第一个切点　　图3-18 捕捉到第二个切点

指定圆的半径<0.000>：40

（2）完成以上操作后的图形效果如图3-16所示。

> **注意**
> ◆ 捕捉相切对象不同的切点位置，可导致最终切点有可能不同，最终导致相切关系的不同（内切或外切）。
> ◆ 输入圆的半径要合适，若半径和捕捉关系不能同时满足，则会提示圆不存在。

6. "相切、相切、相切"绘制方法

"相切、相切、相切"绘制方法是指:利用圆和另外三个对象(可以是直线、圆、圆弧或其他曲线)相切来创建圆(因为这个圆是唯一的一个,因而不需要输入半径值)。"相切、相切、相切"绘制法捕捉对象相切的方法与"相切、相切、半径"绘制法类似。

由于在AutoCAD的"绘图"工具栏中没有"相切、相切、相切"按钮,因此用户只能通过选择"绘图"|"圆"|"相切、相切、相切"命令绘制"相切、相切、相切"的圆。

命令:_circle
指定圆上的第一个点:_tan到   //捕捉第一个相切对象的切点位置,直至出现"切点符号",然后确定
指定圆上的第二个点:_tan到   //捕捉第二个相切对象的切点位置,直至出现"切点符号",然后确定
指定圆上的第三个点:_tan到   //捕捉第三个相切对象的切点位置,直至出现"切点符号",然后确定

【例3-12】 绘制一圆与所给正三边形内切,如图3-19所示。

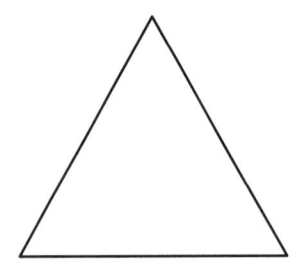

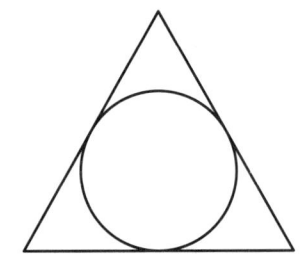

图3-19 "相切、相切、相切"画圆

(1)选择"绘图"|"圆"|"相切、相切、相切"命令后,命令行提示如下:

命令:_circle
指定圆上的第一个点:_tan到   //捕捉正三角形的一条边,直至出现"切点"符号,然后确定
指定圆上的第二个点:_tan到   //捕捉正三角形的另一条边,直至出现"切点"符号,然后确定
指定圆上的第三个点:_tan到   //捕捉正三角形的最后一条边,直至出现"切点"符号,然后确定

(2)完成以上操作后,图形效果如图3-19所示。

3.2.7 圆弧

在几何作图时,经常要画圆弧。但在实际绘图中,用户往往不直接绘制圆弧,而是把圆弧所在的整个圆绘制出来,然后利用编辑命令对其进行修剪,这样绘图效率更高,也更加直观。

在AutoCAD中,输入"圆弧"命令的方法有以下几种。

- 工具栏:单击"绘图"工具栏中的"圆弧"按钮。
- 菜单栏:选择"绘图"|"圆弧"命令。
- 命令行:输入ARC后,按下Enter键。

绘制圆弧的方法比较多,用户可以选择"绘图"|"圆弧"命令,在弹出的菜单中AutoCAD提供了11种绘制圆弧的方法,如图3-20所示。

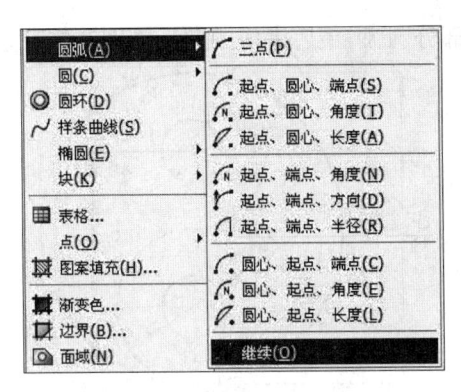

图3-20 "圆弧"菜单选项

参考上面的方法输入命令后,命令行提示如下:

指定圆弧的起点或[圆心(C)]:
指定圆弧的第二个点或[圆心(C)/端点(E)]:
指定圆弧的端点:

系统默认的绘制圆弧的方法为"三点"法,即经过"圆弧的起点、圆弧上的某一个点和圆弧的端点"绘制圆弧。

确定圆弧的具体参数很多,与圆弧有关参数的几何含义如图3-21所示。

一般只需理解各个参数的几何含义,当需要使用圆弧命令时,根据已知条件,直接调用下拉菜单中对应的参数组合即可。

【例3-13】 使用圆及圆弧命令绘制如图3-22所示的太极八卦图形(小圆关于圆心对称)。

(1) 激活"圆"命令后,创建三个圆(具体操作方法介绍略)。

(2) 激活圆弧命令"起点、端点、角度"后,命令行提示如下:

命令:_arc
指定圆弧的起点或[圆心(C)]:捕捉到大圆上象限点并确定
指定圆弧的第二个点或 [圆心(C) / 端点(E)]:_e
指定圆弧的端点:捕捉到大圆的圆心并确定
指定圆弧的圆心或[角度(A)/方向(D)/半径(R)]:_a指定包含角:180

这时绘制出图形上半部分圆弧。

(3) 激活圆弧命令"起点、端点、角度"后,命令行提示如下:

命令:_arc
指定圆弧的起点或[圆心(C)]:捕捉到大圆的圆心并确定
指定圆弧的第二个点或 [圆心(C) / 端点(E)]:_e
指定圆弧的端点:捕捉到大圆的下象限点并确定
指定圆弧的圆心或[角度(A)/方向(D)/半径(R)]:_a指定包含角:-180

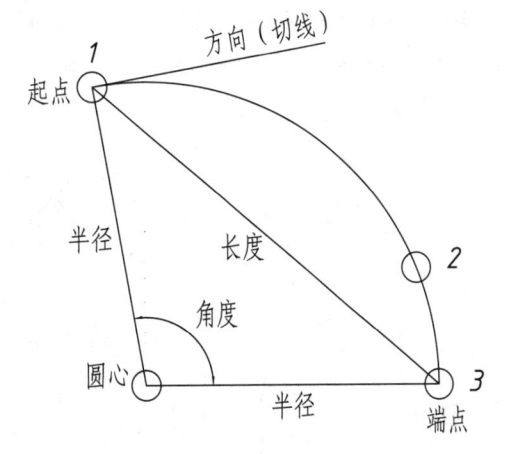

图3-21 圆弧参数的含义

这时绘制出图形下半部分圆弧,最后完成的图形如图3-22所示。

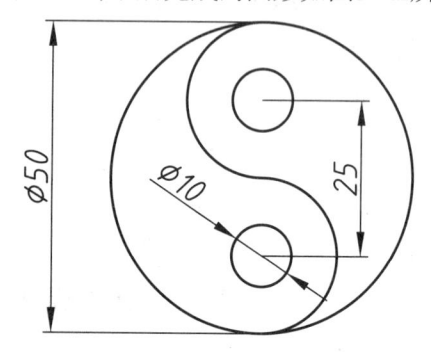

图3-22 太极八卦图形

用"起点、端点、角度"方式绘制圆弧时,当起点、端点相同时,角度(包角)为"正值"时,圆弧按逆时针方向画出,角度(包角)为负值时,圆弧顺时针方向画出。

【例3-14】 绘制如图3-23所示的两条圆弧,并计算出两圆心的距离。

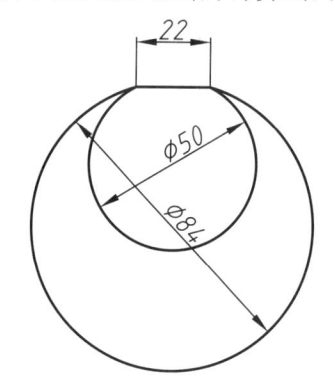

图3-23 圆弧例题二

(1)激活直线命令,绘制长度为22mm的直线(具体操作方法略)。
(2)激活圆弧命令"起点、端点、半径"后,命令行提示如下:

命令:_arc
指定圆弧的起点或[圆心(C)]:捕捉到直线的左端点并确定
指定圆弧的第二个点或 [圆心(C) / 端点(E)]:_e
指定圆弧的端点:捕捉到直线的右端点并确定
指定圆弧的圆心或[角度(A)/方向(D)/半径(R)]:_r指定圆弧的半径:-25

(3)这时将绘制出小半径圆弧。
(4)激活圆弧命令"起点、端点、半径"后,命令行提示如下:

命令:_arc
指定圆弧的起点或[圆心(C)]:捕捉到直线的左端点并确定
指定圆弧的第二个点或 [圆心(C) / 端点(E)]:_e
指定圆弧的端点:捕捉到直线的右端点并确定
指定圆弧的圆心或[角度(A)/方向(D)/半径(R)]:_r指定圆弧的半径:-42

这时将绘制出大半径圆弧。

（5）完成的图形如图3-23所示。调用"查询"命令或标注尺寸后可得两圆弧圆心的距离为18.08mm。

> **注意** ◆ "起点、端点、半径"绘制圆弧，当起点、端点选择秩序相反时，所绘圆弧方向也相反，系统默认逆时针绘制。若起点、端点相同，当输入半径为"正"值时，绘制小半圆弧，输入半径为"负"值时，绘制大半圆弧。

3.2.8 椭圆

在AutoCAD 2008中，输入"椭圆"命令的方法有以下几种。
- 工具栏：单击"绘图"工具栏中的"椭圆"按钮 ◎ 。
- 菜单栏：选择"绘图"|"椭圆"命令。
- 命令行：输入ELLIPSE后，按下Enter键。

在AutoCAD中，选择"绘图"|"椭圆"命令后，在弹出的菜单中提供了3种绘制椭圆的方法，如图3-24所示。

图3-24 "椭圆"菜单选项

在实际绘图过程中，一般采用"轴、端点"（系统默认的方式）的方法绘制椭圆。
参考上面所介绍的方法输入命令后，命令行提示如下：

命令:_ellipse
指定椭圆的轴端点或[圆弧(A)/中心点(C)]:
指定轴的另一端点:
指定另一条半轴长度或[旋转(R)]:

【例3-15】 绘制如图3-25所示的椭圆图形。

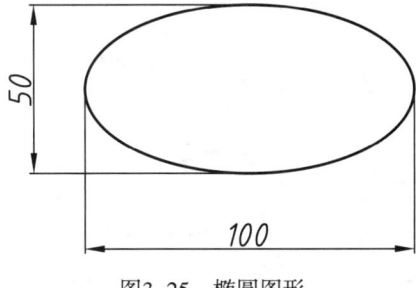

图3-25 椭圆图形

（1）输入"椭圆"命令后，命令行提示如下：

命令：_ellipse
指定椭圆的轴端点或[圆弧(A)/中心点(C)]：在绘图区域任意位置用光标确定一点
指定轴的另一端点：@100,0
指定另一条半轴长度或[旋转(R)]：25

（2）完成以上操作后，绘制的图形如图3-25所示。

在绘制等轴测图时，需要绘制等轴测圆，这时使用椭圆命令时要对"草图设置"对话框内"捕捉和栅格"选项卡中的"捕捉类型"选项区域进行重新设定，即在"捕捉类型"选项区域中选中"等轴测捕捉"单选按钮，如图3-26所示。

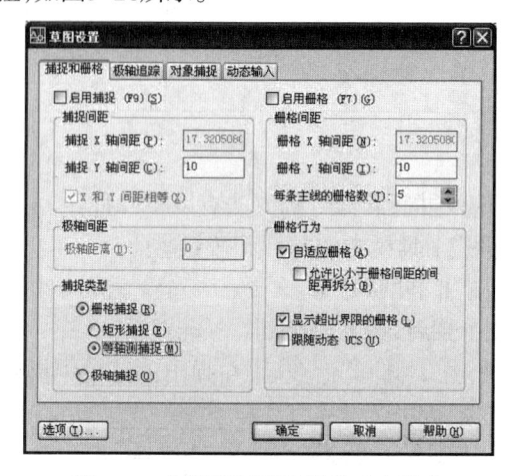

图3-26 "草图设置"捕捉类型和样式

完成以上设置后，激活椭圆命令时命令栏的提示如下：

命令：_ellipse
指定椭圆的轴端点或[圆弧(A)/中心点(C)/等轴测圆(I)]：I
指定等轴测圆的圆心：
指定等轴测圆的半径或[直径(D)]：

在指定等轴圆的半径值或直径值之前，用户可以通过按下F5键来切换所绘等轴测圆的方向。

【例3-16】绘制如图3-27所示图形（其中等轴测圆的半径为50mm）。

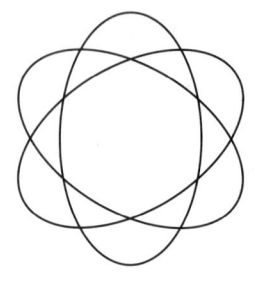

图3-27 椭圆命令

（1）激活椭圆命令后，命令行的提示如下：

命令：_ellipse

指定椭圆的轴端点或[圆弧(A)/中心点(C)/等轴测圆(I)]：I
指定等轴测圆的圆心：在绘图区域任意位置用光标确定一点
指定等轴测圆的半径或[直径(D)]：<等轴测面上> 50

（2）激活椭圆命令后，命令行的提示如下：

命令：_ellipse
指定椭圆的轴端点或[圆弧(A)/中心点(C)/等轴测圆(I)]：I
指定等轴测圆的圆心：捕捉上一等轴测圆的圆心
指定等轴测圆的半径或[直径(D)]：<等轴测面右> 50   //用F5键切换

（3）激活椭圆命令后，命令行的提示如下：

命令：_ellipse
指定椭圆的轴端点或[圆弧(A)/中心点(C)/等轴测圆(I)]：I
指定等轴测圆的圆心：捕捉上一等轴测圆的圆心
指定等轴测圆的半径或[直径(D)]：<等轴测面左> 50   //用F5键切换

（4）完成以上操作后的图形效果如图3-27所示。

3.2.9 样条曲线

样条曲线是指经过或接近一系列给定点的光滑曲线，它在实际工作过程中有着较为广泛的应用（例如，在机械制图中用来绘制波浪线，在几何作图时绘制正弦曲线、余弦曲线等）。

在AutoCAD中，输入"样条曲线"命令的方法有以下几种。

- 工具栏：单击"绘图"工具栏中的"样条曲线"按钮。
- 菜单栏：选择"绘图"|"样条曲线"命令。
- 命令行：输入SPLINE后，按下Enter键。

参考上面的方法，输入命令后，命令行提示如下：

命令：_spline
指定第一个点或[对象(O)]：
指定下一点：
指定下一点或[闭合(C)/拟合公差(F)]<起点切向>：
指定下一点或[闭合(C)/拟合公差(F)]<起点切向>：
指定下一点或[闭合(C)/拟合公差(F)]<起点切向>：
指定起点切向：
指定端点切向：

用户可根据以上所示的命令行提示，当要求输入第一个点或下一个点时，用户可以用坐标输入法或用光标捕捉的方式确定相应的点位置，所有点的位置确定完成后，按下Enter键，然后确定起点的切线方向和端点的切线方向。

例如，激活"样条曲线"命令后，用户可以进行以下操作：

指定第一个点或[对象(O)]：0,0

- 57 -

指定下一点：@10,10
指定下一点或[闭合(C)/拟合公差(F)/]<起点切向>：@10,-10
指定下一点或[闭合(C)/拟合公差(F)/]<起点切向>：@10,-10
指定下一点或[闭合(C)/拟合公差(F)/]<起点切向>：@10,10
指定下一点或[闭合(C)/拟合公差(F)/]<起点切向>：↵
指定起点切向：↵   //接受默认的切线方向
指定端点切向：↵   //接受默认的切线方向

完成以上的操作后，最后将生成类似于正弦曲线的样条曲线，效果如图3-28所示。

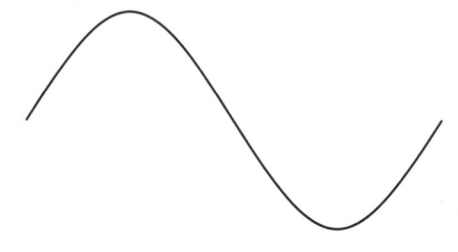

图3-28 样条曲线

在绘制机械图样中的波浪线时，样条曲线经过点的坐标并不需要准确给出，这时用户可以将对象捕捉功能关闭，在确定点的位置时用光标一左一右或一上一下随意给出，并且使波浪线超出构件轮廓线一部分，然后再用"修剪"命令将多余部分剪去。这样绘制的波浪线可以避免当选择填充图案的区域时，边界出现不封闭的情况，效果如图3-29所示。

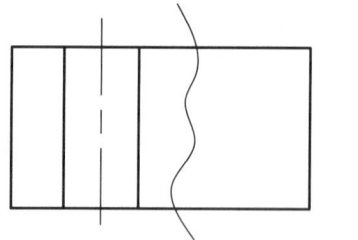

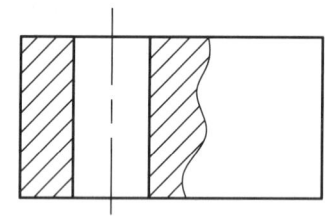

图3-29 样条曲线绘制波浪线

图3-29中所用的"修剪"命令和"图案填充"功能将在本书下面的章节中进行介绍。

> **注意** ◆ 绘制样条曲线时，必须关闭"正交"功能。用样条曲线绘制几何曲线时，可以先用"点"命令将样条曲线经过的点位置一一确定下来，在输入点时，将对象捕捉模式中的"节点"勾选，然后依次捕捉这些"节点"。

3.2.10 点

绘制的"点"对象，一般起标记或参考作用(例如，几何曲线的关键点、对象捕捉的参考点、图线上的等分点等)。在系统默认状态下，"点"对象为图形窗口中的一个小点。为了显示方便，用户可以参考以下方法修改点的样式：

（1）选择"格式"|"点样式"命令，打开的"点样式"对话框，如图3-30所示。

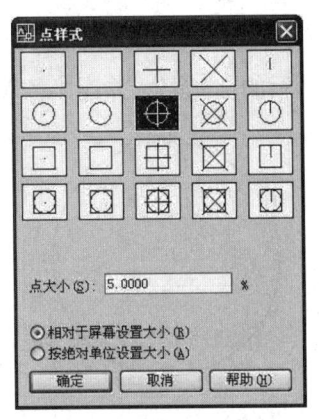

图3-30 "点样式"对话框

（2）在"点样式"对话框中选取点的样式，并设定好点的大小，然后单击"确定"按钮即可完成设置（点的样式改变后，对当前图形文件中所有的点都有效，无论该点是改变点样式之前还是在之后创建的）。

在AutoCAD中，输入"点"命令的方法有以下几种。
- 工具栏：单击"绘图"工具栏中的"点"按钮。
- 菜单栏：选择"绘图"|"点"命令。
- 命令行：输入POINT后，按下Enter键。

在AutoCAD中，选择"绘图"|"点"命令后，在弹出的菜单中将显示绘制点的2种方式以及"点"对象的两种主要用法，如图3-31所示。

图3-31 "点"菜单选项

参考上面所介绍的方法输入命令后，命令行提示如下：

命令：_point
当前点模式：PDMODE=0 ，PDSISE=0.000
指定点：输入点的坐标或用光标在绘图区域确定

系统默认的绘制点的方式为"多点"。要结束"点"命令时，按Enter键无效，这时需按ESC键退出。在实际设计过程中，绘制单点或多点的时候较少，大多使用"点"命令中的"定数等分"和"定距等分"功能。在使用"定数等分"和"定距等分"功能时一般都需改变点的样式。

1. "定数等分"功能

在AutoCAD中，输入"定数等分"命令的方法有以下几种。
- 菜单栏：选择"绘图"|"点"|"定数等分"命令。

- 命令行：输入DIVIDE后，按下Enter键。

选择要定数等分的对象：

输入线段数目或[块(B)]：输入数目

【例3-17】 将如图3-32(a)所示的圆5等分，并连接各等分点。

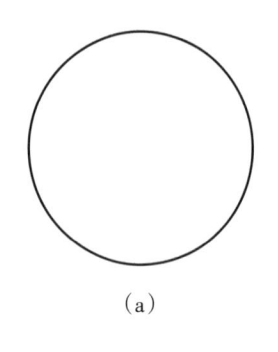

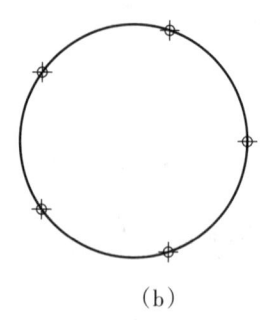

(a)　　　　　　　　　(b)　　　　　　　　　(c)

图3-32　点的"定数等分"

（1）改变点的样式(具体操作步骤略)。

（2）参考下面的方法，输入"定数等分"命令。

- 菜单栏：选择"绘图"|"点"|"定数等分"命令。
- 命令行：输入DIVIDE后，按下Enter键。

选择要定数等分的对象：选择图中所绘圆对象

输入线段数目或[块(B)]：5（如图3-32(b)所示）

（3）激活直线命令，依次捕捉5个等分点(这时需选中对象捕捉模式中的"节点"选项)。

（4）完成以上操作后的图形效果如图3-32(c)所示。

2. "定距等分"功能

在AutoCAD中，输入"定距等分"命令的方法有以下几种。

- 菜单栏：选择"绘图"|"点"|"定距等分"命令。
- 命令行：输入MEASURE后，按下Enter键。

选择要定距等分的对象：

指定线段长度或[块(B)]：长度值

使用"定距等分"命令的详细操作步骤较为简单，在这里不再细述，用户要注意的是：在"定距等分"对象时，若所选对象的长度不是"等分长度值"的整数倍时，系统首先按要求的"长度值"整数等分对象，然后将"余数"部分放置在对象的尾端，如图3-33所示。

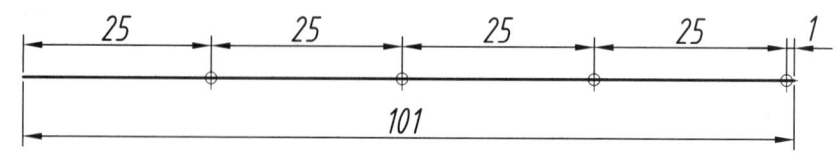

图3-33　点的"定距等分"

"定数等分"和"定距等分"命令中都有一个"块(B)"选项,使用该选项可以方便用户在特定路径(包括样条曲线)上均布图块,并且对齐。

> **注意**
> ◆ 创建块及块命令的有关内容将在本书第8章中讲述,下面将先用一个名为K1的创建好的块来说明"块(B)"选项的使用方法。

【例3-18】将表面粗糙度基本符号创建名为K1的图块,并完成如图3-34所示的图形。

图3-34 点的定数等分"块(B)"选项

(1) 绘出表面粗糙度基本符号,并将其创建成一图块,名为K1。
(2) 激活"样条曲线"命令,绘制样条曲线。
(3) 激活"定数等分"功能。选择"绘图"|"点"|"定数等分"命令,然后在命令行提示下,完成以下操作:

命令:_ divide
选择要定数等分的对象:选择图中所绘样条曲线
输入线段数目或[块(B)]: B
输入要插入的块名: K1
是否对齐块和对象?[是(Y)/否(N)]<Y>: ↵ //选取默认对齐模式
输入线段数目: 5

(4) 完成以上操作后,图形的效果如图3-34所示。
若在命令行提示下选择"不对齐"模式,则得到的图形如图3-35所示,用户可以比较它们之间的区别。

图3-35 点的定数等分"块(B)"选项"不对齐"

思考与练习

(1) 简述常用绘制直线的方法。
(2) AutoCAD 2008中,绘制圆的菜单命令有哪些?

(3) 简述圆弧命令中常用参数的含义。
(4) 如何改变绘制正等测轴测图时所需等轴测圆的方向?
(5) 用直线命令绘制如图3-36所示的图形。
(6) 设置并调用图层,绘制如图3-37所示图形。

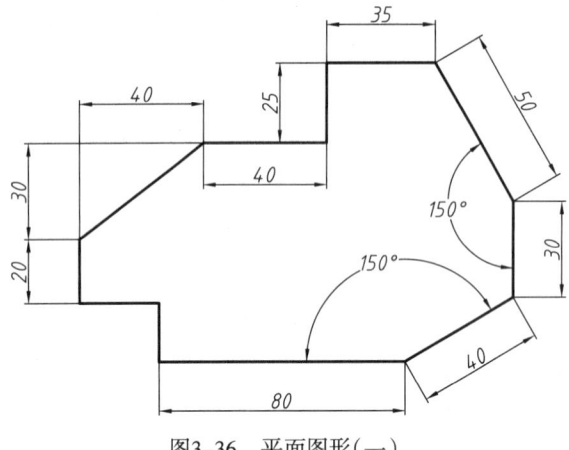

图3-36 平面图形(一)

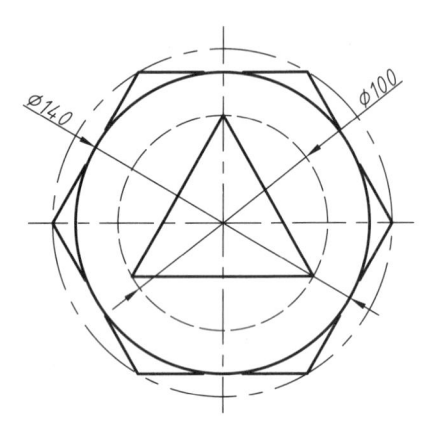

图3-37 平面图形(二)

(7) 以半径60mm作如图3-38所示两圆的公切圆,可以作出多少个?

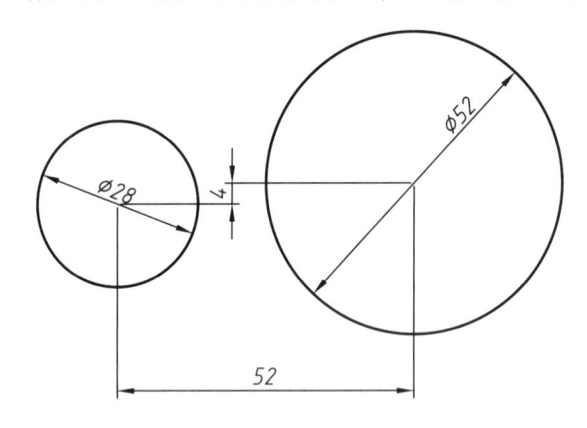

图3-38 两圆的公切圆

扫码可见图3-36~图3-38习题讲解

第4章

编辑二维图形及信息查询

学习目标

扫码可见"常用二维图形的绘制编辑命令及操作技巧"

本章将重点介绍常用二维图形编辑命令的使用方法以及图形信息的查询方法,并结合实例讲解常用编辑命令的应用及有关图形信息的查询方法。

学习要求

- **了解**:延伸、拉长、分解、拉伸、夹点编辑等命令的使用方法。
- **掌握**:删除、复制、镜像、偏移、阵列、移动、旋转、修剪、打断与合并、倒角与圆角、边界、对象特性等编辑命令的使用方法以及图形信息的提取方法。

4.1 常用二维图形的编辑命令

创建对象只是设计绘图的第一步,在实际操作中更多的工作则集中在对图形的编辑与修改上,只有通过不断地调整对象才能最终达到设计要求。因此,AutoCAD 2008中的编辑命令使用的频率非常高。AutoCAD 2008提供的图形修改命令位于如图4-1所示的"修改"菜单中。

在图4-2所示的"修改"工具栏中集中了常用的修改工具按钮。熟练掌握这些按钮的使用

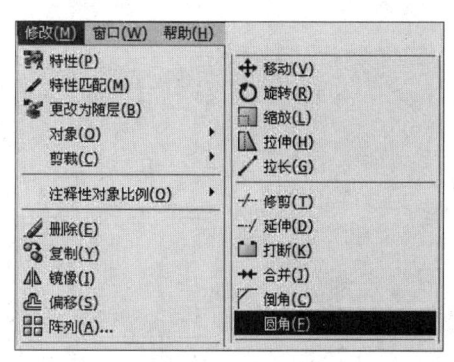

图4-1 "修改"下拉菜单

图4-2 "修改"工具栏

方法，可以使图形设计的过程更加快捷、灵活。

4.1.1 删除

在AutoCAD中，输入"删除"命令的方法有以下几种。
- 工具栏：单击"修改"工具栏中的"删除"按钮 。
- 菜单栏：选择"修改"|"删除"命令。
- 命令行：输入ERASE后，按下Enter键。

参考上面所介绍的方法激活命令后，命令行提示如下：

命令: _erase
选择对象：

此时，可用各种选择方式选取要删除的对象，然后按下Enter键即可。或者在未激活命令的状态下先选择对象，然后单击工具栏的"删除"按钮 。

> **注意**：以上两种不同的操作顺序，表明了AutoCAD 2008编辑对象的两种方法。第一种方法是先输入编辑命令再选择对象，第二种是先选择对象后激活命令。

删除对象还可以参考如下方式进行：
- 先在未激活任何命令的状态下选择对象到高亮虚线状态，然后按下Delete键即可。
- 先在未激活任何命令的状态下先选择对象到高亮虚线状态，然后右击鼠标，在弹出的快捷菜单中选择"删除"命令即可，如图4-3所示（在该快捷菜单中还可执行"移动"、"复制"、"缩放"、"旋转"等编辑命令）。

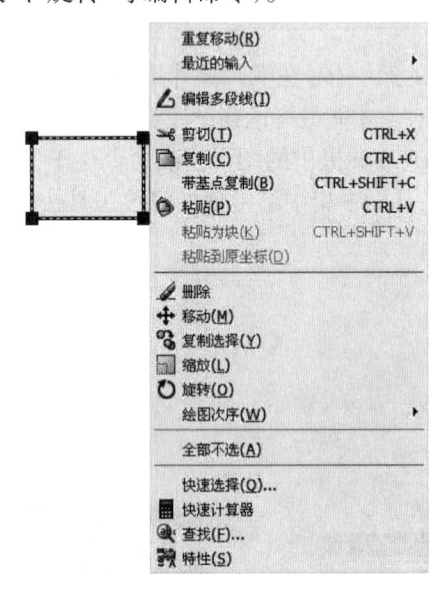

图4-3 用快捷菜单删除对象

4.1.2 移动

在AutoCAD中,输入"移动"命令的方法有以下几种。
- 工具栏:单击"修改"工具栏中的"移动"按钮 ✥。
- 菜单栏:选择"修改"|"移动"命令。
- 命令行:输入MOVE后,按下Enter键。

参考上面所介绍的方法激活命令后,命令行提示如下:

命令:_move
选择对象:选择要移动的第一个对象
选择对象:选择要移动的第二个对象
选择对象:选择要移动的第n个对象   //移动命令可以同时移动n个被选中对象
选择对象:↵
指定基点或[位移(D)]<位移>:给出基点
指定第二个点或<使用第一点作位移>:给第二个点

对于以上命令,可以参考以下4种方法来输入:

- 用鼠标光标捕捉要移动到的点,这时对象移动后"基点"所在的位置点将与捕捉到的点重合。
- 用坐标输入法(绝对坐标或相对坐标)输入要移动到的点位置,这时"基点"所在的位置点将移动相应的位置量,同时对象也跟着一起移动相应的位置量。
- 移动光标到大致位置,然后单击鼠标左键确定。
- 移动光标时,打开"对象追踪"、"正交"功能进行移动,从而保证移动后的对象与原对象保持视图之间的投影对应关系。

> **注意** ◆ 以上第1种、第2种方法用来进行精确移动,第4种方法在绘制形体的"三视图"时常常采用,第3种方法主要用来大致调整图形的位置。

【例4-1】移动如图4-4所示的正五边形至右侧圆中,使正五边形成为该圆的内接正五边形。

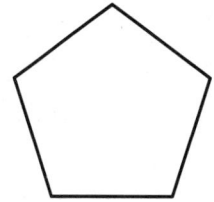

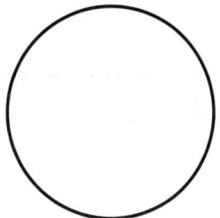

图4-4 移动正五边形

(1)激活移动命令后,命令行提示如下:

命令：_move
选择对象：选择正五边形
指定基点或[位移(D)]<位移>：用光标捕捉到五边形最上方顶点并确定
指定第二个点或<用第一点作位移>：捕捉到右侧圆的上方象限点并确定

(2) 完成以上操作后的图形效果如图4-5所示。

图4-5　移动后的图形效果

【例4-2】将如图4-6所示左侧的圆向右方平行移动20mm，然后将矩形及两圆以矩形左下方端点为基点移动到坐标原点。

(1) 输入"移动"命令后，命令行提示如下：

命令：_move
选择对象：选择左侧圆
指定基点或[位移(D)]<位移>：用光标捕捉到左侧圆的圆心并确定
指定第二个点或<用第一点作位移>：@20,0

(2) 激活移动命令后，命令行提示如下：

命令：_move
选择对象：选择两圆及矩形
指定基点或[位移(D)]<位移>：　用光标捕捉到矩形左下方端点并确定
指定第二个点或<用第一点作位移>：0,0

(3) 完成以上操作后的图形效果如图4-7所示（这时矩形左下角端点与坐标系原点重合）。

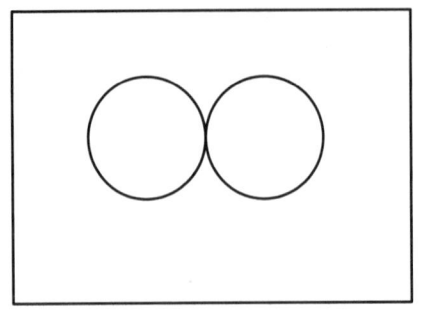

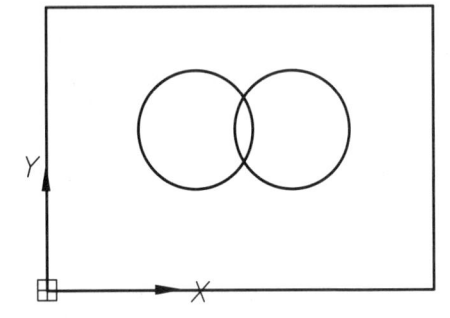

图4-6　移动圆　　　　　　　　图4-7　移动后的图形效果

4.1.3　复制

在AutoCAD中，输入"复制"命令的方法有以下几种。
- 工具栏：单击"修改"工具栏中的"复制"按钮。

- 菜单栏：选择"修改"|"复制"命令。
- 命令行：输入COPY后，按下Enter键。

参考上面所介绍的方法输入命令后，命令行提示如下：

命令：_copy
选择对象：选择要复制的第一个对象
选择对象：选择要复制的第二个对象
选择对象：选择要复制的第n个对象   //复制命令可以同时复制n个被选对象
选择对象：↵
指定基点或[位移(D)]<位移>：给基点
指定第二个点或<用第一点作位移>：给第二个点

> **注意** ◆ "复制"命令各选项的含义及操作方法与移动命令类似。

【例4-3】在大圆的其他三个象限点及圆心处复制如图4-8所示的小圆。

（1）激活复制命令后，命令行提示如下：

命令：_copy
选择对象：选择右侧小圆
指定基点或[位移(D)]<位移>：捕捉小圆的圆心并确定
指定第二个点或<用第一点作位移>：捕捉大圆上方象限点并确定
指定第二点或[退出(E)放弃(U)]<退出>：捕捉大圆右方象限点并确定
指定第二点或[退出(E)放弃(U)]<退出>：捕捉大圆下方象限点并确定
指定第二点或[退出(E)放弃(U)]<退出>：捕捉大圆圆心并确定

（2）完成以上操作后的图形效果如图4-9所示。

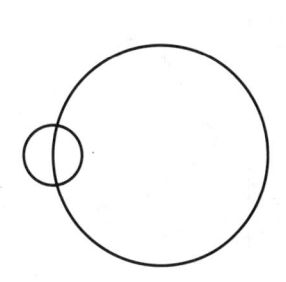

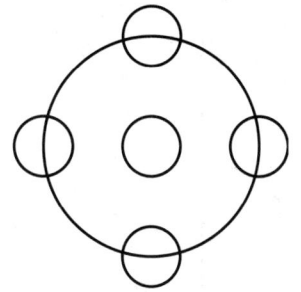

图4-8　复制对象　　　　　　图4-9　复制后的图形

4.1.4　镜像

使用系统提供的"镜像"功能，用户可以创建对称的图形。在AutoCAD中，输入"镜像"命令的方法有以下几种。

- 工具栏：单击"修改"工具栏中的"镜像"按钮 ⚠。
- 菜单栏：选择"修改"|"镜像"命令。
- 命令行：输入MIRROR后，按下Enter键。

参考上面所介绍的方法激活命令后,命令行提示如下：

命令:_mirror

选择对象：选择要做镜像的对象

选择对象：↵

指定镜像直线的第一点：捕捉对称镜像线的第一个端点

指定镜像直线的第二点：捕捉对称镜像线的另一个端点

要删除源对象吗？[是(Y)否(N)]<N>: ↵

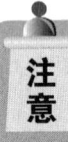

> **注意**
> ◆ 镜像命令中镜像对称直线由指定的两点确定。

在命令栏提示"要删除源对象吗？[是(Y)否(N)]<N>"时,如选取默认选项"N",将不会删除源对象。

【例4-4】将如图4-10所示矩形及文字关于竖直直线做镜像。

（1）输入"镜像"命令后,命令栏提示如下：

命令:_mirror

选择对象：选择矩形及文字

指定镜像直线的第一点：捕捉竖直线的上方端点

指定镜像直线的第二点：捕捉竖直线的下方端点

要删除源对象吗？[是(Y)否(N)]<N>: ↵

（2）镜像后的图形如图4-11所示。

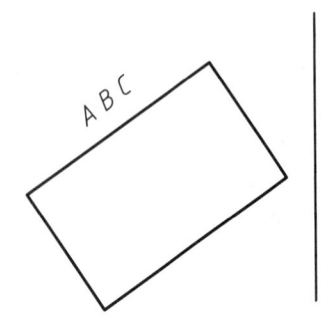

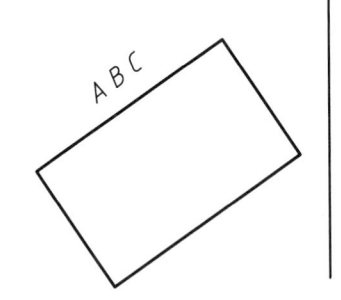

图4-10 镜像对象   图4-11 镜像后的图形

> **注意**
> ◆ 在AutoCAD 2008的默认情况下,镜像文字和属性时,它们在镜像图像中不会反转或倒置,文字的对象和对正方式在镜像对象前后都是相同的。

4.1.5 偏移

使用系统提供的"偏移"命令,可以创建与原始对象平行(等距)的新对象。在实际工作中,作图时常使用"偏移"命令来创建同心圆、平行线或等距曲线等。

在AutoCAD中,输入"偏移"命令的方法有以下几种。

- 工具栏:单击"修改"工具栏中的"偏移"按钮 。
- 菜单栏:选择"修改"|"偏移"命令。
- 命令行:输入OFFSET后,按下Enter键。

参考上面的方法输入命令后,命令行提示如下:

命令:_offset
当前设置:删除源=否 图层=源 OFFSETGAPTYPE=0
指定偏移距离或[通过(T)/删除(E)/图层(L)]<通过>:输入距离值
选择要偏移的对象或[退出(E)/放弃(U)]:选择要偏移的对象
指定要偏移的那一侧上的点,或[退出(E)/多个(M)/放弃(U)]<退出或下一个对象>:在需要偏移的一侧方向上用光标确定一点,即用光标来确定偏移方向
选择要偏移的对象或[退出(E)/放弃(U)]:可以重新选择要偏移的对象,但偏移距离不能改变或者按Enter键结束命令

以上命令选择项中的主要参数含义如下。

- 偏移距离:偏移后的对象与原对象之间的距离值。如偏移的是直线,则偏移后的直线与原直线平行且距离为偏移距离值。若偏移的是圆,则偏移后得到的圆与原对象同心且所形成的圆环间距为偏移距离值。若偏移距离未知时,可以用光标分别捕捉到两个点,系统会将此两点之间的距离确定为偏移距离值(在保证视图之间"宽相等"的对应关系时经常会使用这一方法)。
- 通过(T):即通过某一个指定的点,作一对象与原对象平行。
- 偏移对象:偏移对象可以为直线、圆弧、圆、椭圆、椭圆弧、二维多段线、构造线、射线和样条曲线。不被当作单一对象的图形不能偏移,例如,由矩形命令绘制的矩形可以偏移,而由4条直线绘制的矩形则不能偏移(这时的矩形是由4个对象构成的)。把由多个对象构成的图形改变成由单一对象构成的图形可以通过高级编辑命令"边界"或者"编辑多段线"来完成(其中"边界"命令会在本书后面的部分介绍)。

【例4-5】在如图4-12所示圆的内外两侧各作一同心圆,要求内侧圆环间距为10mm,外侧圆环间距为20mm。

(1)输入"偏移"命令后,命令行提示如下:

命令:_offset
当前设置:删除源=否 图层=源 OFFSETGAPTYPE=0
指定偏移距离或[通过(T)/删除(E)/图层(L)]<通过>:10
选择要偏移的对象或[退出(E)/放弃(U)]:选择直径为100mm的圆
指定要偏移的那一侧上的点,或[退出(E)/多个(M)/放弃(U)]<退出或下一个对象>:在圆的内侧用光

标确定一个点

　　选择要偏移的对象或[退出(E)/放弃(U)]：↵

（2）输入"偏移"命令后，命令行提示如下：

命令：_offset
当前设置：删除源＝否 图层＝源 OFFSETGAPTYPE＝0
指定偏移距离或[通过(T)/删除(E)/图层(L)]<通过>：20
选择要偏移的对象或[退出(E)/放弃(U)]：选择直径为100mm的圆
指定要偏移的那一侧上的点，或[退出(E)/多个(M)/放弃(U)]<退出或下一个对象>：在圆的外侧用光标确定一个点

　　选择要偏移的对象或[退出(E)/放弃(U)]：↵

（3）完成以上操作后的图形效果如图4-13所示。

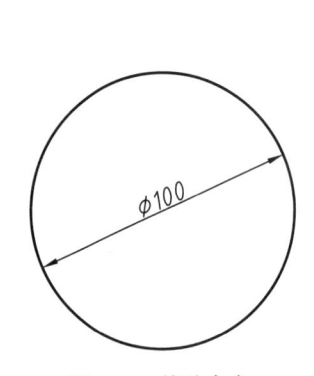

图4-12　偏移命令 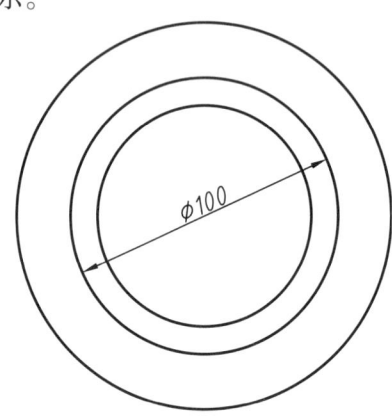　　　　　　　　　图4-13　偏移后的图形

【例4-6】绘制如图4-14所示的正六棱柱的左视图。

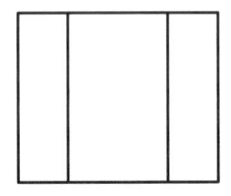

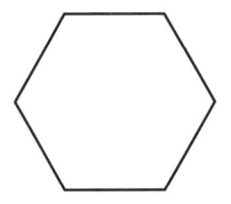

图4-14　正六棱柱

（1）输入"直线"命令，打开"对象追踪"及"极轴"功能，然后在主视图的左侧适当位置绘制正六棱柱左视图最左端棱线，如图4-15(a)所示(具体操作步骤略)。

（2）输入"偏移"命令后，命令行提示如下：

命令:_offset
当前设置:删除源=否 图层=源 OFFSETGAPTYPE=0
指定偏移距离或[通过(T)/删除(E)/图层(L)]<通过>:分别捕捉俯视图正六边形上、下两边中点并确定
选择要偏移的对象或[退出(E)/放弃(U)]:选择左视图中的直线
指定要偏移的那一侧上的点,或[退出(E)/多个(M)/放弃(U)]<退出或下一个对象>:在直线的右侧用光标确定一个点
选择要偏移的对象或[退出(E)/放弃(U)]:↵

（3）完成以上操作后的图形效果如图4-15(b)所示。

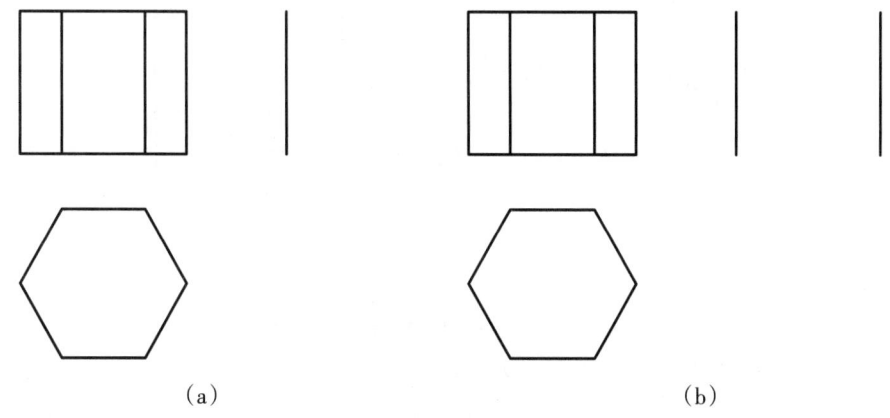

(a)   (b)

图4-15 偏移命令

（4）输入"直线"命令,作直线连接左视图其他部分的直线(具体操作步骤略),最后完成的正六棱柱左视图如图4-16所示。

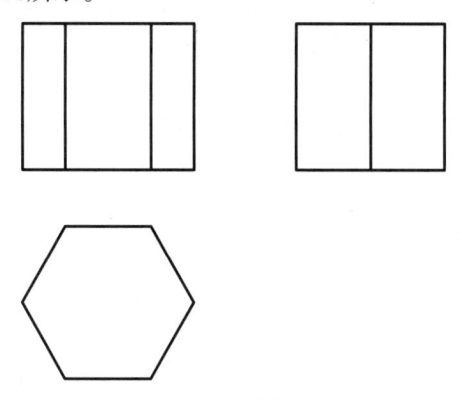

图4-16 正六棱柱左视图

4.1.6 阵列

当用户需要按照一定的规律复制对象时,便可采用"阵列"命令来完成。在AutoCAD中,输入"阵列"命令的方法有以下几种。

- 工具栏:单击"修改"工具栏中的"阵列"按钮 ▦ 。
- 菜单栏:选择"修改"|"阵列"命令。

- 命令行：输入ARRAY后，按下Enter键。

参考上面的方法输入"阵列"命令后，系统将打开"阵列"对话框，如图4-17所示。

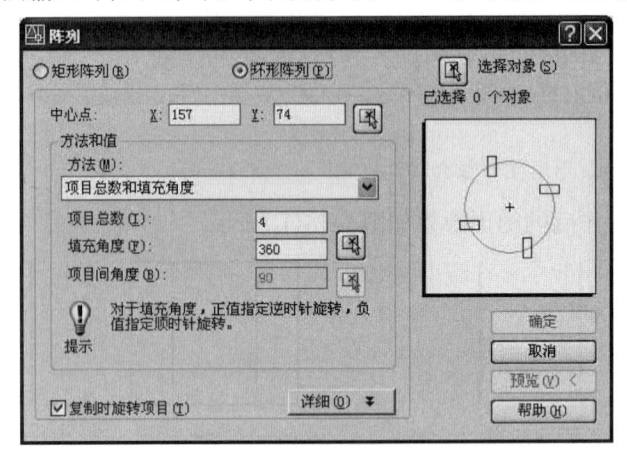

图4-17 "阵列"对话框

> **注意**
> ◆ 在"阵列"对话框中显示了"矩形阵列"和"环形阵列"两种阵列的形式，由于在机械设计的中大多采用环形阵列，因而本书将重点介绍环形阵列的用法。

在"阵列"对话框内的"环形阵列"选项区域中主要选项的含义如下。

- "中心点"选项区域：阵列对象所环绕的中心位置。中心点位置可以由绝对坐标输入，也可单击拾取中心点按钮，用光标捕捉的方式来确定。
- "项目总数"文本框：需要复制的阵列对象数目。
- "填充角度"文本框：是指通过定义阵列中第一个和最后一个对象的基点之间的包含角，正值为逆时针旋转，负值为顺时针旋转（默认角度为360°，即阵列对象沿整个圆周均布）。

【例4-8】使用"阵列"命令将图4-18(a)"阵列"成如图4-18(b)所示图形。

（1）绘制圆及上方矩形，并激活"阵列"命令，在打开的"阵列"对话框中，选择"环形阵列"单选按钮，并在"项目总数"文本框中输入数目8，"填充角度"文本框为默认值360°，然后选中"复制时旋转项目"复选框。

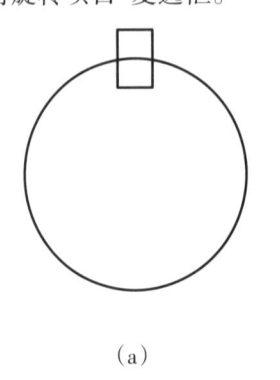

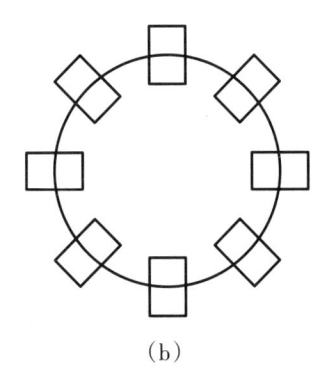

(a)　　　　　　　　　(b)

图4-18 应用"阵列"命令

(2）单击"阵列"对话框中的"拾取中心点"按钮，捕捉并选取所绘圆的圆心为中心点。

(3）单击"阵列"对话框中的"选择对象"按钮，选择矩形，然后单击"确定"按钮，完成如图4-18(b)所示图形。

> **注意**
> ◆ 使用环形阵列时，在"阵列"对话框中，需选中"复制时旋转项目"复选框，否则环形阵列后，阵列的对象不随填充角度的变化而旋转，得不到所需图形。

4.1.7 旋转

当用户需要调整对象角度，使其绕指定点旋转时可以使用"旋转"命令。在AutoCAD中，输入"旋转"命令的方法有以下几种。

- 工具栏：单击"修改"工具栏中的"旋转"按钮。
- 菜单栏：选择"修改"|"旋转"命令。
- 命令行：输入ROTATE后，按下Enter键。

参考以上方法输入"旋转"命令后，命令行提示如下：

命令：_rotate
UCS当前的正角方向：ANGDIR=逆时针 ANGBASE=0
选择对象：选择要旋转的对象
选择对象：↵
指定基点：确定旋转的中心位置
指定旋转角度，或[复制(C)/参照(R)]<0>：输入旋转的角度

旋转对象时选择不同的基点，旋转后旋转对象旋转的角度是一样的，但位置会发生变化。若用户只知道对象旋转前后的位置，而不知道旋转的具体角度时，可以选用"参照(R)"选项。

【例4-9】将如图4-19所示多边形旋转一个角度，使其AB边与斜线AC重合。

(1）输入"旋转"命令后，命令行提示如下：

命令：_rotate
UCS当前的正角方向：ANGDIR=逆时针 ANGBASE=0
选择对象：选择图中多边形，找到6个
选择对象：↵
指定基点：捕捉并选择A点
指定旋转角度，或[复制(C)/参照(R)]<0>：R
指定参照角<0>:重新捕捉到A点 指定第二点：捕捉到B点并确定
指定新角度：捕捉到C点并确定

完成以上操作后，旋转后的图形效果如图4-20所示。

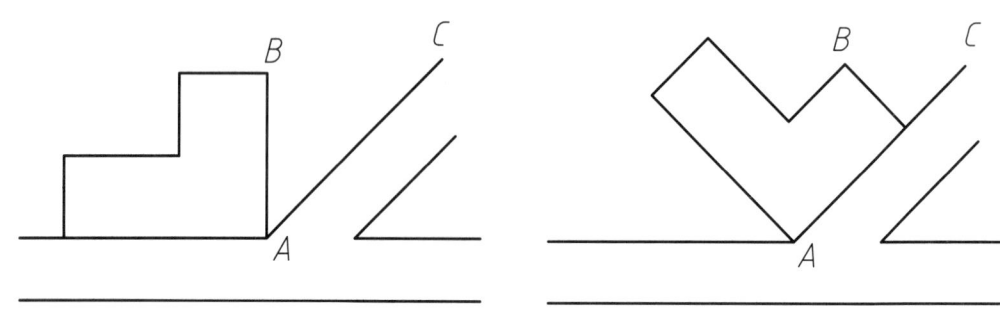

图4-19 旋转命令　　　　　　　　　　图4-20 旋转后的图形

> **注意**
> ◆ 在使用"参照(R)"选项时,旋转对象与参照对象应该有边相交,并且要选择交点为旋转的基点。

4.1.8 缩放(比例)

在工程设计中,用户可以通过缩放命令来改变图形的大小。在AutoCAD 2008中,输入"缩放"命令的方法有以下几种。

- 工具栏:单击"修改"工具栏中的"比例"按钮 。
- 菜单栏:选择"修改"|"缩放"命令。
- 命令行:输入SCALE后,按下Enter键。

参考以上方法输入"缩放"命令后,命令行提示如下:

命令:_scale
选择对象:选择要缩放的对象
选择对象:↵
指定基点:缩放时图形变化所环绕的中心位置
指定比例因子或[复制(C)/参照(R)]<1.000>:

比例因子即缩放的比例,当比例因子大于1时,对象放大。反之对象缩小。当用户不知道要缩放的具体比例时,可选用"参照(R)"选项,即按照参照的长度和指定的新长度缩放所选对象。

【例4-10】将如图4-21(a)所示多边形AB边长放大至400mm,同时多边形也以相同比例因子放大。

(1)输入"缩放"命令,命令行提示如下:

命令:_scale
选择对象:选择多边形
选择对象:↵
指定基点:选择AB直线的中点
指定比例因子或[复制(C)/参照(R)]<1.000>:R

第4章 编辑二维图形及信息查询

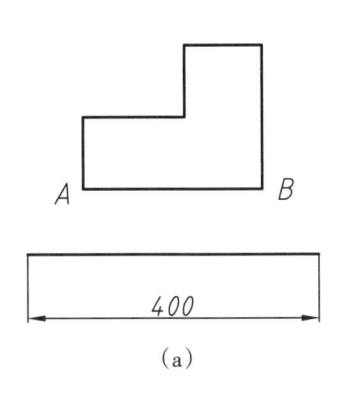

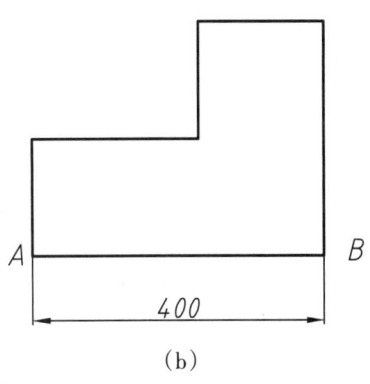

(a)　　　　　　　　　　　　　　(b)

图4-21　缩放多边形边长

指定参照长度<0.000>:捕捉到A点并确定　指定第二点：捕捉到B点并确定

指定新的长度或[点(P)]：400

(2) 放大后的图形效果如图4-21(b)所示。

【例4-11】将如图4-22(a)所示多边形边AB放大至与CD直线一样长度,同时多边形也以相同比例因子放大(AB、CD长度未知)。

(1) 激活移动命令,移动直线CD与多边形AB边重合,如图4-22(b)所示。

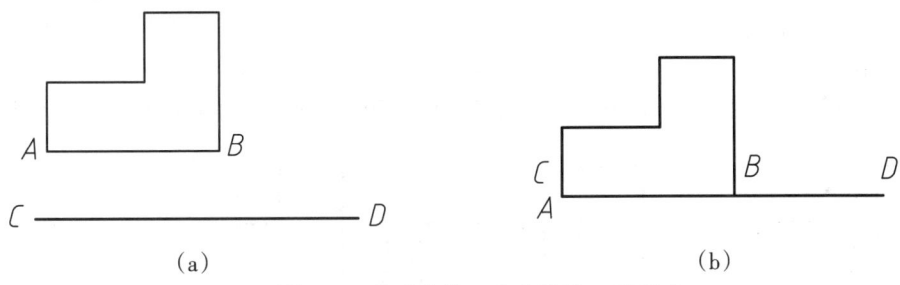

(a)　　　　　　　　　　　　　　(b)

图4-22　移动直线CD与多边形AB边重合

(2) 激活缩放命令,命令行提示如下：

命令：_scale

选择对象：选择多边形

选择对象：↵

指定基点：选择A点并确定(这时A与C重合)

指定比例因子或[复制(C)/参照(R)]<1.000>：R

指定参照长度<0.000>：捕捉到A点并确定　指定第二点：捕捉到B点并确定

指定新的长度或[点(P)]：捕捉到D点并确定

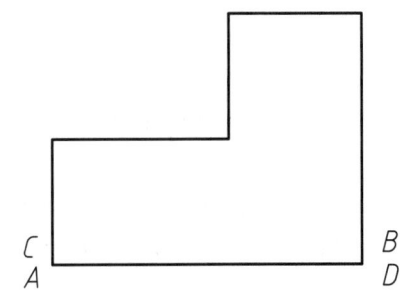

图4-23　放大后的图形

(3) 放大后的图形效果如图4-23所示。

> **注意**
> ◆ 在使用"参照(R)"选项时,作为参照的长度直线与新长度直线要有共同的交点,并且要选择交点为缩放的基点。

4.1.9 拉伸

在AutoCAD中,输入"拉伸"命令的方法有以下几种。
- 工具栏：单击"修改"工具栏中的"拉伸"按钮 。
- 菜单栏：选择"修改"|"拉伸"命令。
- 命令行：输入STRETCH后,按下Enter键。

参考以上方法输入"拉伸"命令后,命令行提示如下：

命令：_stretch
以交叉窗口或交叉多边形选择要拉伸的对象
选择对象：以交叉窗口(从右往左拖动鼠标)选择集的方式选择拉伸对象
选择对象：↵
指定基点或[位移(D)]<位移>：捕捉并确定拉伸对象时的第一个参考点
指定第二个点或<使用第一个点作为位移>：捕捉将参考点拉伸到的位置点并确定

> **注意** ◆ 拉伸命令完成后,只有被交叉窗口完全包含的对象或单独选定的对象才会被拉伸。

【例4-12】拉伸如图4-24(a)所示图形,要求将螺纹终止线中点1拉伸到最右端直线中点2。

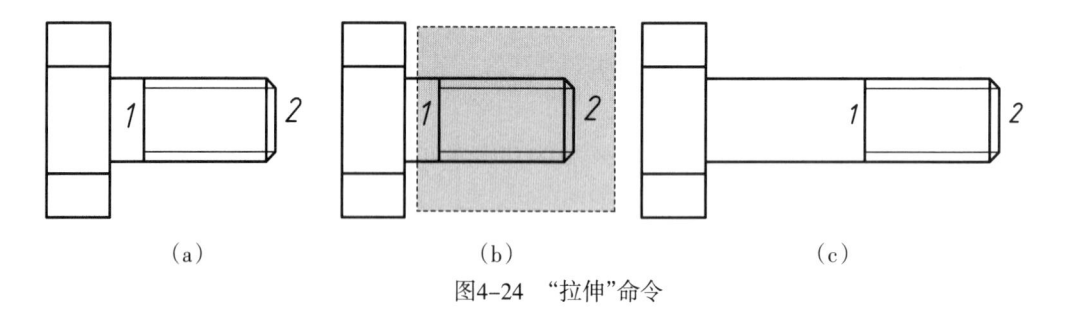

(a)　　　　　　　　(b)　　　　　　　　(c)

图4-24 "拉伸"命令

（1）激活拉伸命令后,命令行提示如下：

命令：_stretch
以交叉窗口或交叉多边形选择要拉伸的对象
选择对象：以交叉窗口(从右往左拖动鼠标)选择集的方式选择拉伸对象,如图4-24(b)所示
选择对象：
指定基点或[位移(D)]<位移>：捕捉1点并确定
指定第二个点或<使用第一个点作为位移>：捕捉2点并确定

（2）拉伸后的图形效果如图4-24(c)所示。

4.1.10 拉长

使用"拉长"命令可以修改直线、圆弧、开放多段线、椭圆弧和开放样条曲线的长度,以及修改圆弧的包含角。

在AutoCAD中,用户可以参考以下方法改变对象的长度:
- 动态拖动对象的端点。
- 按总长度或角度的百分比指定新长度或角度。
- 指定从端点开始测量的增量长度或角度。
- 指定对象的总绝对长度或包含角。

在AutoCAD中,输入"拉长"命令的方法有以下几种。
- 菜单栏:选择"修改"|"拉长"命令。
- 命令行:输入LENGTHEN后,按下Enter键。

参考上面所介绍的方法输入命令后,命令行提示如下:

命令:_lengthen
选择对象或[增量(DE)/ 百分数(P)/ 全部(T)/ 动态(DY)]:

若直接选择要拉长的对象,则命令行会显示该对象的长度或包含角,若输入各选项代码字母,则进入相应的改变对象长度或包含角的模式。例如,输入DE后按Enter键,就会进入"增量"改变长度或包含角的模式,这时命令行提示如下:

输入长度差值或[角度(A)]<当前>:输入相应数值
选择要修改的对象或[放弃(U)]:选择要修改的对象(每选择一次,对象长度或包含角就改变一次数值)
选择要修改的对象或[放弃(U)]:

以上命令栏提示中,重要的选项说明如下。
- 增量(DE):将以指定的增量值修改对象的长度,该增量值从距离选择点最近的端点处开始测量。差值还以指定的增量值修改弧的角度,该增量值也是从距离选择点最近的端点处开始测量的(注意:输入正值时为拉长对象,输入负值时为缩短对象)。
- 长度差值:以指定的增量修改对象的长度。
- 角度(A):以指定的角度修改选定圆弧的包含角。
- 百分比(P):通过指定对象总长度的百分数设置对象的长度(例如输入200,则会将对象长度变长一倍)。
- 全部(T):将通过指定从固定端点测量的总长度(或总角度)的绝对值来设置选定对象的长度(或总包含角)。例如输入长度值150,选择修改对象后,对象长度就变为150mm长了。
- 动态(DY):打开动态拖动模式,通过拖动选定对象的端点来改变其长度,而另一端点保持不变。

> **注意**
> ◆ 要特别区分"拉伸"和"拉长"命令,这两个命令虽只有一字之差,但作用与功能完全不同。

【例4-13】 绘制如图4-25所示折线。

(1) 输入"直线"命令,_line(命令行提示如下)后,按下Enter键。

指定第一点：在绘图区域适当位置确定A点
指定下一点或[放弃(U)]：@100,0　　　　　//B点相对坐标
指定下一点[放弃(U)]：@40<126　　　　　//C点相对极坐标坐标
指定下一点[闭合(C)/ 放弃(U)]：　　　　　//结束直线命令

(2) 输入"旋转"命令,命令行提示如下：

命令：_rotate
UCS当前的正角方向：ANGDIR=逆时针 ANGBASE=0
选择对象：选择直线CB
选择对象：↵
指定基点：捕捉并选择C点　　　　　　　//以C点为旋转中心
指定旋转角度,或[复制(C)/参照(R)]<0>：117　//CB直线绕C点逆时针转117°与CD直线重合

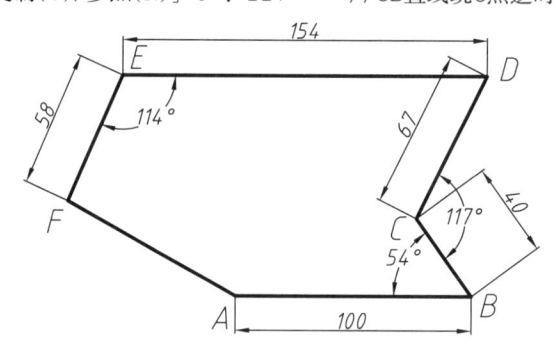

图4-25　巧用"旋转"和"拉长"命令绘制折线

(3) 输入"拉伸"命令,命令行提示如下：

命令：_ lengthen
选择对象或[增量(DE)/ 百分数(P)/ 全部(T)/ 动态(DY)]：T
指定总长度或[角度(A)]<1.000>：67
选择要修改的对象或[放弃(U)]：选择步骤二旋转后得到的直线//将由CB旋转形成的直线长度修改为CD直线长度值

(4) 激活直线命令,重新连接C、B两点。
(5) 激活直线命令,绘制直线DE(具体操作步骤略)。
(6) 激活旋转命令,以E为基点,输入旋转角度值"-114",旋转DE直线(具体操作步骤略)。
(7) 激活拉长命令,选择"全部(T)"选项,输入EF直线长度58,绘制直线EF(具体操作步骤略)。
(8) 激活直线命令,重新连接DE直线。
(9) 激活直线命令,连接FA直线。

以上方法的特点是：因为图中所标的角度不是极坐标所需的极角,计算极角也不很方便,如果巧妙利用旋转命令,选择正确的基点,则可快速绘制出所需角度。再利用拉长命令中的"全部(T)"选项,将旋转后的对象直接修改成所需长度,这样可提高绘图效率。

4.1.11 修剪

在绘图过程中,常需要把对象多余的部分剪掉,这时便可使用"修剪"命令。在AutoCAD中,输入"修剪"命令的方法有以下几种。

- 工具栏:单击"修改"工具栏中的"修剪"按钮 。
- 菜单栏:选择"修改"|"修剪"命令。
- 命令行:输入TRIM后,按下Enter键。

参考上面的方法输入修剪命令后,命令行提示如下:

命令:_trim
当前设置:投影=UCS,边=无
选择剪切边…:
选择对象或<全部选择>:　　//选择与要修剪对象的修剪部分相交的边界,可以连续选择多个边界,若直接按Enter键,将选择当前文件名下的所有对象
选择对象:　　　　　　　　//表示选择边界结束,系统将自动把刚才选择的对象当作剪切的边界
选择要修剪的对象,或按住shift键选择要延伸的对象,或[栏选(F)/ 窗交(C)/ 投影(P)/ 边(E)/ 删除(R)/ 放弃(U)]:　　//选择要修剪的对象的修剪部分

修剪命令的其他选项在实际绘图过程中应用较少,这里就不再详述。

【例4-14】 将如图4-26(a)所示五角星中间的连接线段剪除。

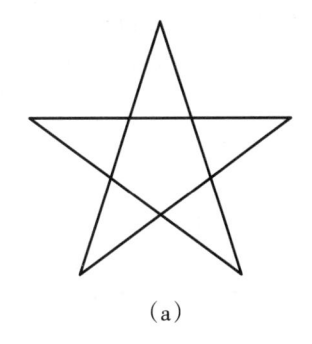

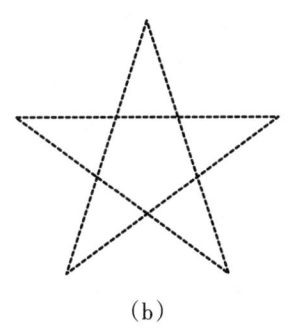

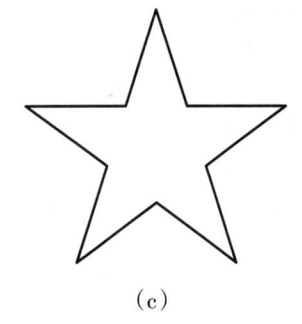

(a)　　　　　　　　(b)　　　　　　　　(c)

图4-26 "修剪"命令

(1) 激活"修剪"命令,命令行提示如下:

命令:_trim
当前设置:投影=UCS,边=无
选择剪切边…
选择对象或<全部选择>:选择整个五角星,如图4-26(b)所示
选择对象:↵
选择要修剪的对象,或按住shift键选择要延伸的对象,或[栏选(F)/ 窗交(C)/ 投影(P)/ 边(E)/ 删除(R)/ 放弃(U)]:连续选择要剪除部分
选择要修剪的对象,或按住shift键选择要延伸的对象,或[栏选(F)/ 窗交(C)/ 投影(P)/ 边(E)/ 删除(R)/ 放弃(U)]:↵

（2）剪除后的结果如图4-26(c)所示。

> **注意** ◆ 选择完剪切边后一定要按下 Enter 键,它告诉计算机"回车"前的对象是剪切边界,按下 Enter 键后的对象是被修剪的对象。

4.1.12 延伸

使用延伸功能,可以延伸对象以使它们精确地延伸至由其他对象定义的边界边。在AutoCAD中,输入"延伸"命令的方法如下。

- 工具栏：单击"修改"工具栏中的"延伸"按钮。
- 菜单栏：选择"修改"|"延伸"命令。
- 命令行：输入EXTEND后,按下Enter键。

参考上面的方法输入"延伸"命令后,命令行提示如下：

命令:_extend
当前设置:投影=UCS,边=无
选择边界的边…
选择对象或<全部选择>：　　//选择要将对象延伸至的边界
选择对象：　　//表示选择边界结束,系统将自动把刚才选择的对象当作延伸至的边界
选择要延伸的对象,或按住shift键选择要延伸的对象,或[栏选(F)/ 窗交(C)/ 投影(P)/ 边(E)/ 放弃(U)]：选择要延伸的对象
选择要延伸的对象,或按住shift键选择要延伸的对象,或[栏选(F)/ 窗交(C)/ 投影(P)/ 边((E)/ 放弃(U)]：↵

【例4-15】将如图4-27(a)所示的竖直直线和圆弧延伸至与水平直线相交。

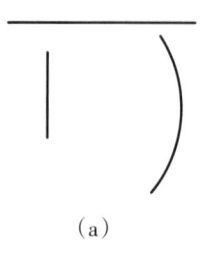

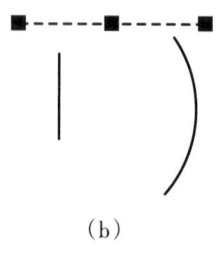

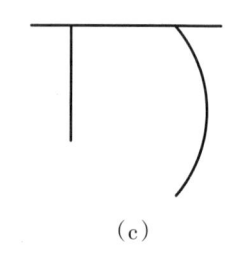

(a)　　　　　　　　(b)　　　　　　　　(c)

图4-27 "延伸"命令

（1）激活修剪命令,命令行提示如下：

命令:_extend
当前设置:投影=UCS,边=无
选择边界的边…
选择对象或<全部选择>：选择水平直线,如图4-27(b)所示。

选择对象：↵

选择要延伸的对象,或按住shift键选择要延伸的对象,或[栏选(F)/ 窗交(C)/ 投影(P)/ 边(E)/ 放弃(U)]：选择竖直直线

选择要延伸的对象,或按住shift键选择要延伸的对象,或[栏选(F)/ 窗交(C)/ 投影(P)/ 边(E)/ 放弃(U)]：选择圆弧

选择要延伸的对象,或按住shift键选择要延伸的对象,或[栏选(F)/ 窗交(C)/ 投影(P)/ 边(E)/ 放弃(U)]：↵

(2) 完成后的图形效果如图4-27(c)所示。

4.1.13 打断

设计绘图时往往需要将对象部分删除或把对象分解为两部分,需使用"打断"命令来实现。在AutoCAD中,输入"打断"命令的方法有以下几种。

- 工具栏：单击"修改"工具栏中的"打断"按钮 。
- 菜单栏：选择"修改"|"打断"命令。
- 命令行：输入BREAK后,按下Enter键。

"打断"命令将在两点之间打断对象,输入命令后,命令行提示如下：

命令：_break
选择对象：选择要打断的对象（注意,默认光标选择打断对象时所确定的位置为第一个打断点的位置）
指定第二个打断点或[第一点(F)]：用光标确定第二个打断点的位置或者输入F重新确定第一个打断点的位置。

【例4-16】将如图4-28(a)所示圆的上象限点和左象限点之间的部分删除。

(1) 输入"打断"命令后,命令行提示如下：

命令：_break
选择对象：选择图中所示圆
指定第二个打断点或[第一点(F)]：f
指定第一个打断点：捕捉到圆的最上象限点并确定
指定第二个打断点：捕捉到圆的最左象限点并确定

(2) 打断后的图形效果如图4-28(b)所示。

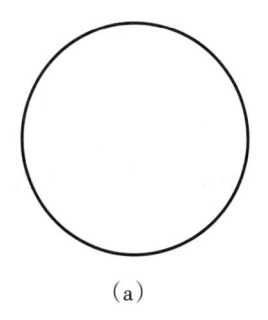

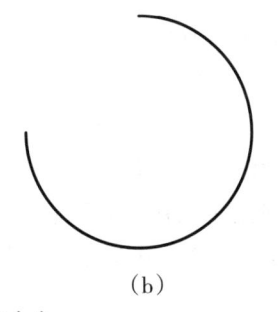

(a)　　　　　　　　(b)

图4-28　应用"打断"命令

若用户要在同一点处打断选择的对象,可以采用如下两种方法。
- 输入"打断"命令,命令行提示如下:

命令:_break
选择对象:选择打断对象
指定第二个打断点或[第一点(F)]: f
指定第一个打断点:选择第一个打断点
指定第二个打断点:@0,0   //第二个打断点与第一个打断点重合

- 输入"打断于点"命令 ▣,命令行提示如下:

命令:_break
选择对象:选择打断对象
指定第二个打断点或[第一点(F)]: f
指定第一个打断点:选择打断点
指定第二个打断点:@

> **注意**
> ◆ 对于封闭对象上的打断,打断部分为第一个打断点到第二个打断点逆时针方向旋转的部分。

4.1.14 合并

使用"合并"命令可以将满足条件的两个对象合并为一个对象。在AutoCAD中,输入"合并"命令的方法有以下几种。
- 工具栏:单击"修改"工具栏中的"合并"按钮 ➡。
- 菜单栏:选择"修改"|"合并"命令。
- 命令行:输入JION后,按下Enter键。

参考以上方法,输入"合并"命令后,命令行提示如下:

命令:_jion
选择源对象:选择要将目标对象合并到的对象
选择要合并到源的对象:选择要合并的对象
选择要合并到源的对象:

合并的具体操作过程较简单,本章将不再详述。但要注意:并不是所有对象都可以合并。相同类型的对象一般可以合并,但要满足一定的要求。例如,直线合并要求必须在同一直线上,对于圆弧则要求圆弧必须同心且半径相同。不同类型的对象只要满足一定的要求也是可以合并的(例如,多段线可以与多段线、圆弧和直线合并)。

4.1.15 倒角

在AutoCAD中,输入"倒角"命令的方法有以下几种。
- 工具栏：单击"修改"工具栏中的"倒角"按钮 。
- 菜单栏：选择"修改"|"倒角"命令。
- 命令行：输入CHAMFER后,按下Enter键。

参考以上方法输入"倒角"命令后,命令行提示如下。

命令:_chamfer
("修剪"模式)当前倒角距离1=0.0 000,距离2=0.0 000
选择第一条直线或[放弃(U)/多段线(P)/距离(D)/角度(A)/修剪(T)/方式(E)/多个(M)]:选择所需倒角的两条边中的第一条边
选择第二条直线,或按住shift键选择要应用角点的直线:选择所需倒角的两条边中的第二条边

"倒角"命令的选项较多,常用的有以下3项。
- 距离(D)选项:用于重新定义当前的倒角距离。
- 多个(M)选项:可以连续选择对象进行倒角。
- 角度(A)选项:用第一条直线的倒角距离和第二条直线的角度设置倒角距离

【例4-17】 将如图4-29(a)所示矩形右端两直角修改成两倒角,倒角距离为2×45°。

(1) 输入"倒角"命令,命令行提示如下:

命令:_chamfer
("修剪"模式)当前倒角距离1=0.0000,距离2=0.0000
选择第一条直线或[放弃(U)/多段线(P)/距离(D)/角度(A)/修剪(T)/方式(E)/多个(M)]:M
选择第一条直线或[放弃(U)/多段线(P)/距离(D)/角度(A)/修剪(T)/方式(E)/多个(M)]:D
指定第一个倒角距离<0.000>:2
指定第一个倒角距离<2.000>:2或者直接按下Enter键
选择第一条直线或[放弃(U)/多段线(P)/距离(D)/角度(A)/修剪(T)/方式(E)/多个(M)]:选择矩形上方直线
选择第二条直线,或按住shift键选择要应用角点的直线:选择矩形右端直线
选择第一条直线或[放弃(U)/多段线(P)/距离(D)/角度(A)/修剪(T)/方式(E)/多个(M)]:选择矩形下方直线
选择第二条直线,或按住shift键选择要应用角点的直线:选择矩形右端直线

(2) 完成后的图形效果如图4-29(b)所示。

(a)　　　　　　　　(b)

图4-29 "倒角"命令

4.1.16 圆角

在AutoCAD中,激活"圆角"命令的方法有以下几种。
- 工具栏:单击"修改"工具栏中的"圆角"按钮。
- 菜单栏:选择"修改"|"圆角"命令。
- 命令行:输入FILLET后,按下Enter键。

参考以上方法输入"圆角"命令后,命令行提示如下:

命令:_fillet
当前设置:模式=修剪,半径=0.0000
选择第一个对象或[放弃(U)/多段线(P)/半径(R)/修剪(T)/方式(E)/多个(M)]:选择要作圆角对象的第一条边
选择第二个对象,或按住shift键选择要应用角点的对象:选择要作圆角对象的第二条边

> **注意** ◆ 圆角命令的操作过程及主要选项的含义与倒角命令基本相同。

【例4-18】将如图4-30(a)所示的单一对象矩形的4个直角倒成圆角,圆角半径为5mm。
(1)激活倒圆角命令后,命令行提示如下:

命令:_fillet
当前设置:模式=修剪,半径=0.0 000
选择第一个对象或[放弃(U)/多段线(P)/半径(R)/修剪(T)/方式(E)/多个(M)]:R
指定圆角半径<0.000>:5
选择第一个对象或[放弃(U)/多段线(P)/半径(R)/修剪(T)/方式(E)/多个(M)]:P
选择二维多段线:选择图中矩形

(2)完成以上操作后的图形效果如图4-30(b)所示。

(a)　　　　　　　　　　(b)

图4-30 "圆角"命令

4.1.17 分解

使用软件提供的"分解"命令,用户可以将一个整体单一对象分解成其各个组成部分。在AutoCAD中,输入"分解"命令的方法有以下几种。

- 工具栏：单击"修改"工具栏中的"分解"按钮 。
- 菜单栏：选择"修改"|"分解"命令。
- 命令行：输入EXPLODE后，按下Enter键。

参考以上方法，输入"分解"命令后，命令行提示如下：

命令:_explode
选择对象：选择要分解的对象
选择对象：

由于分解命令的操作简单，本章将不再详述。

4.1.18 特性匹配

用户使用"特性匹配"命令可以将源对象的特性完全替换被选目标对象的特性。"特性匹配"的激活方式有以下几种。

- 工具栏：单击"标准"工具条中的"特性匹配"按钮 。
- 命令栏：输入MATCHPROP后，按下Enter键。

参考以上方法激活命令后，命令行提示如下：

命令:_matchprop
选择源对象：
当前活动设置:颜色 图层 线型 线型比例 线宽 厚度 打印样式 标注 文字 填充图案 多段线 视口 表格
选择目标对象或[设置(S)]：选择被匹配的目标对象
选择目标对象或[设置(S)]：

【例4-19】 将如图4-31所示的英文字母改变成与汉字相同的对象特性，同时将非水平标注的尺寸改为水平标注形式。

（1）激活特性匹配命令，命令行提示如下：

命令:_matchprop
选择源对象：选择汉字"机械制图"
选择目标对象或[设置(S)]：选择英文字母ABC(standard字体,高5mm)
选择目标对象或[设置(S)]：选择英文字母EFG(standard字体,高7mm)
选择目标对象或[设置(S)]：

（2）改变后的字母对象特性为汉字仿宋体，字高10 mm，如图4-32所示。

（3）输入"特性匹配"命令，命令行提示如下：

命令:_matchprop
选择源对象：选择水平标注尺寸$\phi 36$
选择目标对象或[设置(S)]：选择尺寸$\phi 30$
选择目标对象或[设置(S)]：选择尺寸$\phi 20$
选择目标对象或[设置(S)]：

（4）改变后的尺寸标注如图4-32所示。

图4-31 "特性匹配"命令

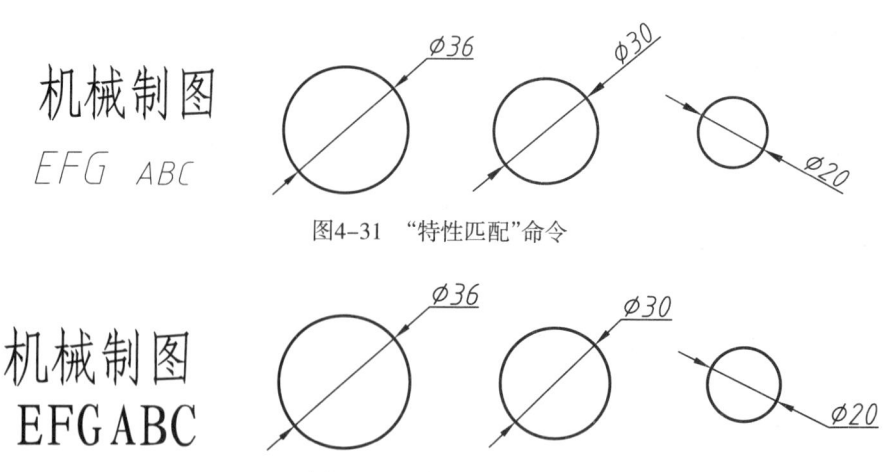

图4-32 "特性匹配"对象

单行文字与多行文字之间也可"特性匹配"，但只匹配字体和字高，而单行文字或多行文字的类型不会改变。

4.1.19 夹点编辑

除了本书前面所介绍的编辑命令外，AutoCAD 2008还提供了夹点编辑方式。

AutoCAD的夹点是实心的小方框，在没有激活任何命令的情况下选择指定对象时，所选对象的关键点上将显示出夹点。当对象被选中时夹点显示为蓝色，称为"冷夹点"。如再次单击对象的某个夹点时则变为红色，称为"暖夹点"。

选择"工具"|"选项"|"选择"命令后，将打开如图4-33所示的"选项"对话框，在该对话框中可以对夹点的相关内容进行设置（一般情况下，选用默认设置即可）。

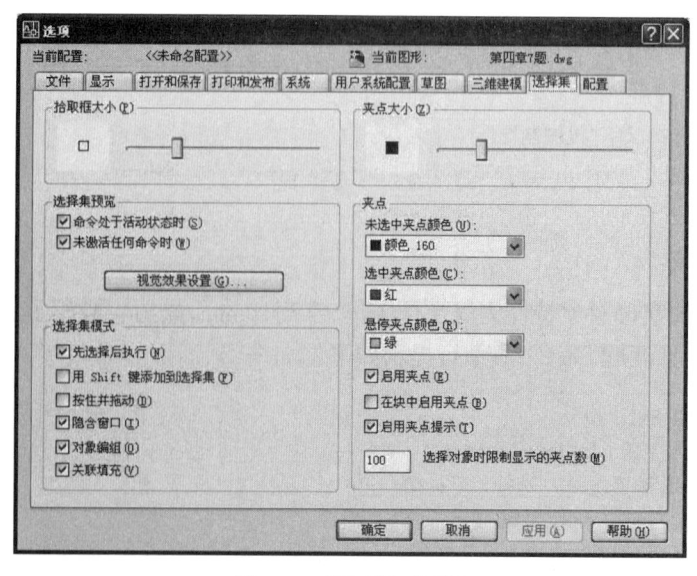

图4-33 "选项"对话框

当出现"暖夹点"时,命令行提示如下:
命令:
拉伸
指定拉伸点或[基点(B)/复制(C)/放弃(U)/退出(X)]:
移动
指定移动点或[基点(B)/复制(C)/放弃(U)/退出(X)]:
旋转
指定旋转角度或[基点(B)/复制(C)/放弃(U)/退出(X)]:
比例缩放
指定比例因子或[基点(B)/复制(C)/放弃(U)/退出(X)]:
镜像
指定第二点或[基点(B)/复制(C)/放弃(U)/退出(X)]:

通过按Enter键可以在几种编辑方式间进行切换。

夹点编辑方式的使用方法与前面介绍的命令基本一样,本章将不再复述。

另外,还可以通过右键快捷菜单的方式来选择所需的编辑方式。方法是:选中编辑对象后,再单击对象显示的任意一个"冷夹点",使其变为"暖夹点"后右击鼠标,然后在弹出的快捷菜单中选取所要的编辑方式,如图4-34所示。

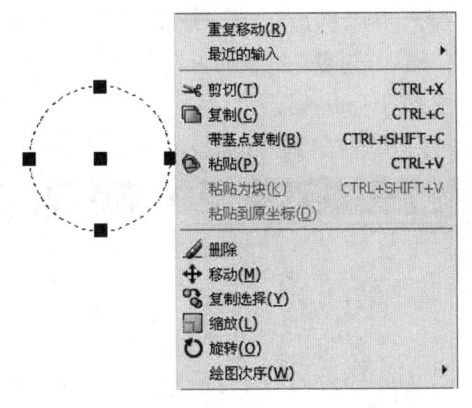

图4-34 夹点编辑右键快捷菜单

4.1.20 对象特性编辑

不同的对象有不同的对象特性,用户可以通过输入"对象特性"命令,了解选中对象的相关特性,并可通过修改"特性"对话框的有关选项内容来对这些特性进行修改与编辑。

在AutoCAD中,输入"对象特性"的方法有以下几种。
- 工具栏:单击"标准"工具栏中的"对象特性"按钮。
- 菜单栏:选择"工具"|"选项板"|"特性"命令。
- 命令行:输入PROPERTIES后,按下Enter键。

选中对象后右击,在弹出的快捷菜单中选择"特性"选项也可激活该命令。

常见几种对象的特性对话框内容如图4-35所示。对话框不仅列出了选中对象的特性(例如文字的内容、字体、高度、圆的半径、面积、直线的线型、长度等），还可以通过修改特性值及内容来改变相应的对象参数。

图4-35 常用的对象特性

4.1.21 生成选择集过滤对象

在一张复杂的图形中，用户可以构造一个选择集，并经"过滤"后，便可快速找到所需的对象，从而提高绘图的效率。输入"过滤"命令的方法如下。

命令行：输入FILTER后，按下Enter键。

输入以上命令后，系统将打开"对象选择过滤器"对话框，如图4-36所示。

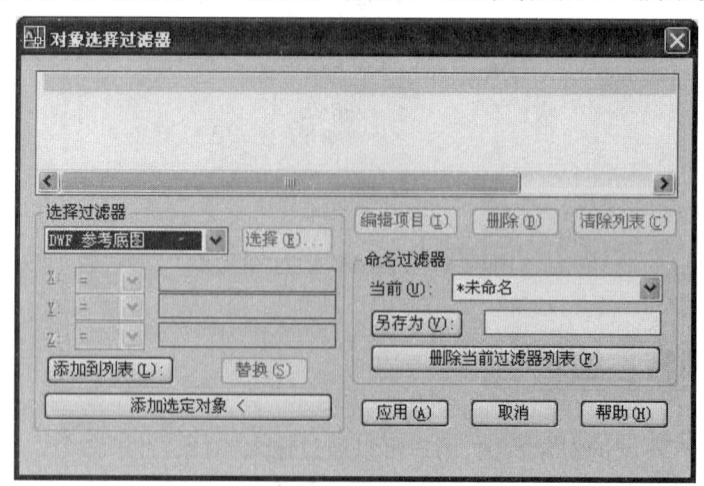

图4-36 "对象选择过滤器"对话框

在"对象选择过滤器"对话框中，用户可以设定一个或多个选择集来选定对象，具体操作步骤及方法如下。

（1）选择过滤器，即确定要选择的对象的类型（例如要选择的过滤对象是圆弧，就可在"选择过滤器"下拉列表中选取"圆弧"）。

（2）选择及输入相应的运算符和数值，系统自带的运算符有7种，如图4-37所示。

第 4 章　编辑二维图形及信息查询

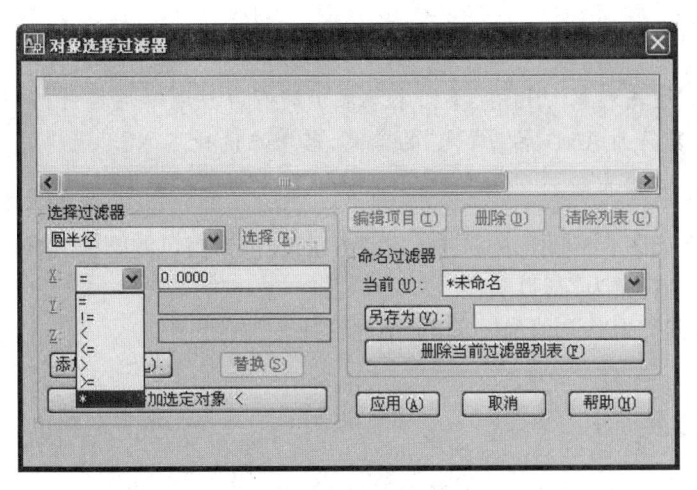

图4-37　"对象选择过滤器"运算符

注意
- 若用户设定的过滤对象为"颜色",则只有一种"="的运算符,这时输入的运算值为该种颜色的索引代号。要获取某种颜色的索引代号,需打开"选择颜色"对话框,在该对话框中选择所需的颜色,便会得到相应的索引代号,如图4-38所示。

图4-38　"选择颜色"对话框

（3）完成过滤条件的设置,单击"添加到列表"按钮(若需设置另一个过滤条件,则需重复以上的步骤)。

（4）单击"应用"按钮,用选择集选取所需图形(当找到满足选择条件的对象后,系统将用"虚线"形式显示出来。此时,若用户直接按Enter键,系统将使选择到的对象进入夹点编辑状态,以方便用户操作)。

> **注意**
> ◆ 在"过滤对象"下拉菜单的末端显示的有多种逻辑运算符,系统默认的逻辑运算符为 AND,即"肯定"的含义,若用户选择了 NOT 逻辑运算符,则为"否定"的含义。

【例4-20】在如图4-39图形中选中半径为6~8,颜色为白色的圆弧,求该圆弧的包角。

(1)设定过滤对象为"圆弧半径"。

(2)设定运算符为">",值为6,单击"添加到列表"按钮。

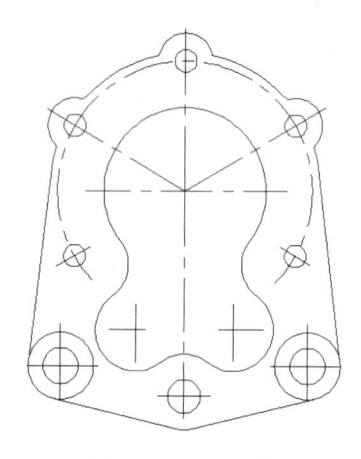

图4-39 过滤对象

(3)设定运算符为"<",值为8,单击"添加到列表"按钮。

(4)设定过滤对象为"颜色"。

(5)设定运算符为"=",值为7,单击"添加到列表"按钮,完成后的过滤条件如图4-40所示。

(6)单击"应用"按钮并选取图形,则选中的圆弧虚线显示,按下Enter键后进入夹点编辑状态,如图4-41所示。

(7)通过信息查询知包角为91度。

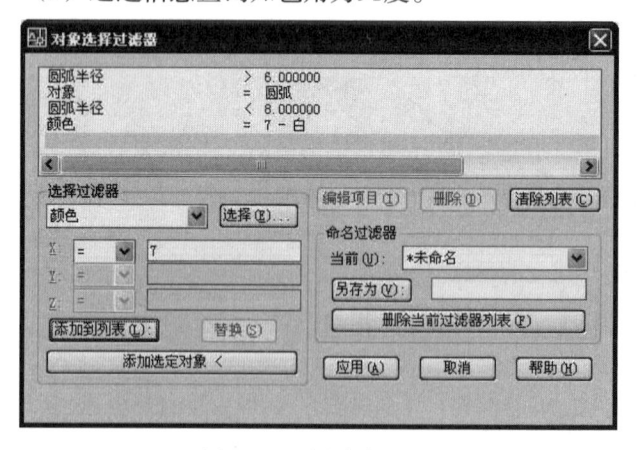

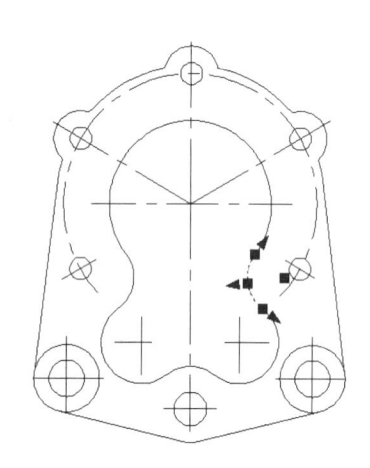

图4-40 过滤条件列表　　　　图4-41 选中并进入编辑状态的圆弧

4.2 图形信息的查询

AutoCAD 2008创建的图形文件是一个图形数据库,其中包含了大量的图形信息,例如两点之间的距离,封闭图形的面积、周长、三维实体的体积等。

在AutoCAD 2008系统中可以通过"查询"工具栏和"工具"菜单的"查询"下拉菜单及子菜单来完成相关命令的激活,如图4-42所示。

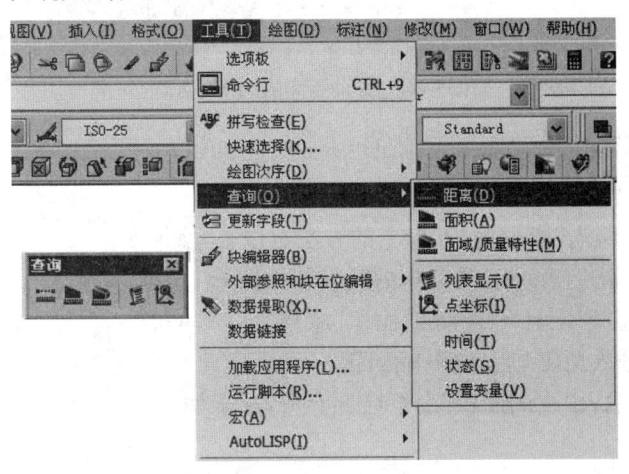

图4-42 "查询"工具条及下拉菜单

4.2.1 查询距离

要查询两点之间的距离值,用户可采用"查询距离"命令。在AutoCAD中,输入"查询距离"命令的方法有以下几种。

- 工具栏:单击"查询"工具栏中的"距离"按钮 。
- 菜单栏:选择"工具"|"查询"|"距离"命令。
- 命令行:输入DIST后,按下Enter键。

参考以上方法输入"查询距离"命令后,命令行提示如下:

命令:_dist
指定第一点:选择要查询距离的第一点并确定
指定第二点:选择要查询距离的第二点并确定

【例4-21】查询如图4-43所示A、B两点之间的距离。

(1)激活查询距离命令,命令行提示如下:

命令:_dist
指定第一点:选择A点
指定第二点:选择B点

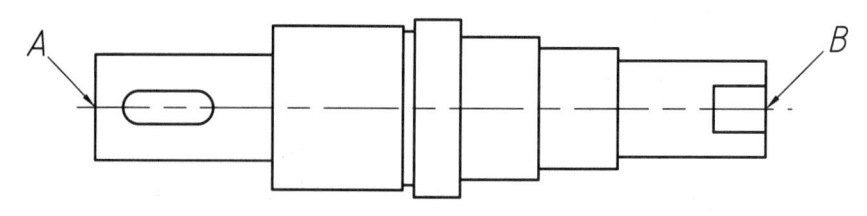

图4-43 查询距离

（2）查询的结果显示在命令栏里，如图4-44所示。

图4-44 查询距离的结果显示

4.2.2 查询面积

在AutoCAD中，输入"查询面积"命令的方法有以下几种。
- 工具栏：单击"查询"工具栏中的"区域"按钮。
- 菜单栏：选择"工具"|"查询"|"面积"命令。
- 命令行：输入AREA后，按下Enter键。

参考以上方法输入"查询面积"命令后，命令行提示如下：

命令：_area
指定第一个角点或[对象(O)/加(A)/ 减(S)]：

面积查询有以下4种方法：
- 通过多边形上的一系列角点，查询由这些点围成的多边形面积。

【例4-22】计算如图4-45所示多边形的面积。

命令：_area
指定第一个角点或[对象(O)/加(A)/ 减(S)]：
指定下一个角点或按回车键全选：用对象捕捉的方式连续确定图中多边形的各个顶点，最后按下Enter键结束命令

图4-45 查询多边形面积

完成以上操作后，查询的结果显示在命令栏，如图4-46所示。

图4-46 查询多边形面积的结果显示

- 通过选取对象可以直接查询一个多段线或者面域的面积。

【例4-23】查询如图4-47所示图形的面积。

（1）激活"边界"命令，将图形创建成多段线(具体操作步骤略)。
（2）输入命令：_area

指定第一个角点或[对象(O)/加(A)/ 减(S)]：O
选择对象：选择创建的多段线

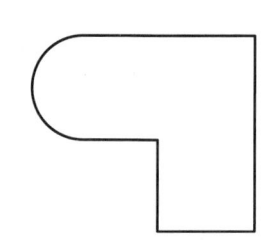

图4-47 查询图形面积

(3) 完成以上操作后,结果显示如图4-48所示。

图4-48　查询图形面积的结果显示

【例4-24】查询如图4-49所示阴影部分的面积。

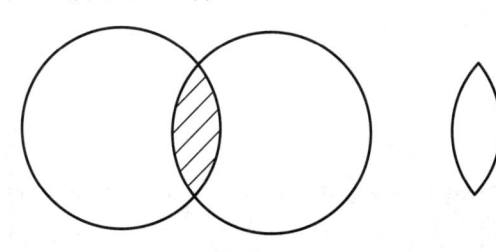

图4-49　查询阴影部分面积

(1) 激活"边界"命令,将图中所示阴影部分创建成一多段线封闭区域。
(2) 为了避免误选对象,用户可以将创建的多段线移出,如图4-49右侧图形即为移出的多段线。

命令:_area
指定第一个角点或[对象(O)/加(A)/ 减(S)]: O
选择对象:选择右侧创建的多段线

(3) 结果显示如图4-50所示。

图4-50　查询阴影部分面积的结果显示

- 利用"加(A)"选项进行面积相加的查询。

【例4-25】查询如图4-51所示大圆、小圆、正六边形的总面积。

命令:_area
指定第一个角点或[对象(O)/加(A)/ 减(S)]: A
指定第一个角点或[对象(O)/ 减(S)]: O
("加"模式)选择对象:选择大圆
("加"模式)选择对象:选择小圆
("加"模式)选择对象:选择正六边形

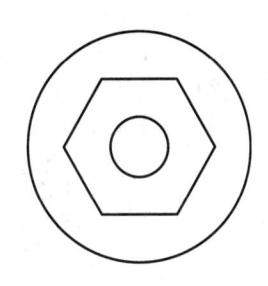

图4-51　查询总面积

完成以上操作后,查询结果显示如图4-52所示。

图4-52　查询总面积结果显示

- 利用"减(A)"选项进行面积相减的查询。

【例4-26】 查询如图4-53所示阴影部分的面积。

命令:_area
指定第一个角点或[对象(O)/加(A)/减(S)]: A
指定第一个角点或[对象(O)/减(S)]: O
("加"模式)选择对象: 选择正六边形
("加"模式)选择对象:
指定第一个角点或[对象(O)/减(S)]: S
指定第一个角点或[对象(O)/减(S)]: O
("减"模式)选择对象: 选择小圆

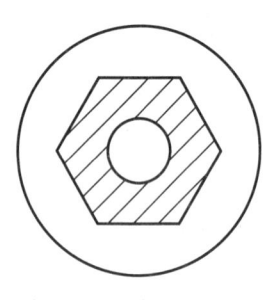

图4-53 查询阴影面积

完成以上操作后,结果显示如图4-54所示。

```
面积 = 1553.4151, 圆周长 = 139.7168
总面积 = 7141.4727
("减"模式)选择对象:
```

图4-54 查询阴影面积结果显示

综上所述,要做面积相减,要先用加模式将被减面积加成"正"值,再选用减模式进行"减法"运算。若直接选用减模式进行面积相减,则会得出面积为"负"值的结果。

4.2.3 查询面域/质量特性

用"查询面域/质量特性"命令可以查询指定面域或三维实体的质量特性(系统默认的实体密度为1)。输入"查询面域/质量特性"命令的方法有以下几种。

- 工具栏: 单击"查询"工具栏中的"面域/质量特性"按钮 。
- 菜单栏: 选择"工具"|"查询"|"面域/质量特性"命令。
- 命令行: 输入MASSPROP后,按下Enter键。

参考以上方法激活"查询面域/质量特性"命令后,命令行提示如下:

命令:_massprop
选择对象: 选择要查询的对象
选择对象: 弹出文本窗口(如图4-55所示)。
是否将分析结果写入文件?[是(Y)/否(N)]<否>:   //默认的为不写入

图4-55 文本窗口

4.2.4 列表

用户使用"列表"命令可以方便快捷地把对象的基本属性都报告出来。输入"列表"命令的方法有以下几种。

- 工具栏：单击"查询"工具栏中的"列表"按钮 。
- 菜单栏：选择"工具"|"查询"|"列表显示"命令。
- 命令行：输入LIST后，按下Enter键。

参考以上方法输入"列表"命令后，命令行提示如下：

命令：_list
选择对象：选择需要列表显示的对象

下面分别列出直线和圆的列表显示内容，直线的列表内容如图4-56所示。

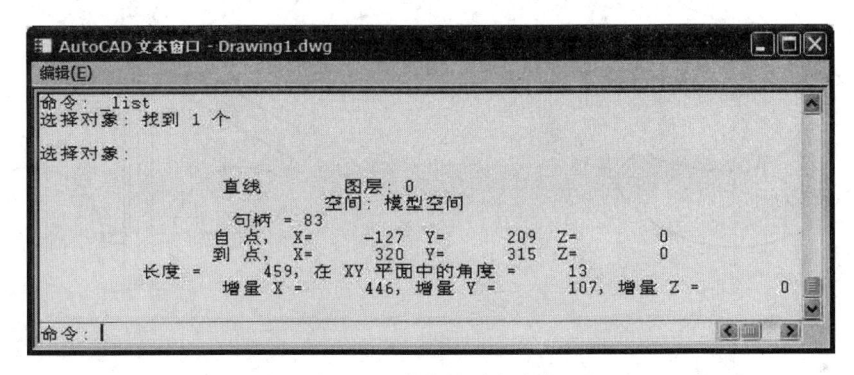

图4-56　直线的列表内容

圆的列表内容如图4-57所示。

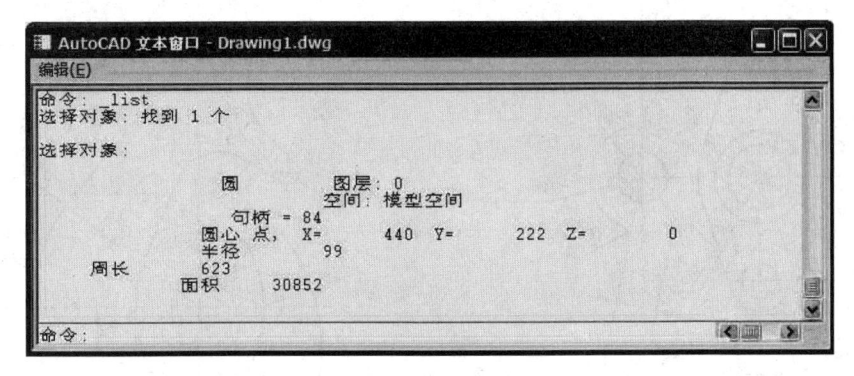

图4-57　圆的列表内容

> **注意**
> ◆ 可以看出，列表将所选择的对象的属性和基本信息都报告出来。对应不同对象，列表所显示的信息是不相同的。

思考与练习

（1）AutoCAD中的拉伸对象和拉长对象的操作步骤有什么不同？
（2）"缩放"命令、"旋转"命令的"参照"选项在使用时有什么注意事项？
（3）按图4-58所示的尺寸和线型作出以下平面图形。

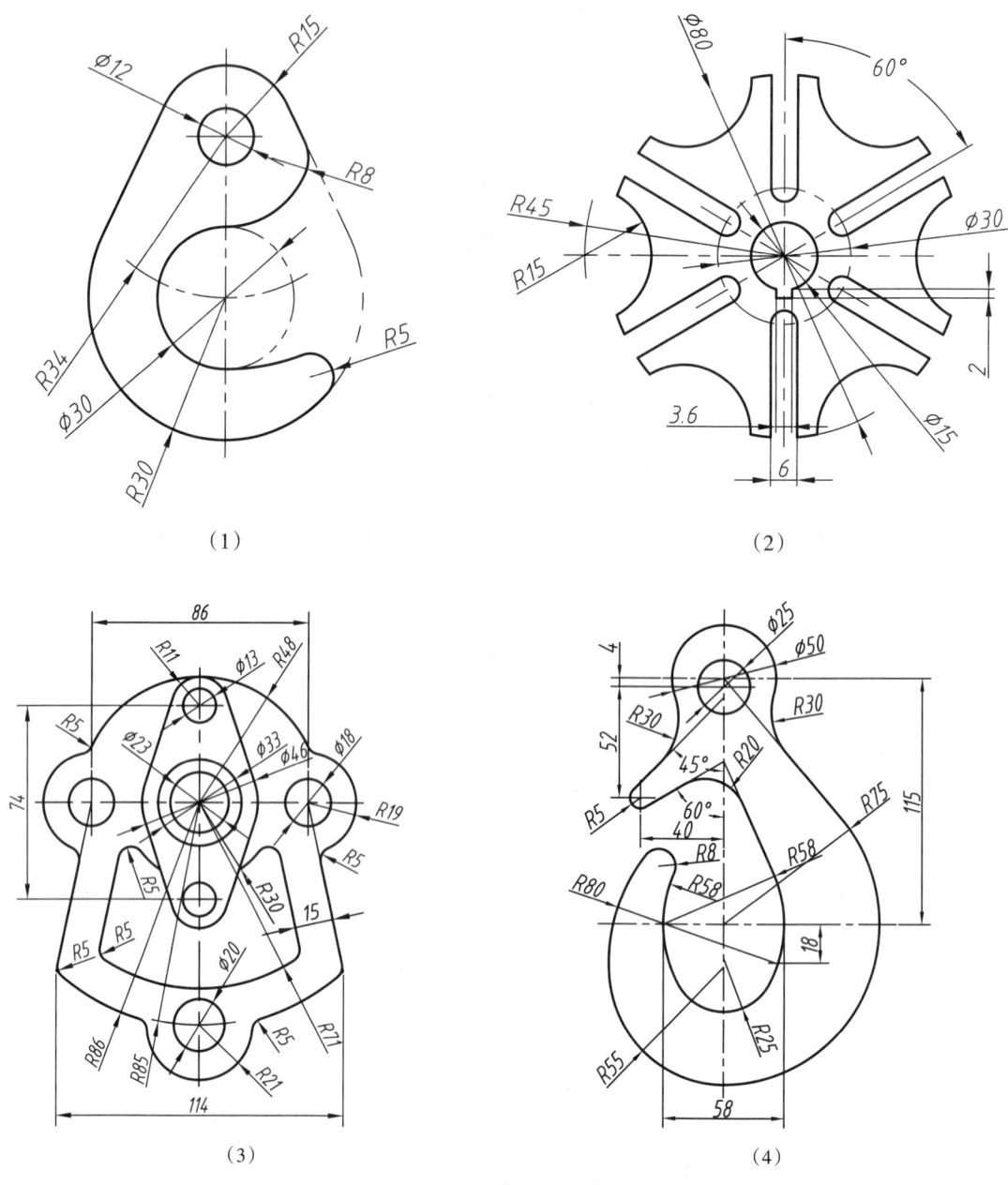

图4-58 作平面图形

（4）绘制图4-59所示图形，并计算小圆半径为多少（15.85）？

（5）如图4-60所示，阴影部分的面积为多少（6008）？

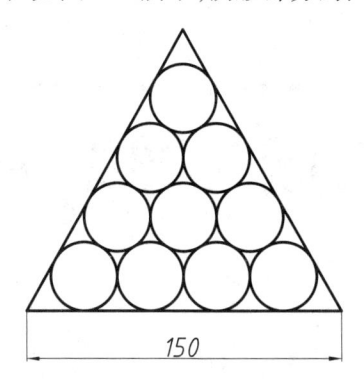

图4-59　计算小圆半径

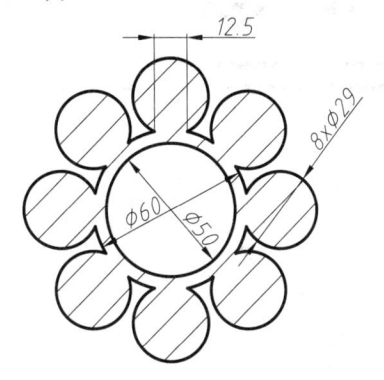

图4-60　计算阴影部分面积

（6）绘制如图4-61所示图形，并计算图形的周长为多少（392）？

（7）在所绘的图形中设定如下过滤条件来选择对象：圆，直径10~30mm，颜色为白色。

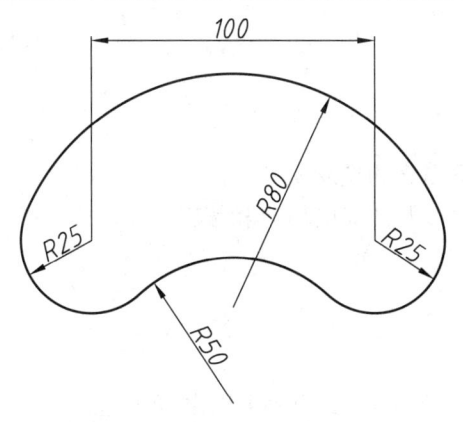

图4-61　计算图形周长

扫码可见图4-58~图4-60习题讲解

第 5 章

面域与图案填充

学习目标

本章将重点介绍面域和图案填充的概念及应用方法，并结合具体实例讲解填充图案的编辑方法。

学习要求

> **了解**：面域和图案填充的概念。
> **掌握**：面域的建立以及图案的填充和编辑。

5.1 面域

面域是一具有边界的平面区域，其边界可以由直线、圆、多段线或样条曲线等构成。面域的边界必须封闭，且不能自交。由于面域具有三维实体的特性，因此可以视其为没有厚度的实体模型。作图时，既可以对面域进行图案填充或着色处理，也可以通过拉伸面域的方法生成三维实体。

5.1.1 创建面域

在AutoCAD中，用户可参考下面的命令创建面域。
- 工具栏：单击"绘图"工具栏中的"面域"按钮 ⬚ 。
- 菜单栏：选择"绘图"|"面域"命令。
- 命令行：输入REGION后，按下Enter键。

参考上面所介绍的方法输入"创建面域"的命令后，命令行提示如下：

选择对象：找到一个,总计4个
选取对象后回车,系统提示：
已提取1个环。
已创建1个面域。

第 5 章 面域与图案填充

> **注意** ◆ 面域的边界由端点相连的图线组成，图线上的每个端点仅可连接两条边。如果有两条以上的图线共用一端点，得到的面域可能是不确定的。

如图5-1（a）所示为用"直线"命令画出图形，点取面域命令并选取整个图形，所创建的面域如图5-1（b）所示。

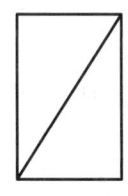

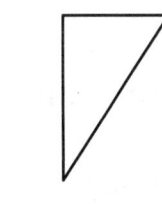

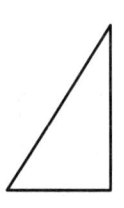

（a）平面图形　　　　　　　（b）创建的三个面域

图5-1　创建面域

此外，还可以通过点取"绘图"下拉菜单中的"边界"（BOUNDARY）命令，创建面域。具体操作步骤如下。

（1）选择"绘图"|"边界"命令，打开"创建边界"对话框，如图5-2所示。

图5-2　"创建边界"对话框

（2）在"边界创建"对话框的"对象类型"下拉列表中选取"面域"选项。
（3）单击"拾取点"按钮后，用鼠标光标在所绘制的封闭图形中任意单击，即可作出面域。

5.1.2　面域的编辑

对所创建的面域，用户还可以通过编辑命令生成形状更为复杂的面域。面域的编辑命令有并集、差集和交集。

作图时，可以选择"修改"|"实体编辑"|"并集"（或"差集"、"交集"）命令。或单击"实体编辑"工具栏中相应的按钮，输入编辑面域的命令。

- "并集"按钮 ◉：将选取的若干面域合并为一个面域，如图5-3(b)所示。
- "差集"按钮 ◉：用一个面域减去所选取的其他面域，如图5-3(c)所示。
- "交集"按钮 ◉：将所选取的若干面域的公共部分作为一新的面域，如图5-3(d)所示。

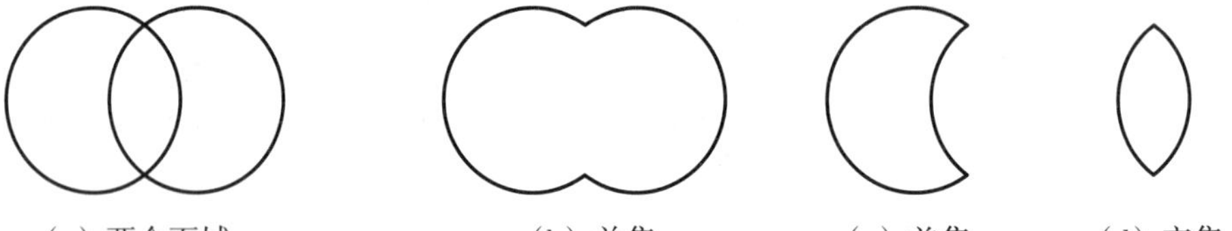

(a) 两个面域　　　　(b) 并集　　　　(c) 差集　　　　(d) 交集

图5-3　面域的编辑

例如，用编辑面域的方法，绘制如图5-4(a)所示的轴键槽断面图，具体操作步骤如图5-4(b)~(c)所示。

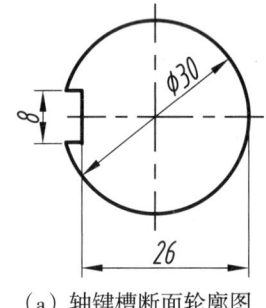

(a) 轴键槽断面轮廓图　　　　(b) 作出两个面域

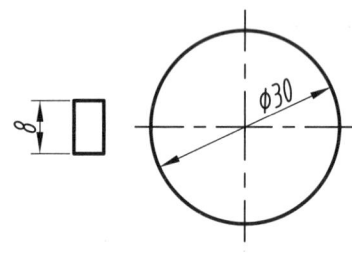

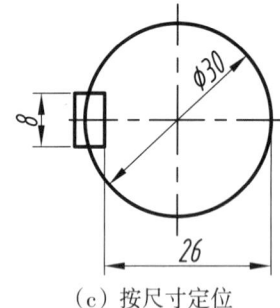

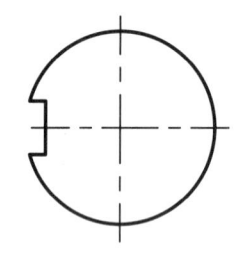

(c) 按尺寸定位　　　　(d) 用差集命令编辑面域

图5-4　绘制轴键槽的断面轮廓图

> **注意**
> ◆ 差集的操作步骤是：输入命令后，先选择要从中减去的面域，然后按下Enter键，再选择要减去的面域。

5.1.3　面域信息的查询

由于面域具有三维实体的特性，因此用户可以通过查询命令提取面域的设计信息（如面积、周长、质心等）。在AutoCAD中，用户可参考下面的命令输入查询面域信息的命令。

- 工具栏：单击"查询"工具栏中的"面域/质量特性"按钮 ◉。

- 菜单栏：选择"工具"|"查询"|"面域/质量特性"命令。
- 命令行：输入MASSPROP后，按下Enter键。

参考上面的方法，输入面域信息查询命令并选取对象后，系统将打开"AutoCAD文本窗口"窗口显示面域的信息，如图5-5所示。

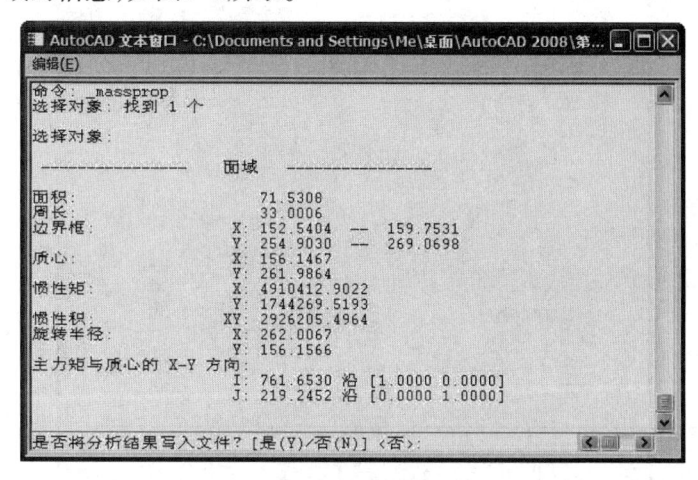

图5-5 显示的面域信息

5.2 图案填充

在一个封闭的区域内填入所需要的图案，即是图案填充。例如，在绘制机件的剖视图或断面图时，应按标准的规定在剖切区域内画上剖面符号，用于表示该物体所用的材料，如图5-6所示。

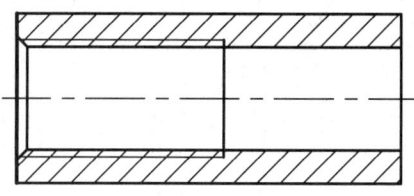

图5-6 机件的剖视图

5.2.1 创建图案填充

在AutoCAD中，用户可参考下面的方法输入"图案填充"的命令。
- 工具栏：单击"绘图"工具栏中的"图案填充"按钮（或"渐变色"按钮）。
- 菜单栏：选择"绘图"|"图案填充"（或"渐变色"）命令。
- 命令行：输入BHATCH 或 GRADIENT后，按下Enter键。

参考上面的方法输入"图案填充"的命令后，系统将打开"图案填充和渐变色"对话框，如图5-7所示。

AutoCAD 中文版基础应用信息化教程

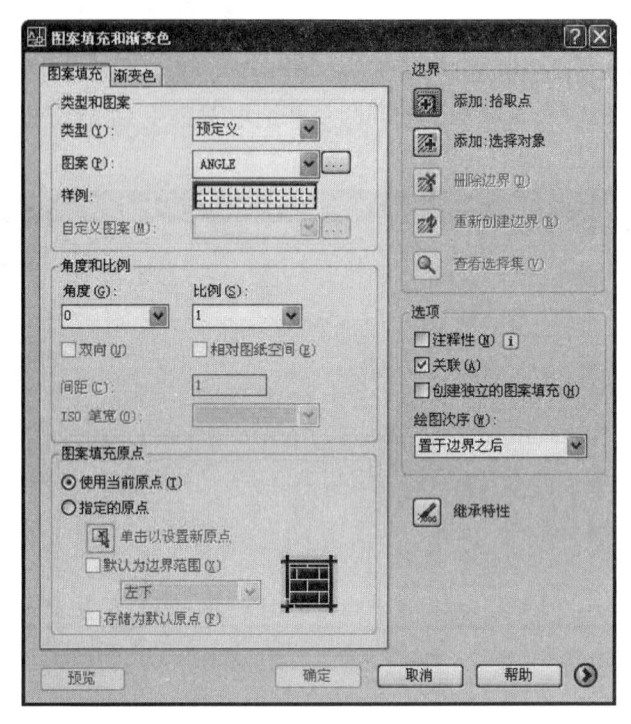

图5-7 "图案填充和渐变色"对话框

下面将详细介绍"图案填充和渐变色"对话框中各选项卡的功能。

1. "图案填充"选项卡

在"图案填充和渐变色"对话框中的"图案填充"选项卡中包含了"类型和图案"、"角度和比例"、"图案填充原点"、"边界"、"选项"和"继承特性"等选项区域。

① "类型和图案"选项区域

"类型和图案"选项区域中包含以下几个选项。

- "类型"下拉列表框：用于设置填充图案的类型，其中包括"预定义"、"用户定义"和"自定义"等3个选项。
    - "预定义"选项：使用系统提供的已预先定义的图案，包括ANSI、ISO和其他预定义图案。
    - "用户定义"选项：基于图形的当前线型创建直线图案。用户可以通过更改"角度"和"间距"值来改变填充图线的倾角和疏密的程度（另外，还可通过选择"双向"复选框，实现双向填充）。
    - "自定义"选项：可以根据用户需要，将定义的填充图案添加到图案文件中，并用其填充图形。
- "图案"下拉列表框：用于设置填充图案。单击列表框右侧的按钮，系统打开"填充图案选项板"对话框，如图5-8所示。通过"填充图案选项板"对话框可以查看图案并作出选择，该对话框包括了以下4个选项卡。
    - ANSI选项卡：由美国国家标准化组织建议使用的填充图案。

第 5 章 面域与图案填充

- ISO选项卡：由国际标准化组织建议使用的填充图案。
- "其他预定义"选项卡：由AutoCAD提供的填充图案。
- "自定义"选项卡：由用户自己定制的填充图案。

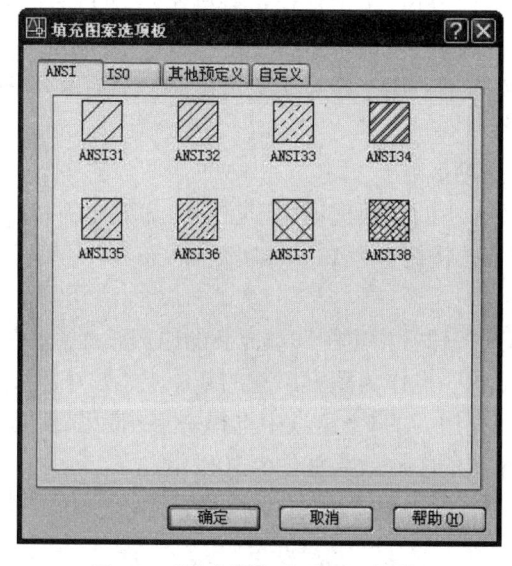

图5-8 "填充图案选项板"对话框

> **注意**：只有将"类型"下拉列表设置为"预定义"选项时，"图案"下拉列表框才为可用状态。

- "样例"预览窗口：显示用户选定的图案。单击该窗口，可以打开"填充图案选项板"对话框。

② "角度和比例"选项区域

"角度和比例"选项区域中包含以下几个选项。

- "角度"下拉列表框：用于设置填充图案的角度。
- "比例"下拉列表框：设置图案的填充比例。填充图案的角度和比例的控制效果如图5-9所示。

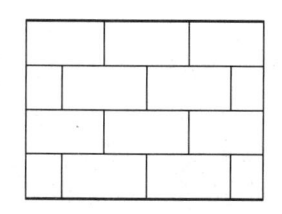

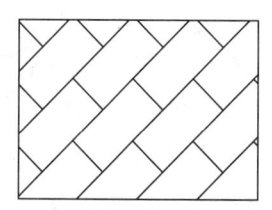

（a）角度为0°，比例为1　　（b）角度为45°，比例为1　　（c）角度为0°，比例为0.5

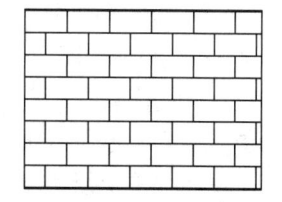

图5-9 角度和比例所控制的图案填充效果

- "双向"复选框：当填充类型为"用户定义"时，选取此选项将绘出第二组直线。该组直线相对于初始直线成90°,从而构成交叉填充。
- "间距"文本框:指定用户定义图案中填充的平行线之间的距离(只有在"类型"下拉列表中选择了"用户定义"后,该文本框才可使用)。
- "相对图纸空间"复选框:用于指定是否将比例因子设置为相对于图纸空间的比例(该选项仅适用于布局中)。
- "ISO笔宽"下拉列表框:用于设置画笔的宽度。只有采用ISO填充图案时(该选项才可使用)。

③ "图案填充原点"选项区域

"图案填充原点"选项卡中的各项选项用于控制图案填充的初始位置。
- "使用当前原点"单选按钮:为AutoCAD默认状态,即所有填充图案的原点与当前UCS坐标系一致。
- "指定的原点"单选按钮:指定图案填充新的原点。当点击"单击以设置新原点"按钮后,可在屏幕上拾取一点作为图案填充的新原点。另外,可选择"默认为边界范围"复选框,从选定的填充边界的4个角点中选择一点作为图案填充原点(或将图案正中填充)。图案填充原点的控制效果如图5-10所示。

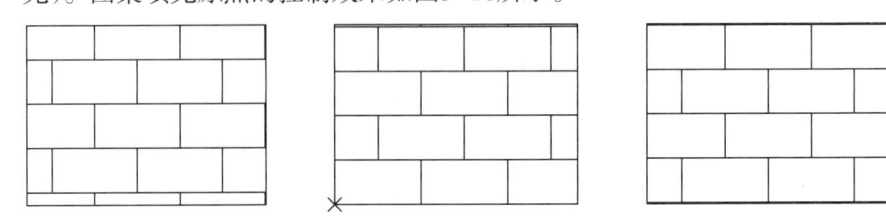

(a)默认的填充原点　　(b)左下角为填充原点　　(c)正中填充

图5-10　图案填充原点所控制的填充效果

④ "边界"选项区域

"边界"选项区域中包含以下几个选项。
- "添加:拾取点"按钮：单击该按钮,可在需要填充的区域内任意指定一点(系统将自动计算所选的封闭区域,并高亮显示该区域的边界)。
- "添加:选择对象"按钮：通过选择对象的方式指定图案填充的区域。
- "删除边界"按钮：选取该按钮后,可将已选取的填充区域去除,即该区域不再作为填充对象。
- "重新创建边界"按钮：此按钮只在编辑填充图案时才可以使用。

⑤ "选项"选项区域

"选项"选项区域中主要包括"关联"、"创建独立的图案填充"和"绘图次序"等三方面内容。
- "关联"复选框:关联的图案填充可随边界的改动而自动更新,如图5-11所示。非关联的图案填充则不能随边界变化(默认情况下,填充的图案为关联的)。
- "创建独立的图案填充"复选框:选择该项,则一次所创建的多个填充图案为互相独立的对象,可以单独进行编辑。
- "绘图次序"下拉列表框:用于指定填充图案的层次(包含不指定、前置、后置、置于边界之前、置于边界之后等多种选择)。

第 5 章 面域与图案填充

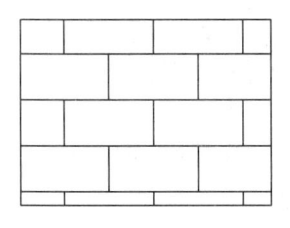

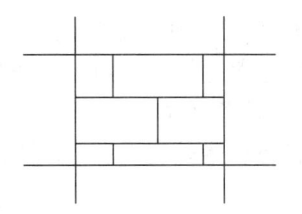

（a）填充的对象　　　　　（b）图案随边界移动而变化

图5-11　关联的图案填充

- "继承特性"按钮：用于选取已填充的一个图案来填充指定的区域。利用该项功能，用户可以节省设置填充参数的时间（操作方法为：单击"继承特性"按钮，选取源图案，再选择填充对象）。

2. "渐变色"选项卡

使用渐变色填充可以实现颜色间的平滑过渡，增加图形的表现效果。AutoCAD为用户提供了9种渐变模式和单色、双色的填充选择项。

选中如图5-7所示"图案填充和渐变色"对话框中的"渐变色"选项卡后，该对话框将显示如图5-12所示的选项卡界面。"渐变色"选项卡中的"颜色"选项区域中列出了单色、双色两种填充选择。单击 按钮后，系统将打开"选择颜色"对话框，可在对话框中设置所需要的颜色。

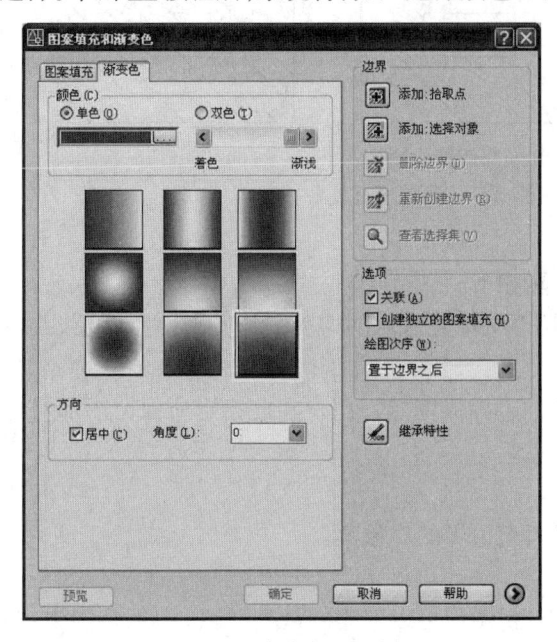

图5-12　"渐变色"选项卡　　　　　图5-13　"其他"选项区域

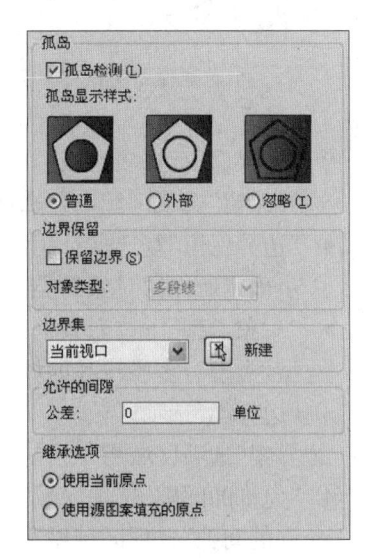

> **注意**
> ◆ "图案填充和渐变色"对话框中间列出了9种填充模式。此外，用户还可在"方向"选项区域中选中"居中"复选框设置填充模式，以及设置渐变色的填充角度。

单击图5-12所示对话框右下角的"更多选项"按钮，将打开对话框的"其他"选项区域，如图5-13所示。"其他"选项区域中，重要的功能说明如下。

① "孤岛检测"选项区域

"孤岛检测"是指将最外层边界内的封闭区域定义为孤岛。用户可选择下面列出的3种孤岛检测的填充样式。

- "普通孤岛检测"填充样式：系统从最外层边界向内部填充。在对第一个孤岛填充后，间隔一个区域，再对下一层的孤岛作填充，如此反复，如图5-14(a)所示。
- "外部孤岛检测"填充样式：系统从最外层边界向内部填充，只对第一个孤岛进行填充，如图5-14(b)所示。
- "忽略孤岛检测"填充样式：系统从最外层边界向内部填充。填充时不进行内部孤岛的检测(即忽略内部的孤岛)，而对整个图形作填充，如图5-14(c)所示。

> **注意**
> ◆ 系统默认的检测填充样式为"普通孤岛检测"填充样式，三种填充样式如图5-14所示。

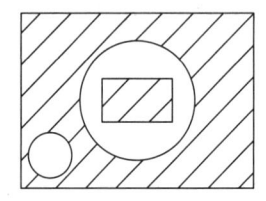

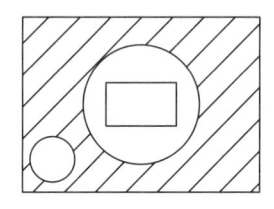

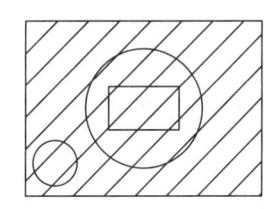

(a) 普通孤岛检测　　(b) 外部孤岛检测　　(c) 忽略孤岛检测

图5-14　三种孤岛检测的填充效果

② "边界保留"选项区域

"边界保留"选项区域中各选项的功能如下。

- "边界保留"复选框：用于指定是否将填充区域的边界另作图形对象保留，并可进一步确定所保留对象的类型。
- "对象类型"下拉列表框：当选取"边界保留"后，用户在此指定所保留图形对象的类型(类型有多段线和面域)。

③ "边界集"选项区域

"边界集"选项区域用于指定或新建填充边界的对象集。

④ "允许的间隙"选项区域

"允许的间隙"选项区域用于设置未封闭图形可以忽略的最大间隙。一般情况下，填充的区域为一封闭图形，此时的允许间隙值为0。可以在"公差"编辑框中输入一值(0~5000)，即可对间隙在此范围内的不封闭图形进行填充。

> **注意**
> ◆ 所设置的公差值应尽量接近实际间隙的大小，否则可能出现填充差错。

5.2.2 编辑图案填充

填充后的图案可以通过编辑命令对其进行修改,用户可参考下面的方法输入"图案编辑"命令。

- 工具栏:单击"修改Ⅱ"工具栏中的"编辑图案填充"按钮 。
- 菜单栏:选择"修改"|"对象"|"图案填充"命令。
- 命令行:输入HATCHEDIT后,按下Enter键。

参考上面的方法输入编辑图案填充的命令后,系统提示如下。

选取图案填充对象:

当选取图案填充对象后,将打开"图案填充编辑"对话框,用户可在对话框中设置填充图案的类型、角度和比例等参数。

"图案填充编辑"对话框中的"重新创建边界"按钮,只适用对删除了边界的填充图案的编辑("图案填充编辑"对话框中其余各选项的功能与本书前面所介绍的内容相同,下面将不再详细赘述)。

> **注意** ◆ 关联的填充图案可以通过编辑命令修改为不关联的,但不关联的填充图案不可以修改为关联的。

【例5-1】在图5-15(a)所示的轴键槽断面轮廓图中填入剖面线。

(1) 输入"图案填充"命令,打开"图案填充和渐变色"对话框,单击"图案"选项右侧的下拉列表按钮 ,在弹出的下拉列表中选择ANSI标签下的ANSI31图案,即是剖面线。

(2) 单击"添加:拾取点"按钮,在断面轮廓图中选择填充区域,如图5-15(b)所示。

(3) 结束选取后,返回"图案填充和渐变色"对话框。此时,可单击对话框中的"预览"按钮,观察填充的效果(也可在对话框中设置剖面线的角度和比例)。完成以上调整后单击"确定"按钮,填充的剖面线如图5-15(c)所示。

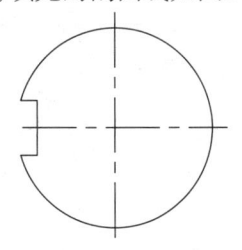

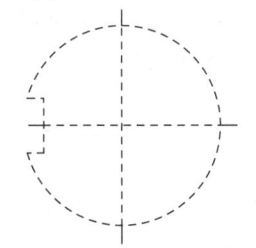

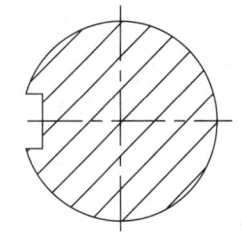

(a) 轴键槽断面轮廓图　　(b) 选取填充区域　　(c) 填入剖面线

图5-15 轴键槽的断面图

【例5-2】将图5-16所示机件的主视图改画成全剖视图,并补画出全剖的左视图。

(1) 按全剖视图的作图方法将主视图中的虚线改为实线,并删除剖切后不要的图线,然后根据所给出两面视图分析形体的结构,画出剖切后的左视图,如图5-17(a)所示。

（2）参考【例5-1】所介绍的方法，选中ANSI31填充图案。
（3）调整剖面线的角度和比例，完成图案填充，如图5-17(b)所示。

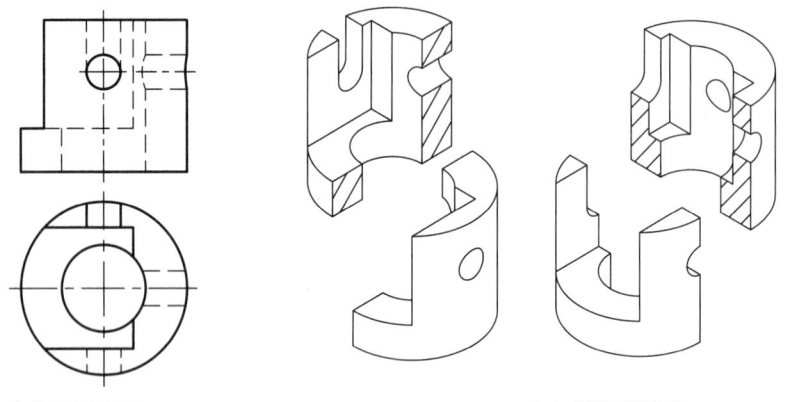

（a）两面视图　　　　　　　　　　　　（b）轴测剖视图

图5-16　机件的视图与轴测剖视图

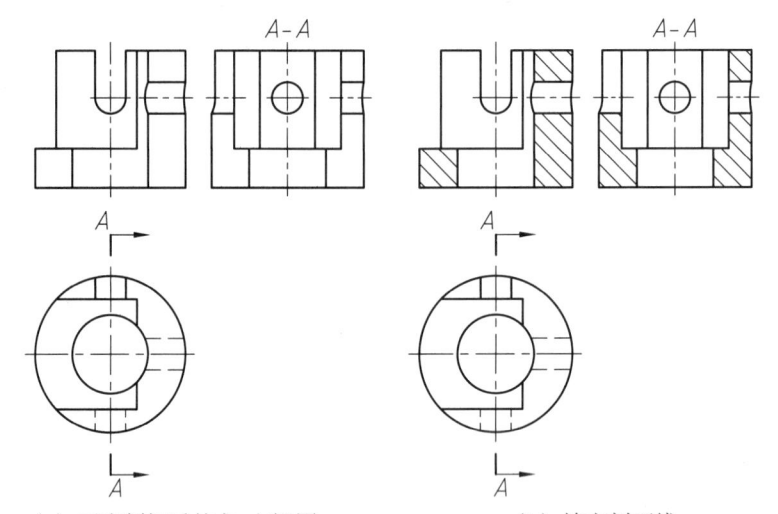

（a）画出剖切后的主、左视图　　　　　（b）填充剖面线

图5-17　绘制机件的剖视图

> ◆ 绘制剖视图时，应注意分析剖切后的形体变化，并正确判断机件上填充剖面线的区域。

思考与练习

（1）用创建和编辑面域的方法作出图5-18所示的轮毂轴孔的局部视图。

（2）作出图5-19所示的轴、轮毂和键装配后的断面图(注：轴键槽尺寸如图5-4(a)所示，轮毂键槽尺寸如图5-18所示，键的高度为7mm)。

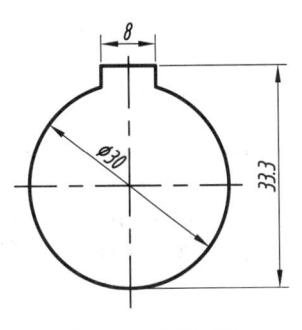

图5-18 轮毂轴孔　　　　　　　　　图5-19 轴、轮毂和键的装配断面图

（3）按图5-20所示，练习对填充图案的图案类型、角度、比例、关联等选项的设置。

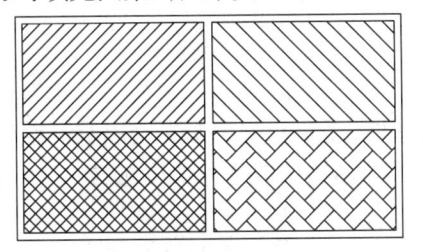

扫码可见图5-20
习题讲解

图5-20 图案填充练习

（4）参考图5-21（b）所示机件的轴测剖视图，将图5-21（a）中的主视图改为半剖视图，并补画出全剖的左视图。

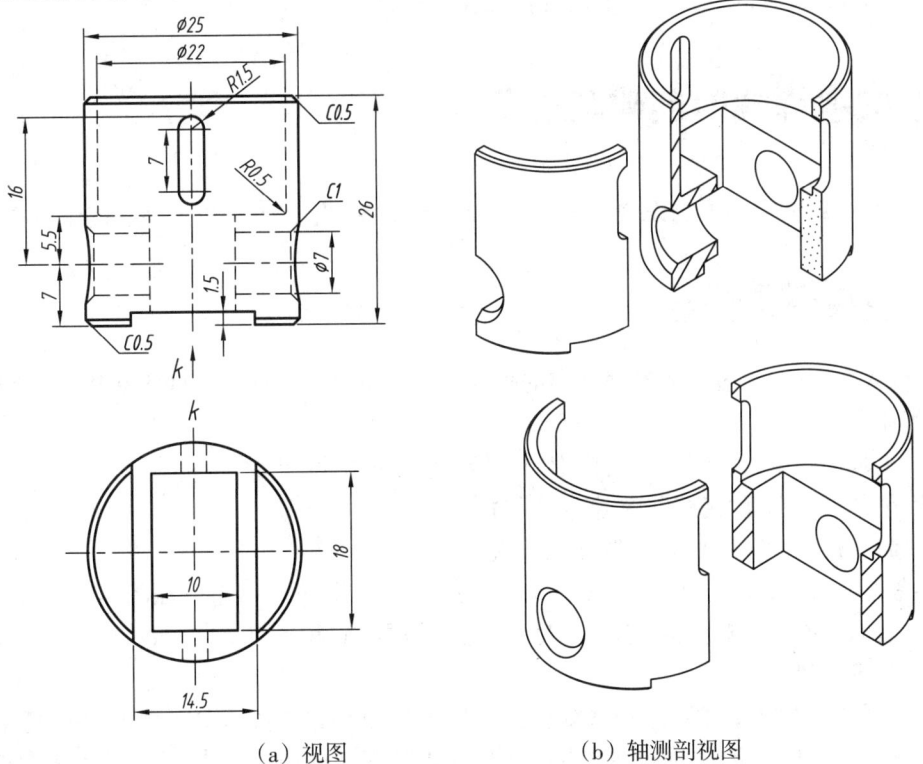

(a) 视图　　　　　　　　(b) 轴测剖视图

图5-21 机件的视图与轴测剖视图

第 6 章

文字与表格

学习目标

图样上除了有图形和尺寸外,还有一些说明文字以及标题栏、明细表等。本章将介绍在图形中设置文字样式、输入和编辑文字的方法,以及创建和编辑表格的方法。

学习要求

- ➤ **了解**:单行文字及多行文字的实际应用。
- ➤ **掌握**:文本的设置与编辑;表格的创建和编辑。

6.1 文字样式的创建与注写

本节将介绍文字样式的设置、单行文字和多行文字的输入方法以及文字的编辑方法。

6.1.1 设置文字样式

在输入文字前,一般需要设置文字的样式。用户可参考下面所示的方法输入"设置文字样式"的命令。

- 工具栏:单击"文字"工具栏中的"设置文字样式"按钮 。
- 菜单栏:选择"格式"|"文字样式"命令。
- 命令行:输入STYLE后,按下Enter键。

参考上面所介绍的方法,输入设置文字样式的命令后,系统将打开如图6-1所示的"文字样式"对话框。该对话框包括了字体、大小、效果选项区域和当前文字样式、文字样式预览窗口以及"新建"按钮等。

单击图6-1中的"新建"按钮,系统将打开如图6-2所示的"新建文字样式"对话框。用户在其中输入文字样式名后,便可在"设置文字样式"对话框中的"字体名"下拉列表中选取所需的字体,然后设置字体的高度及效果等(通过预览窗口可即时看到对文字属性进行更改后的样式)。

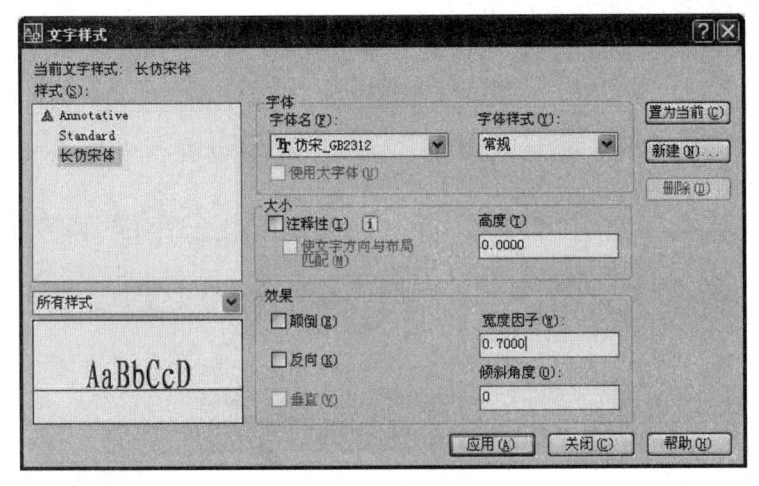

图6-1 "设置文字样式"对话框

图6-2 "新建文字样式"对话框

> **注意**
> - 如是选择中文字体,应取消选中对话框"使用大字体"复选框,为了随时更改字体的高度,通常将字高设为0,长仿宋体字的宽度因子可设为0.7。
> - 数字的字体名一般选txt.shx,宽度比例因子设为1,倾斜角度可设成15°。

6.1.2 输入单行文字

如果需要输入的文字不多,且文字中没有特殊字符时,可采用单行文字输入。用户可参考下面的方法输入"单行文字"的命令。

- 工具栏:单击"文字"工具栏中的"单行文字"按钮 A 。
- 菜单栏:选择"绘图"|"文字"|"单行文字"命令。
- 命令行:输入TEXT后,按下Enter键。

参考上面所介绍的方法输入"单行文字输入"的命令后,命令行依次提示如下:

命令:_Text
当前文字样式:Standard 当前文字高度:2.50
指定文字的起点或[对正(J)/样式(S)]:S
输入样式名或[?]<Standard>:长仿宋体
当前文字样式:长仿宋体 当前文字高度:2.50

指定文字的起点或[对正（J）/样式（S）]：给文字起点

指定文字的高度<2.50>：输入文字高度

指定文字的旋转角度<0>：默认倾斜角为0°

输入文字：输入文字内容(每按一次Enter键,便启动一个新行)

以上命令行中的两个选项,对正(J)和样式(S)的说明如下：

- 选择样式,输入S,可指定当前的文字样式名。
- 选择对正,输入J,命令行会提示选择文字对正的方式,包括对齐、调整、中心、中间、右、左上、中上、右上、左中、正中、右中、左下、中下及右下等。

此外,系统还设置了一些控制码,用于输入不能用键盘直接键入的特殊字符,常用控制码如表6-1所示。

表6-1 AutoCAD 2008 常用控制码

符　号	功　能
%%O	打开或关闭文字上划线
%%U	打开或关闭文字下划线
%%D	"度"的单位符号"°"
%%P	正负值符号"±"
%%C	直径符号"φ"
%%%	百分数符号"%"

一般情况下,不能从键盘直接输入"×"(乘号)。在用智能拼音法输入汉字时,按住V+1键后,会弹出一符号选择框,可在其中找到"×",点中即可。

6.1.3 输入多行文字

用户利用AutoCAD提供的多行文字输入功能,可以方便地处理所输入的文字段落,并可在其中插入特殊字符。用户可参考下面的方法输入"多行文字"命令。

- 工具栏：单击"文字"工具栏中的"多行文字"按钮 A。
- 菜单栏：选择"绘图"|"文字"|"多行文字"命令。
- 命令行：输入MTEXT后,按下Enter键。

参考上面所介绍的方法输入"多行文字"的命令后,命令行提示如下。

指定文字的第一角点：在屏幕上的适当位置单击,并按住鼠标拉出一矩形框后,系统会弹出如图6-3所示的文本框和"文字格式"工具栏

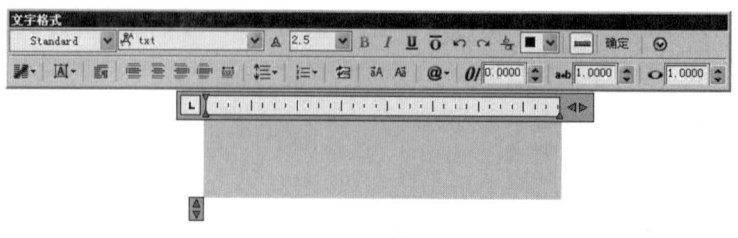

图6-3 文本框和文字样式工具栏

第 6 章 文字与表格

用户既可在"文字格式"工具栏中的"文字样式名"下拉列表中选取所需设置的文字样式,也可另行选择文字的字体或设置字体高度,如图6-4所示。

图6-4 选择字体

用户在如图6-3所示的文本框中输入文字时,若单击"文字格式"工具栏中的"符号"按钮@,将弹出如图6-5所示的"插入特殊字符"菜单。在该菜单中用户可选择插入所需的特殊字符。

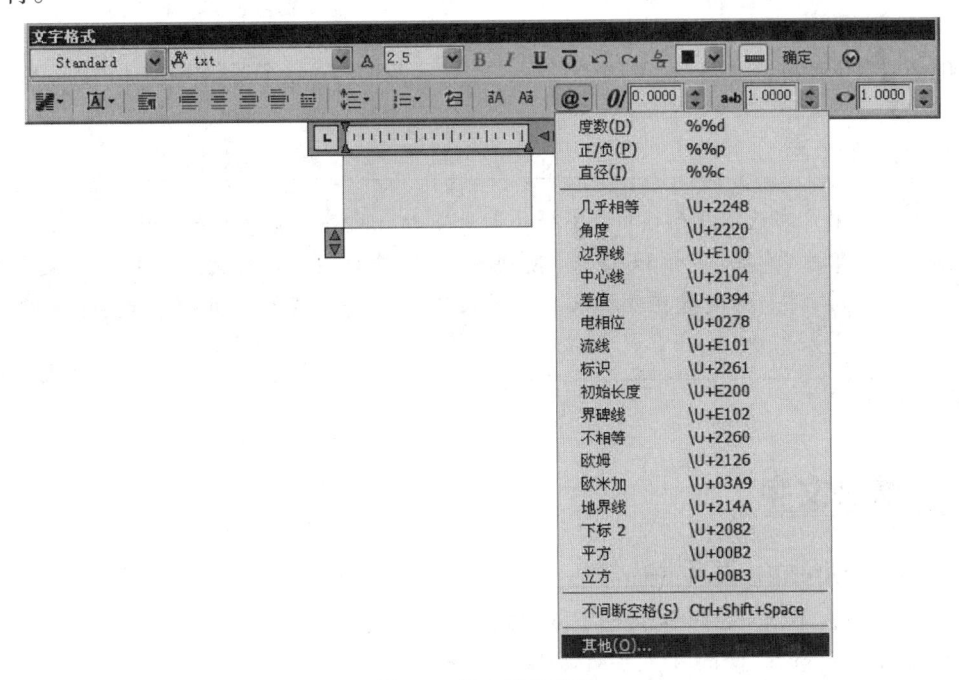

图6-5 插入特殊字符

上面所介绍的方法也可通过在如图6-3所示的文本框中右击实现。用户若在文本框中右击,系统将弹出如图6-7所示的"插入符号"菜单,选取该菜单中的"符号"命令,也可打开图6-6所示的"字符映射表"窗口。

注意
- ◆ 若图6-5所示的菜单中没有所需的特殊字符,用户可选择菜单中的"其他"命令,打开如图6-6所示的"字符映射表"窗口。

图6-6 "字符映射表"窗口　　　　　图6-7 "插入符号"菜单

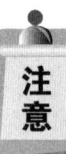

> **注意**
> ◆ 用户在选取图6-6所示字符映射表中的一种字体后,单击表中的字符,然后单击"选择"按钮和"复制"按钮,可将字符复制到剪贴板上。再单击文本框后,将光标放置在要插入字符的位置,按下Ctrl+V组合键即可将字符粘贴到文本框中。

6.1.4 编辑文字

在AutoCAD中,用户可按下面的方法输入"编辑文字"的命令。
- 工具栏:单击"文字"工具栏中的"编辑…"按钮 。
- 菜单栏:选择"修改"|"对象"|"文字"|"编辑"命令。
- 命令行:输入DDEDIT后,按下Enter键。

参考上面所介绍的方法输入"编辑文字"的命令后,命令行提示如下:

选择注释对象或[放弃(U)]:选取文字后便可对其进行编辑

用户也可利用"特性"选项板,修改单行文字和多行文字的内容及属性。可参考下面的方法激活"特性"选项板。
- 工具栏:单击"标准"工具栏中的"对象特性"按钮 。
- 菜单栏:选择"修改"|"特性"命令。
- 命令行:输入DDMODIFY后,按下Enter键。

参考上面所介绍的方法输入命令后,系统将打开如图6-8所示的"特性"选项面板。

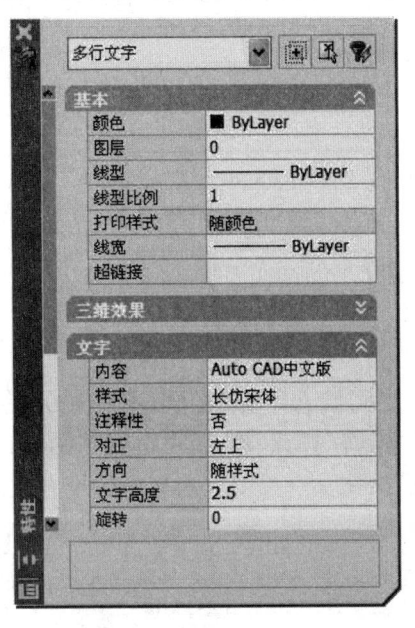

图6-8 "特性"选项面板

在"特性"选项面板中有以下几个重要的选项。

- "颜色"、"图层"、"线型"、"线宽"选项:设置文字的颜色、图层等内容。单击选项框,其右侧将出现一个向下的箭头,单击该箭头可弹出一个列表框,用户可以从该列表框中选择需要的内容。
- "内容"选项:用于显示出所选的文本内容。
- "样式"选项:修改所选文本的文字样式名。
- "对正"选项:单击"对正"选项右侧,将显示一个向下的箭头,单击该箭头弹出一个列表框,用户可以从列表框中选择对齐方式。
- "方向"选项:设置文字方向。可以设置"水平"、"垂直"和"随样式"3种不同的方向。
- "文字高度"选项:设置文字的高度。
- "旋转"选项:设置文字的旋转角度。

6.1.5 创建堆叠文字

堆叠文字指的是类似分数的上下两组文字,其多用于分数或尺寸公差的标注,如图6-9所示。用户只有在选定的文字中包含堆叠字符,才能创建堆叠文字。堆叠字符会使左侧的文字堆叠在右侧的文字上面。堆叠字符包括插入符(^)、正向斜杠(/)和磅符号(#)。堆叠的文字中分隔符的作用如下。

- 斜杠(/):以垂直方式堆叠文字,由水平线分隔。
- 井号(#):以对角形式堆叠文字,由对角线分隔。
- 插入符(^):创建公差堆叠,不用直线分隔。

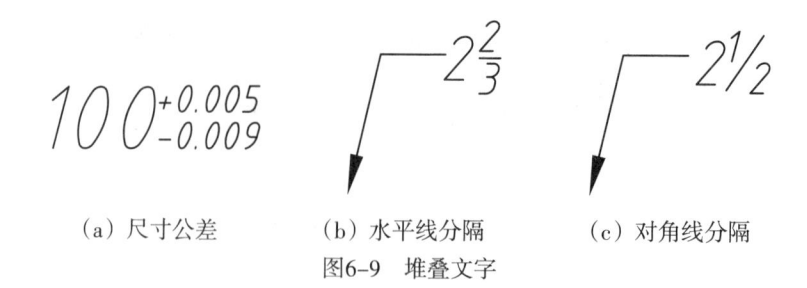

(a) 尺寸公差　　　　(b) 水平线分隔　　　　(c) 对角线分隔

图6-9　堆叠文字

下面将简单介绍创建堆叠文字的操作方法。

1. 垂直方式堆叠文字（并由水平线分隔）

在文本框中的两个字母之间输入"/"后选中字母与输入的符号（如图6-10所示），然后单击"文字格式"工具栏中的"堆叠"按钮，便可得到如图6-11所示的堆叠效果（如选择堆叠后的文字，再次单击"堆叠"按钮，可以取消文字的堆叠效果）。

图6-10　输入"/"斜杠

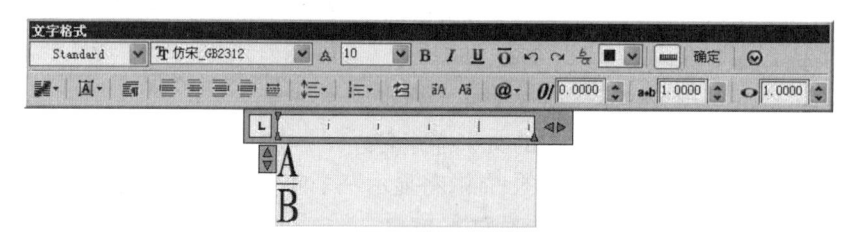

图6-11　水平线分隔

2. 对角形式堆叠文字（并由对角线分隔）

在文本框内的文字中输入"#"符号，然后选中文字和输入的符号（如图6-12所示）。单击"堆叠"按钮，堆叠后的文字将由对角线分隔，效果如图6-13所示。

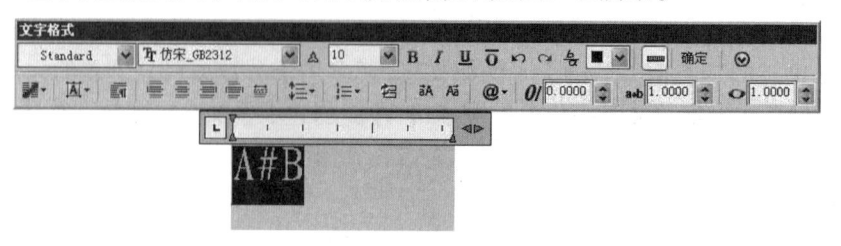

图6-12　输入"#"符号

- 116 -

第 6 章 文字与表格

图6-13 对角线分隔

3. 公差堆叠

如图6-14所示,在文本框内的文字中输入插入符"^"并选中文字和输入的符号,然后单击"堆叠"按钮 ,所产生的公差堆叠效果如图6-15所示。

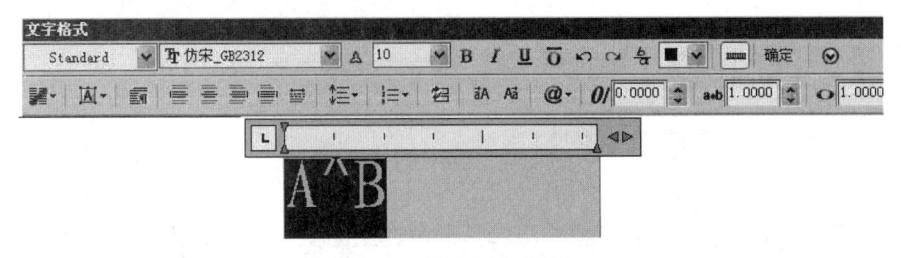

图6-14 输入插入符"^"

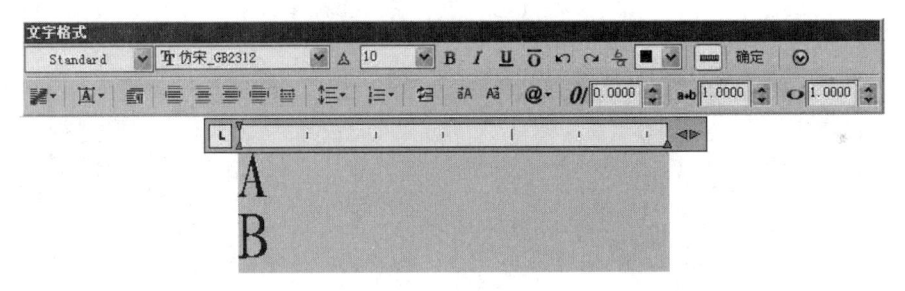

图6-15 公差堆叠

在文字中输入上标和下标的方法如下。

- 输入上标:编辑文字时,输入A^(A为上标数字),然后选中文字和输入的符号,单击"堆叠"按钮 即可。
- 输入下标:编辑文字时,输入^A(A为下标数字),然后选中文字和输入的符号,单击"堆叠"按钮 即可。

6.2 表格的创建与编辑

在AutCAD 2008中,用户可以通过插入表格对象的方法快速创建表格,而不必绘制由直线组成的表格。用户不仅可以向表格添加文字或块、单元格以及调整表的大小,还可以修改单元内容特性(如类型、样式和对齐方式等)。

6.2.1 创建表格

在AutoCAD中,用户可参考下面的方法输入"创建表格"命令。
- 工具栏:单击"绘图"工具栏中的"表格"按钮 。
- 菜单栏:选择 "绘图"|"表格"命令。
- 命令行:输入TABLE后,按下Enter键。

参考上面的方法输入创建表格的命令后,将打开如图6-16所示的"插入表格"对话框。在"插入表格"对话框中,插入表格的方式有指定插入点和指定窗口两种。
- 指定插入点方式:指定插入点方式指的是通过指定表格左上角的位置来确定表格在绘图区域中的位置。使用这种方式时,先要设定好表格中列和行的数目及大小。

> **注意** ◆ 插入表格时,可以用鼠标光标在绘图区域内指定表格的位置,也可在命令行上输入表格定位点的坐标值。

- 指定窗口方式:指定窗口方式指的是通过在绘图区域指定表格左上角和右下角两个对角点来指定表格的大小和位置。选用这种方式插入表格时,表格的列宽和行高取决于窗口的大小以及列和行的设置(此插入表格的方法显得更为方便灵活)。

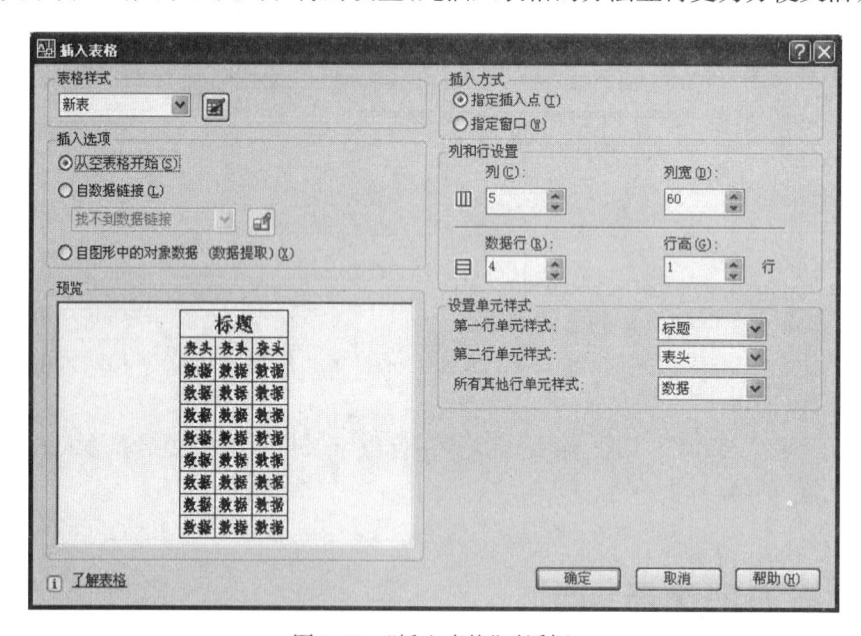

图6-16 "插入表格"对话框

"插入表格"对话框左上角的"表格样式"下拉列表用于选择表格样式,单击该下拉列表右侧的"启动表格样式对话框"按钮 ,系统将打开如图6-17所示的"表格样式"对话框,用户可以在该对话框中修改已有的表格样式或者新建一种表格样式。

第 6 章 文字与表格

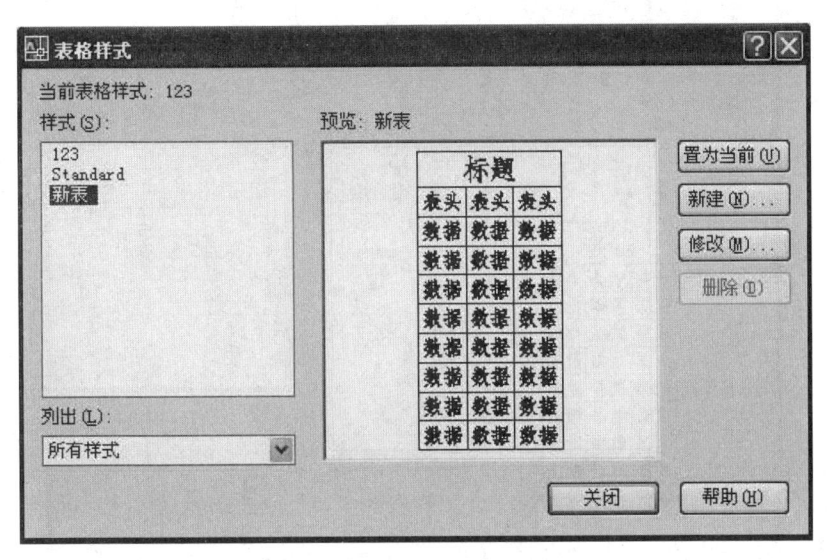

图6-17 "表格样式"对话框

单击"表格样式"对话框中的"修改"按钮,系统将打开如图6-18所示的"修改表格样式"对话框,在该对话框中用户不仅可以选择文字样式、设置文字高度和颜色、填充颜色、设置文字对齐方式,还可以设置表格的边框特性、单元格的边距和表格方式等参数。

在"修改表格样式"对话框中选择"基本"选项卡后,用户可以在该选项卡中对表格的"填充颜色"、"对齐方式"、"格式"、"类型"和"页边距"等参数进行修改,如图6-18所示。

图6-18 设置"基本"特性

在"修改表格样式"对话框中选择"文字"选项卡,然后单击该选项卡中"文字样式"下拉列表右侧的 按钮,用户可以在打开的对话框中修改或新建文字样式,并可设置文字高度、颜色等参数,如图6-19所示。

- 119 -

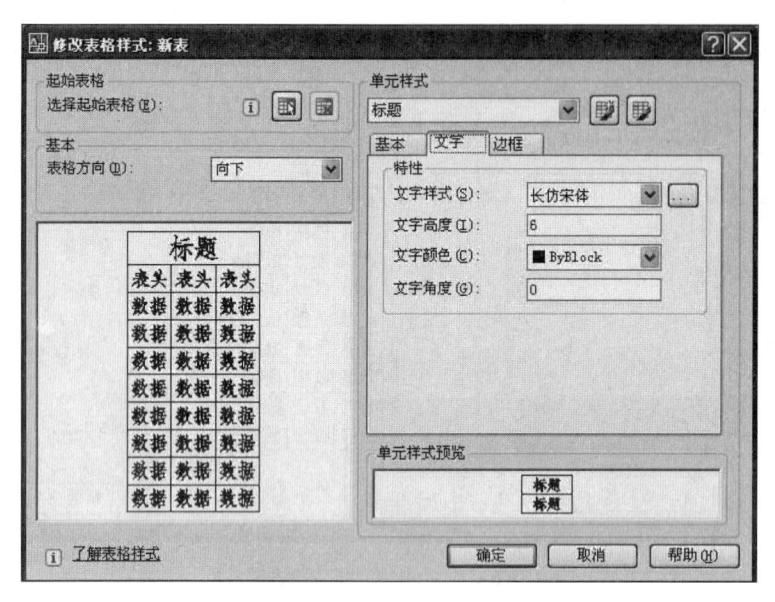

图6-19　设置"文字"特性

在"修改表格样式"对话框中选择"边框"选项卡后，用户可以在该选项卡中对表格的边框特性进行修改，包括设置边框的"线宽"、"线型"、"颜色"与"间距"等参数，如图6-20所示。

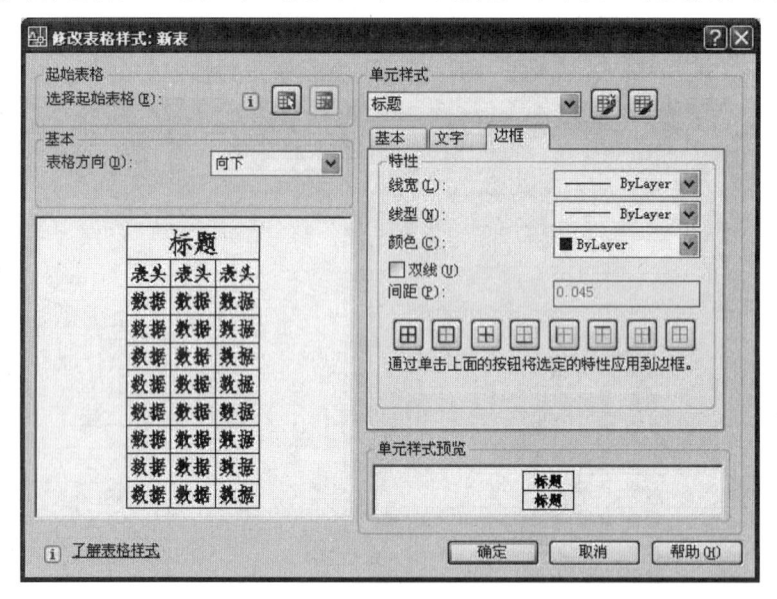

图6-20　设置"边框"特性

注意

◆ 当表格的样式设置完成之后，单击"确定"按钮，系统将自动返回到"插入表格"对话框，再次单击"确定"按钮后，系统在绘图区域中创建表格。

成功创建表格后，系统会显示"文字格式"工具栏并亮显表格中的第一个单元，等待用户

第 6 章　文字与表格

输入数据，如图6-21所示。

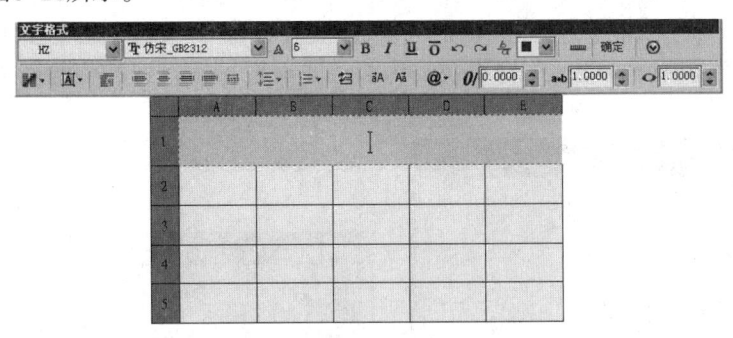

图6-21　在表格中输入数据

要将表格中的光标移动到下一个单元，可以按Tab键，或使用键盘上的方向键移动，单击"文字格式"工具栏中的"确定"按钮即可停止输入数据。

要选择表格中的多个单元，可以按住Shift键并在多个单元格内单击。选中单元格后，可以右击鼠标，然后在弹出的菜单中选择所需的表格编辑命令，如图6-22所示。

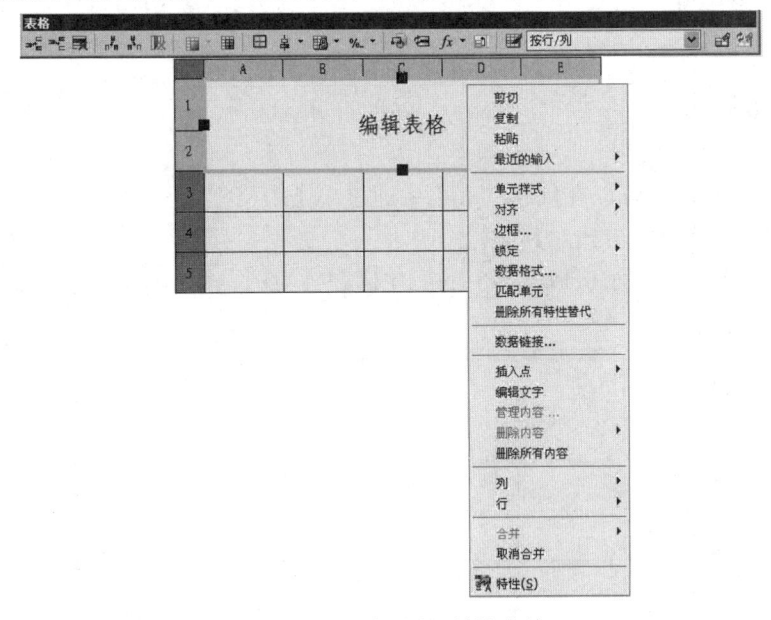

图6-22　"编辑表格"快捷菜单

若选择"插入点"|"块"命令，系统会打开如图6-23所示"在表格单元中插入块"的对话框。单击该对话框中的"浏览"按钮，在打开的对话框中选择要插入表格单元中的块，然后设置块在单元中的对齐方式、比例（默认为自动）和旋转角度，再单击"确定"按钮即可在表格中插入一个块。

注意
◆ 在表格中插入的块可以自动适应表格单元格的大小。当用户调整单元格的尺寸时，单元格中块的大小也会随之发生改变。

为方便数据交换,用户可将在Excel中完成的表格复制到剪切板上,然后通过在AutoCAD中选择"编辑"|"选择性粘贴"命令,打开"选择性粘贴"对话框(如图6-24所示)。选取其中的"AutoCAD图元"选项后,单击"确定"按钮,即可在绘图区域插入经转化的表格,用户可直接对该表格进行编辑。

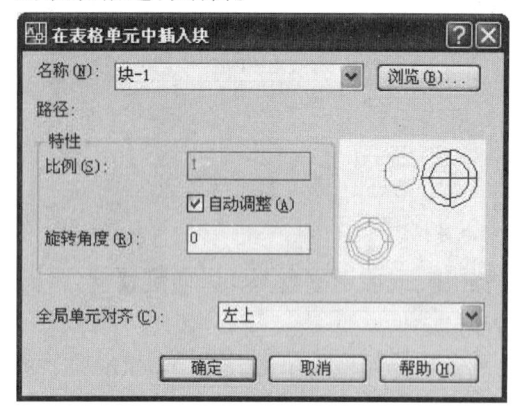

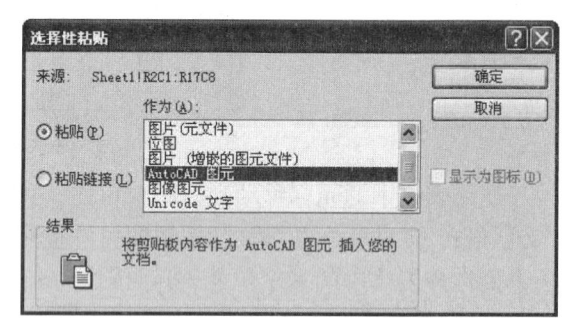

图6-23　在表格中插入块　　　　图6-24　在表格中插入Excel表格

6.2.2　编辑表格

在AutoCAD中,用户可以在创建的表格中通过单击表格上的任意网格线选中该表格,并使用"特性"面板或夹点的方式对其进行修改。

下面将以如图6-25所示机械图样上的简化标题栏为例,介绍创建表格样式以及编辑表格的步骤与方法。

图6-25　标题栏

1. 表格样式

表格是在行与列中包含数据的对象(例如标题栏和明细表等)。表格的外观由表格样式控制,因此,创建表格应首先创建(或选择)一种表格样式,然后再开始具体创建表格。

【例6-1】 在AutoCAD中,通过"表格样式"对话框创建表格样式。

(1) 选择"格式"|"表格样式"命令(或单击"样式"工具栏中的"表格样式"按钮　),打开"表格样式"对话框,如图6-26所示。

- 122 -

第6章 文字与表格

（2）单击"表格样式"对话框中的"新建"按钮，打开"创建新的表格样式"对话框（如图6-27所示），然后在"新样式名"文本框中输入文字"标题栏"并单击"继续"按钮。

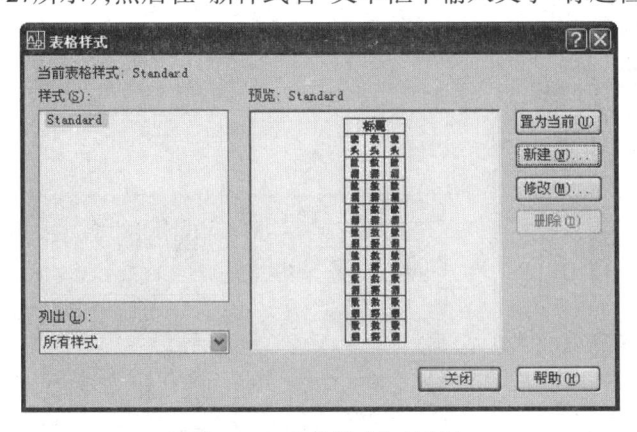

图6-26 "表格样式"对话框　　　　　　　　图6-27 "创建表格样式"对话框

（3）打开"新建表格样式:标题栏"对话框（如图6-28所示），然后在该对话右侧"单元样式"下拉列表框中选择"数据"选项，如图6-29所示。

> **注意**
> ◆ 在"单元样式"下拉列表框中可分别对数据、标题、表头三个部分进行设置，如图6-28所示。由于本表格只需要数据部分，因而其他两部分在表格创建之后将予以删除。

（4）完成以上设置后，开始设置数据表格部分的样式。在"线宽"下拉列表框中设置线宽为0.7mm，然后单击"外边框"按钮，将数据表格的外边框设为粗线，如图6-28所示。

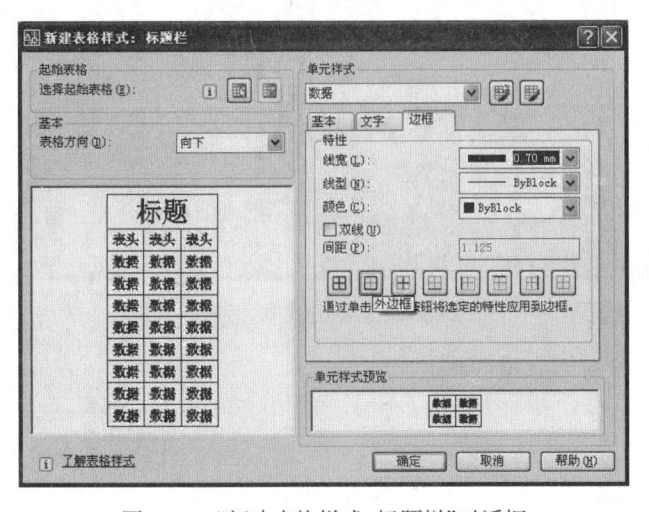

图6-28 "新建表格样式:标题栏"对话框　　　　　图6-29 设置单元样式

（5）在"线宽"下拉列表框中将线宽设置为0.35，然后单击"内边框"按钮，将数据表格的内边框设为细线，如图6-30所示。

- 123 -

（6）单击"文字样式"下拉列表按钮,在弹出的下拉列表中选择"长仿宋体"选项,如图6-31所示(如果当前文件中没有所需要文字样式,可以单击"文字样式"下拉列表按钮右侧的按钮,然后在打开的对话框中创建新的文字样式)。

图6-30　设置边框

图6-31　设置文字样式

（7）选择"基本"选项卡,然后单击"对齐"下拉列表按钮,在弹出的下拉列表中选择"正中"选项,如图6-32所示。

（8）在"新建表格样式:标题栏"对话框单击"确定"按钮,此时在"表格样式"对话框中的"预览"区域内显示了新建的"标题栏"样式名称,如图6-33所示。单击"置为当前"按钮,再单击"关闭"按钮,表格样式设置完成。

图6-32　设置对齐方式

图6-33　"表格样式"对话框

（9）完成以上操作后,即可创建一个新的表格样式。

2. 创建表格

下面将通过一个具体的实例,详细介绍在AutoCAD中创建表格的具体方法。

【例6-2】　在AutoCAD中,通过"插入表格"对话框,创建一个表格。

（1）选择"绘图"|"表格"命令后,在打开的"插入表格"对话框中设置表格列和行的数量（如图6-34所示）,完成后单击"确定"按钮。

第6章 文字与表格

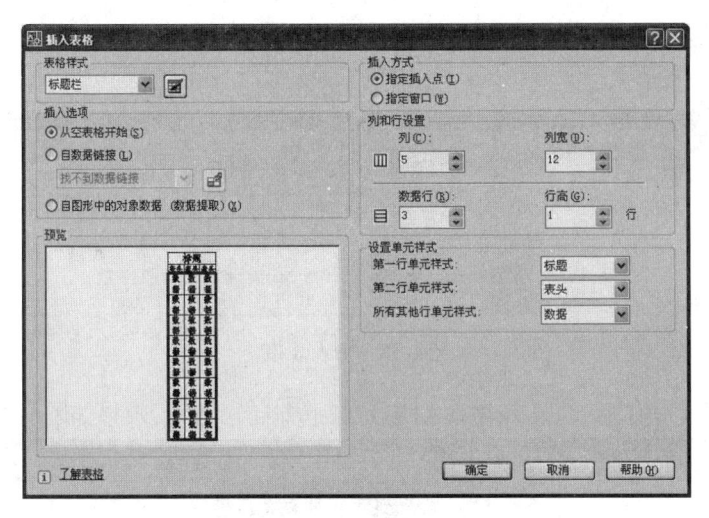

图6-34 "插入表格"对话框

（2）这时，在绘图区域中单击，即可创建表格，并且在表格的顶端显示列的字母编号，左侧显示行的数字编号以及"文字格式"工具栏，如图6-35所示。

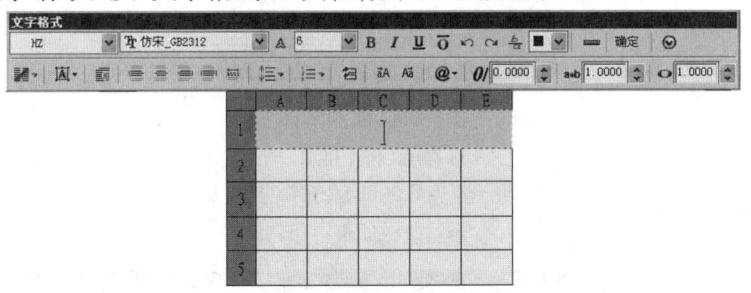

图6-35 创建表格

（3）在不输入文字的情况下，可通过单击"文字格式"工具栏中的"确定"按钮，关闭该工具栏。

（4）单击标题单元格，向下移动鼠标可拖出一个虚线的矩形框。释放鼠标之后，标题和表头单元格周围将显示黄色的粗线（即表示全部内容被选中），并显示"表格"工具栏，如图6-36所示。

（5）在"表格"工具栏中单击"删除行"按钮 ，删除选中的单元格，如图6-37所示。

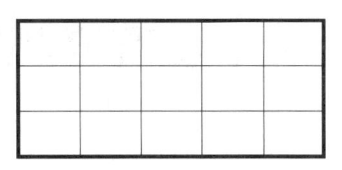

图6-36 选择单元格　　　　　　图6-37 删除单元格后的表格

注意

◆ 若所创建的表格在当前视图中显示得不够清楚，可以通过移动鼠标滚轮，来改变表格的显示效果。

- 125 -

（6）单击表格中的A1单元格，然后在"表格"工具栏中连续单击两次"在下方插入行"按钮，如图6-38所示。

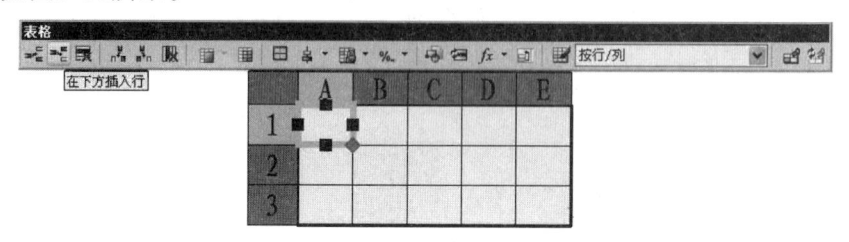

图6-38　插入表格

（7）完成以上操作后，将在表格在A1单元格下方插入两行，效果如图6-39所示。

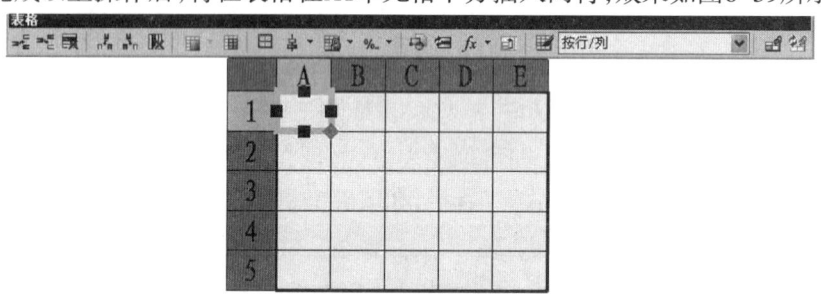

图6-39　插入两行

（8）单击A1单元格，向C2单元格移动鼠标，拖出一个虚线矩形，释放鼠标之后，标题和表头单元格周围将显示黄色的粗线，单击"合并单元"按钮，在弹出的菜单中选择"全部"命令，如图6-40所示。此时选中的6个单元格将被合并为1个单元格，如图6-41所示。

图6-40　选择单元格

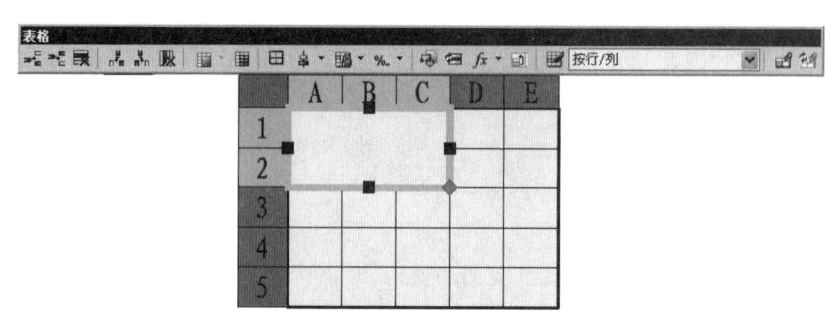

图6-41　合并单元格

（9）选中表格中的E1单元格，然后单击"表格"工具栏中的"在右侧插入列"按钮，此时将在表格的E列右侧插入F列，如图6-42所示。

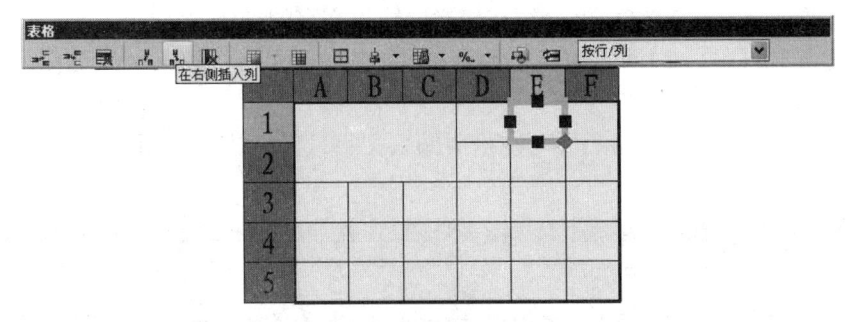

图6-42 插入一列

（10）选中表格中需要合并的单元格后，单击"合并单元"按钮，然后在弹出的菜单中选择"全部"命令将单元格合并，合并单元格后的表格，效果如图6-43所示。

（11）选中表格中的B3单元格后，选择"修改"|"特性"命令，打开"特性"面板，然后设置"单元宽度"选项为28，"单元高度"选项为10，如图6-44所示。

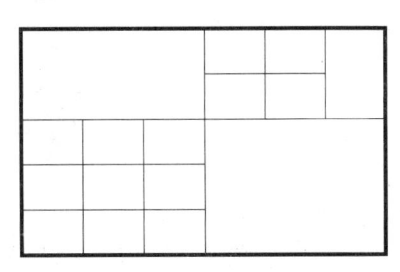

图6-43 合并单元格

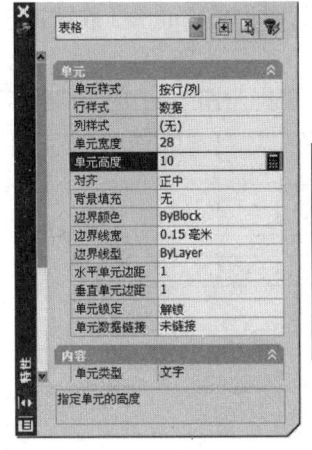

图6-44 修改表格尺寸

（12）在"特性"面板中参考如图6-45所示尺寸，分别设置表格中其他单元格的"单元宽度"和"单元高度"选项参数。

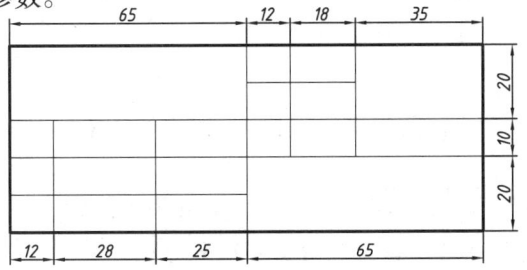

图6-45 标题栏尺寸

3. 输入表格文字

下面将通过一个具体的实例、介绍在表格中输入文字的操作方法。

【例6-3】 以【例6-2】创建的表格为基础,在表格单元格中输入效果如图6-47所示的文字。

(1) 单击表格中的单元格后即可在格中输入文字,这时系统将显示"文字格式"工具栏,如图6-46所示。

图6-46 输入文字

(2) 如果输入的文字宽度大于表格单元格的宽度,系统将自动为单元格增加行宽。

(3) 当用户需要在下一个单元格中输入文字时,可以按Enter键(或按键盘上方向键),也可单击单元格,将光标调至所需的位置。

(4) 完成在表格的其他单元格中输入文字后,最终绘出的标题栏效果如图6-47所示。

图6-47 标题栏

思考与练习

(1) 参考本章所介绍的内容,分别创建样式名为"长仿宋体"和"尺寸标注"(斜体字)的文字样式。

(2) 用"单行文字"和"多行文字"命令书写文字并加以区别。

(3) 练习$\phi80$、$70°$、$90±0.015$、$4×\phi25$等文字输入方法。

(4) 参考本章所介绍的方法内容,练习堆叠文字的输入方法。

（5）用创建表格的方法创建如图6-48所示的标题栏，并在其中填写文字。具体要求如下：
- 按图中的尺寸创建标题栏。
- 标题栏中的文字要求是："几何作图"用10号字，"蜀明工业学院"用7号字，其余的用5号字。

图 6-48 标题栏

扫码可见图6-48
习题讲解

第 7 章

标注尺寸

学习目标

扫码可见"文字和尺寸标注"

本章将重点介绍尺寸标注样式的创建及各种尺寸标注和编辑命令的使用方法。

学习要求

- 了解：尺寸标注样式的设置步骤与内容。
- 掌握：各种尺寸标注和编辑命令的使用方法。

7.1 尺寸的组成和标注类型

尺寸是零件制造、部件装配和建筑施工的重要依据。AutoCAD为用户提供了创建尺寸标注样式的工具以及多种尺寸标注的类型，以满足机械、建筑等不同专业的需要。

7.1.1 尺寸的组成

在工程图样中，完整的尺寸标注形式通常由尺寸线、尺寸界线、箭头和标注文本组成，如图7-1所示。

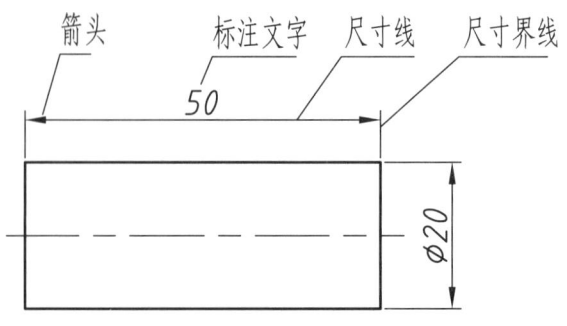

图7-1 尺寸的组成

7.1.2 尺寸标注的类型

AutoCAD为用户提供了多种尺寸标注的类型(分别为:线型、对齐、弧长、坐标、半径、折弯、直径、角度、快速、基线、连续、引线、公差等)。在AutoCAD的"标注"菜单和"标注"工具栏中列出了各种标注类型的命令,如图7-2与图7-3所示。

图7-2 "标注"菜单　　　　图7-3 "标注"工具栏

7.2 尺寸标注样式

尺寸标注样式用于控制所标注尺寸的外观,如箭头的大小和样式、文字的大小和标注的位置、尺寸公差等。AutoCAD提供了创建尺寸标注样式的工具,用户可以根据工作要求创建标注样式。

所有的尺寸都是在当前的标注样式下进行标注的。如果用户在标注尺寸之前没有创建或者选择样式,AutoCAD将使用默认的或当前的尺寸标注样式。

7.2.1 标注样式管理器

在AutoCAD中,用户可参考下面的方法输入打开"标注样式管理器"对话框的命令。
- 工具栏:单击"标注"工具栏中的"标注样式…"按钮　。
- 菜单栏:选择"标注"|"标注样式"命令。
- 命令行:输入DIMSTYLE后,按下Enter键。

参考以上方法,输入打开"标注样式管理器"的命令后,系统将打开"标注样式管理器"对话框,如图7-4所示。

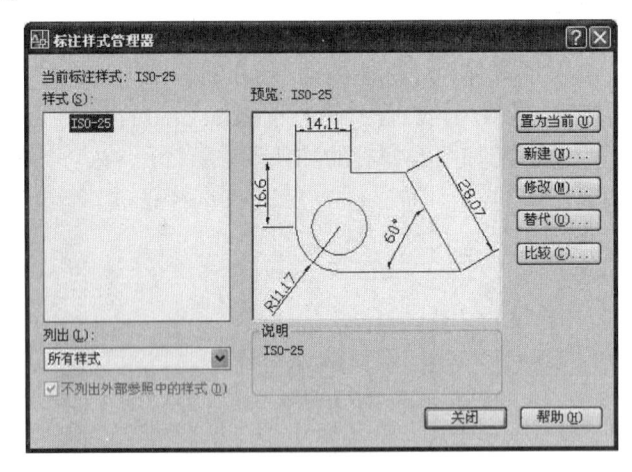

图7-4 "标注样式管理器"对话框

"标注样式管理器"对话框中各选项和按钮的作用如下。
- "当前标注样式"列表框:在此项标题后列出的是当前的标注样式名,AutoCAD将把该标注样式用于当前的尺寸标注中,直到用户改变标注样式。
- "样式"列表框:所有已经建立的尺寸标注样式,都显示在"样式"列表框中。如果已创建多个尺寸标注样式,则当前标注样式的名字被高亮显示。如果要改变当前的尺寸标注样式,则可在此列表框中选取一个样式名,然后单击该对话框中的"置为当前"按钮(用鼠标右击列表中的尺寸标注样式名,将弹出一个包含有"置为当前"、"重命名"和"删除"3个命令的菜单)。
- "列出"下拉列表框:"列出"下拉列表框中提供了控制尺寸标注样式名称显示的选项。
  - "所有样式"选项:显示所有的尺寸标注样式名称。
  - "正在使用的样式"选项:只显示图形中所用到的尺寸标注样式名。
- "不列出外部参考中的样式"复选框:该复选框用于控制是否在"样式"列表框中显示外部参照图形中的尺寸标注样式名。
- "置为当前"按钮:单击该按钮后,系统将把在"样式"列表框中选择的尺寸标注样式设置为当前的尺寸标注样式。
- "新建"按钮:单击该按钮,将打开"创建新标注样式"对话框。在该对话框中,用户可以设置新的尺寸标注样式。
- "修改"按钮:单击该按钮,将打开"修改标注样式"对话框。在该对话框中,用户可以对当前的尺寸标注样式进行修改。
- "替代"按钮:单击该按钮,将打开"替代当前样式"对话框。在该对话框中,用户可以设置临时的尺寸标注样式,用以替代当前尺寸标注样式中的相应设置,而不改变当前的尺寸标注样式。
- "比较"按钮:单击该按钮,将打开如图7-5所示的"比较标注样式"对话框。用户可以通过该对话框来比较两个尺寸标注样式的特性,或是查看某一个尺寸标注样式的特性。

第 7 章　标注尺寸

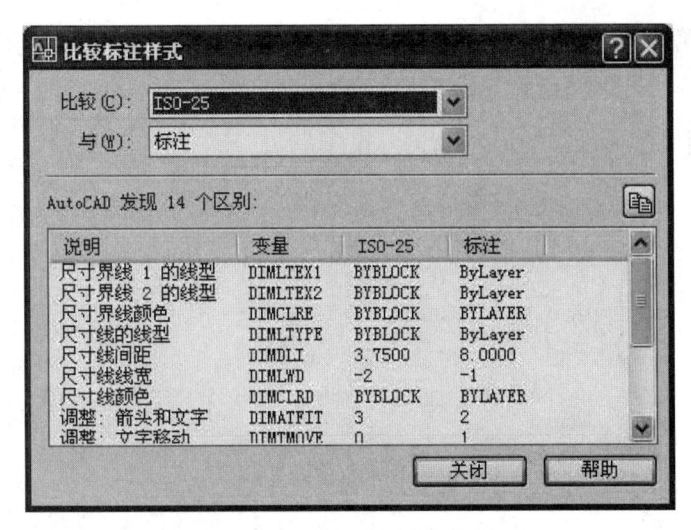

图7-5　"比较标注样式"对话框

7.2.2　创建新的标注样式

一般情况下，用户在标注尺寸前应当创建适合自己工作的标注样式。下面将按照《机械制图》标准规定创建一尺寸标注样式，具体创建步骤如下。

【例7-1】　参照《机械制图》标准规定，在AutoCAD中创建新的标注样式。

（1）输入激活"标注样式管理器"的命令，打开"标注样式管理器"对话框，如图7-4所示。

（2）对话框的"样式"列表框中显示了系统默认的标注样式ISO-25。单击"新建"按钮，打开"创建新标注样式"对话框，如图7-6所示。

（3）在"创建新标注样式"对话框中的"新样式名"文本框中键入文字"机械制图"，如图7-7所示。

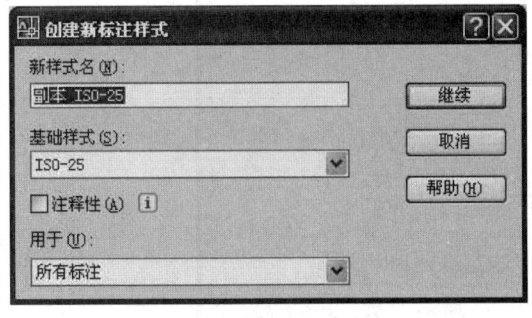

图7-6　"创建新标注样式"对话框　　　　图7-7　创建新的标注样式名

（4）单击"继续"按钮，打开"新建标注样式"对话框，如图7-8所示。

（5）在"新建标注样式"对话框中选择"线"选项卡，然后设置"尺寸线"、"尺寸界线"选项区域中的颜色、线型、线宽等参数（一般指定为随层）。基线间距为平行的线性尺寸线之间的距离，一般设置为大于7mm。尺寸界线超出尺寸线设置为2~3mm，起点偏移量可取默认值，如图7-8所示。

- 133 -

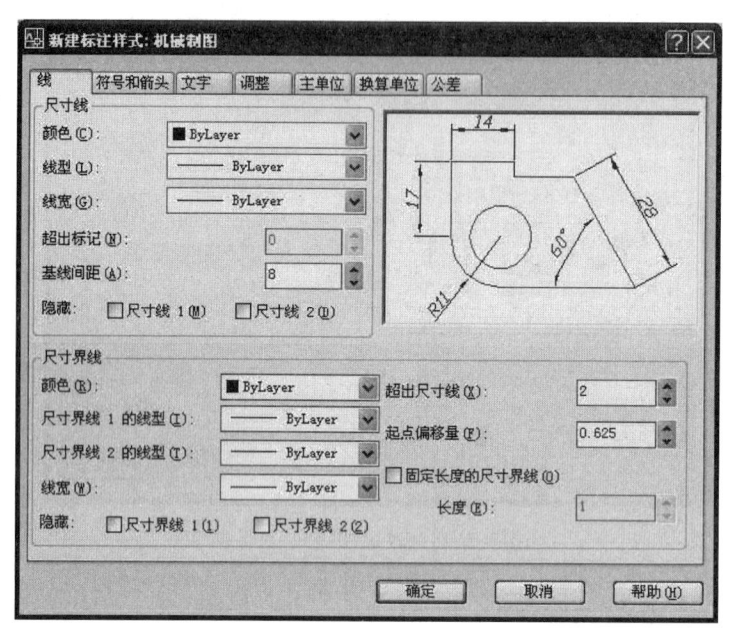

图7-8 "新建标注样式"对话框

（6）在"新建标注样式"对话框中选择"符号和箭头"选项卡，然后主要设置尺寸线的终端形式（一般选取"实心闭合"的箭头，并设其大小为4，如图7-9所示）。

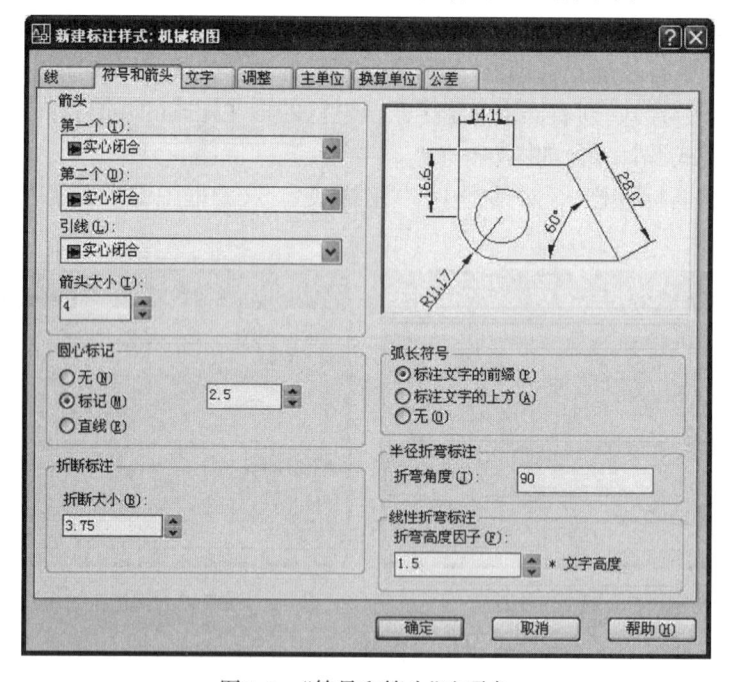

图7-9 "符号和箭头"选项卡

（7）在"新建标注样式"对话框中选择"文字"选项卡，设置标注文字的外观、高度、放置位置和对齐方式等参数，如图7-10所示。

第 7 章 标注尺寸

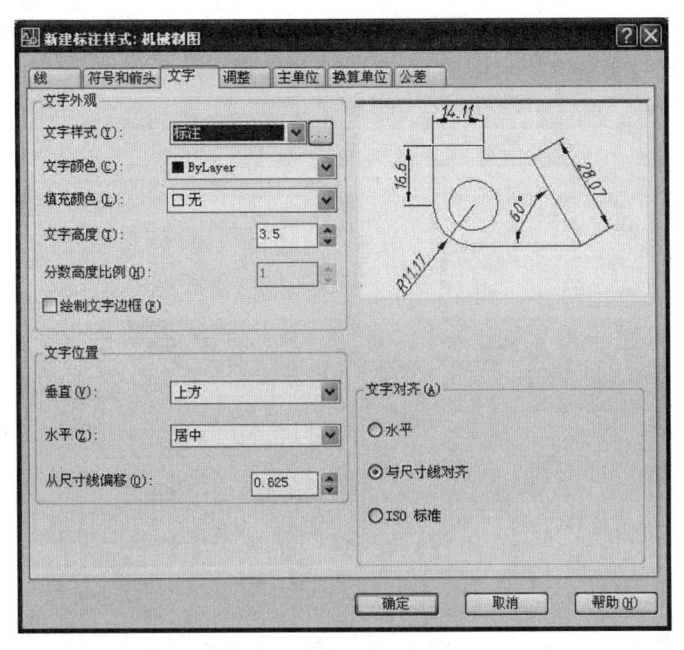

图7-10 "文字"选项卡

> **注意**
> ◆ 在选择"文字样式"时，如果预先已设定好了，直接点击下拉滑块进行选择；如尚未设定，可以单击其右侧的 □ 按钮进行设置。

（8）在"新建标注样式"对话框中选择"调整"选项卡，然后根据需要设定文字和箭头的放置方式及位置，如图7-11所示。

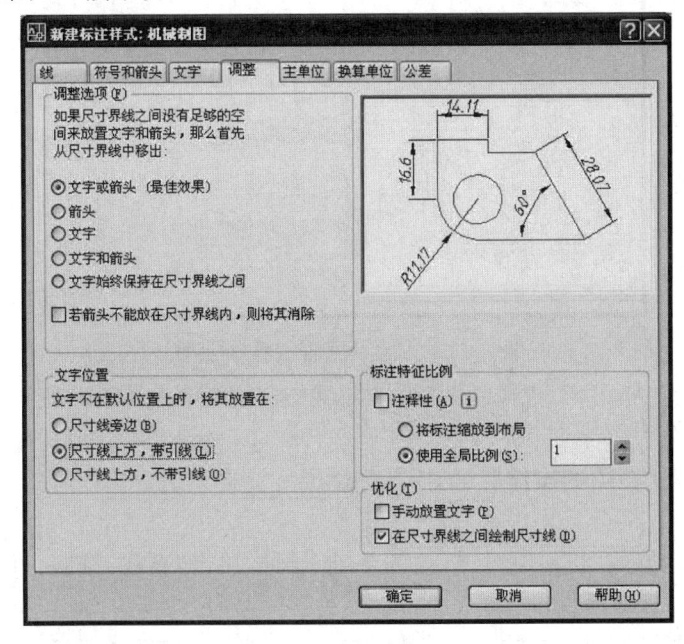

图7-11 "调整"选项卡

- 135 -

（9）在"新建标注样式"对话框中选择"主单位"选项卡，设置尺寸的单位格式、精度以及所标注的尺寸数值与测量单位的比例，如图7-12所示。

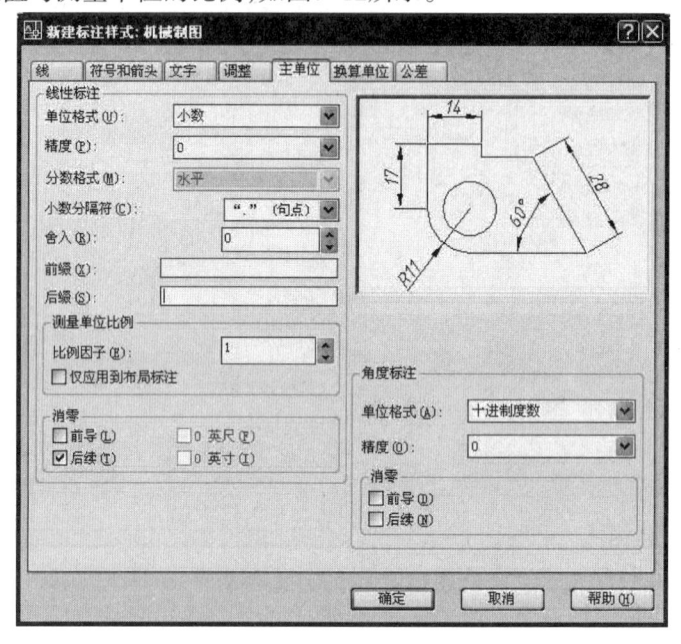

图7-12 "主单位"选项卡

（10）完成以上设置后，单击"确定"按钮，返回"标注样式管理器"对话框，如图7-13所示。

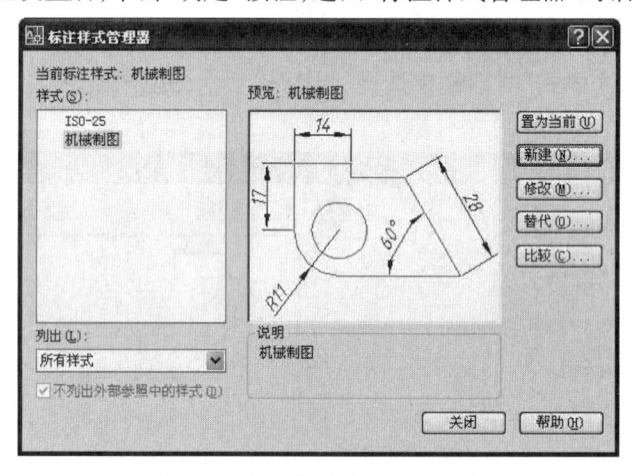

图7-13 "标注样式管理器"对话框

（11）选取标注样式名"机械制图"后，再次单击"置为当前"按钮，则该标注样式将应用于后面所标注的尺寸。

完成【例7-1】所介绍的操作后，为使新创建的标注样式适合角度等的标注要求，用户还需进行以下设置：

（1）在已设定好的"机械制图"标注的基础上再次单击"新建"按钮，打开如图7-14所示的"创建新标注样式"对话框。

（2）单击用于"所有标注"的下拉列表，选中"角度标注"选项，如图7-15所示。

第7章　标注尺寸

图7-14　"创建新标注样式"对话框

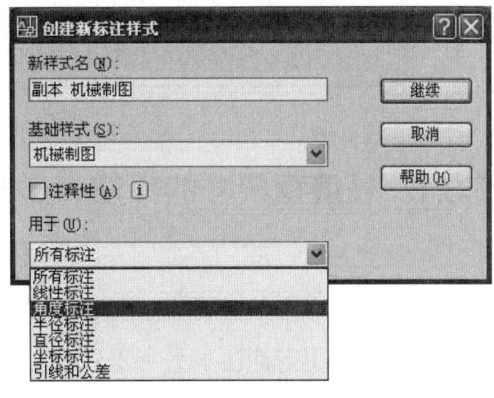

图7-15　选中"角度标注"

（3）单击"继续"按钮后，系统将打开如图7-16所示的"新建标注样式：副本 机械制图"对话框。

（4）选择"文字"选项卡，然后在显示的选项卡界面中将"文字对齐"方式调整为水平，如图7-16所示。

（5）单击"确定"按钮，系统返回到"标注样式管理器"对话框，如图7-17所示。

（6）参考上面所介绍的方法对其他标注形式（如"直径"、"半径"等）进行设置。

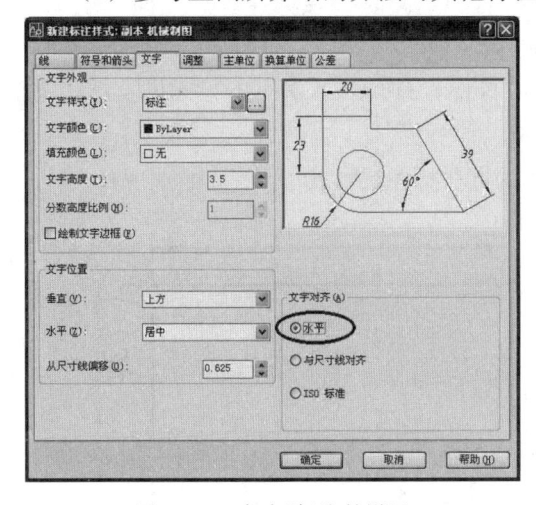

图7-16　"角度"标注的设置

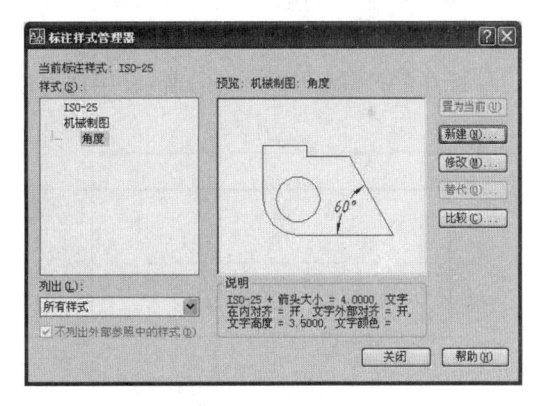

图7-17　"角度"设置完成

7.3　标注图形尺寸

AutoCAD提供了3种基本的尺寸标注类型，即长度型、圆弧型和角度型。用户可以通过选择标注对象，并指定尺寸线位置的方法来进行尺寸标注，还可以通过指定尺寸界线原点及尺寸线位置的方法进行标注。

为了更快捷地输入标注命令，应在视图中调出如图7-18所示的"标注"工具栏，通过单击工具栏按钮启动"标注"命令。

- 137 -

图7-18 "标注"工具栏

7.3.1 长度型尺寸的标注

1. 线性标注

线性标注用于标注水平和垂直方向的尺寸。在AutoCAD中,用户可参考下面的方法输入"线性标注"的命令。

- 工具栏：单击"标注"工具栏中的"线性"按钮 。
- 菜单栏：选择"标注"|"线性"命令。
- 命令行：输入DIMLINEAR后,按下Enter键。

参考上面的方法输入"线性标注"的命令后,命令行提示如下:

命令:_Dimlinear
指定第一条尺寸界线原点或<选择对象>：给出第一条尺寸界线的原点,或者按回车键直接选择标注尺寸的对象
指定第二条尺寸界线原点：给出第二条尺寸界线的原点
指定尺寸线位置或[多行文字(M)/文字(T)/角度(A)/水平(H)/垂直(V)/旋转(R)]：给出尺寸线位置
标注文字=50.00

标注的尺寸如图7-19(a)所示,用户可用同样的方法标注尺寸20。

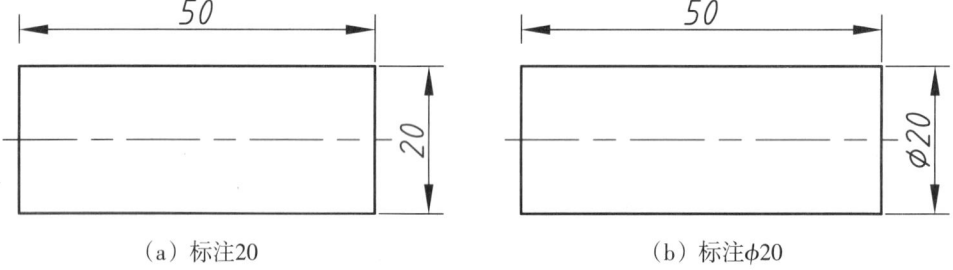

（a）标注20　　　　　　　　　（b）标注ϕ20

图7-19 线性标注

以上命令行提示中各选项的含义如下。

① 多行文字(M)

如果用户要加注新的尺寸文本,则需选取该选项,命令行提示如下:

指定尺寸线位置或[多行文字(M)/文字(T)/角度(A)/水平(H)/垂直(V)/旋转(R)]：M

这时,系统将显示"文字格式"工具栏,用户可在该工具栏中以多行文字的方式输入新的尺寸文本。

对话框中原有的尖括号表示系统的测量值,如果要保留原来的测量值,则不要删除该尖括号;如果要用新文本代替原来的值,则必须删除该尖括号。

② 文字(T)

与选项"多行文字(M)"类似,不同之处在于选择执行后,显示的是命令行提示而不是工具栏,并且新的标注文本是以单行文字的方式输入,在此输入的文本将取代原来的文本。

指定尺寸线位置或[多行文字(M)/文字(T)/角度(A)/水平(H)/垂直(V)/旋转(R)]: T
输入标注文字<当前值>: 输入新的尺寸文本

③ 角度(A)

角度(A)用于指定标注尺寸文本的角度。

④ 水平(H)

水平(H)用于强制进行水平型尺寸标注。

⑤ 垂直(V)

垂直(V)用于强制进行垂直型尺寸标注。

⑥ 旋转(R)

旋转(R)用于进行旋转型尺寸标注,使所标注的尺寸旋转指定的角度。

> **注意** ◆ 应用选项(M)或(T)可以修改标注的尺寸文本,如图7-19(b)中标注的φ20。

2. 对齐标注

对齐标注的尺寸线与尺寸界线的两个原点的连线平行,常用于标注具有一定倾斜角度的对象。在AutoCAD中,用户可参考下面的方法输入"对齐标注"的命令。

- 工具栏: 单击"标注"工具栏中的"对齐"按钮。
- 菜单栏: 选择"标注"|"对齐"命令。
- 命令行: 输入DIMALIGNED后,按下Enter键。

参考上面的方法输入"对齐标注"的命令后,命令行提示如下:

命令:_Dimaligned
指定第一条尺寸界线原点或<选择对象>:　拾取点1
指定第二条尺寸界线原点:　拾取点2
指定尺寸线位置或[多行文字(M)/文字(T)/角度(A)]: ↵
标注文字=20

以上命令行提示中各选项的含义与本章前面所介绍的内容相同,其标注结果如图7-20所示。

图7-20 对齐标注

3. 基线标注

基线标注是多个尺寸具有相同基准线的标注形式。如图7-21所示，各尺寸均以左侧图线为基准进行标注的。

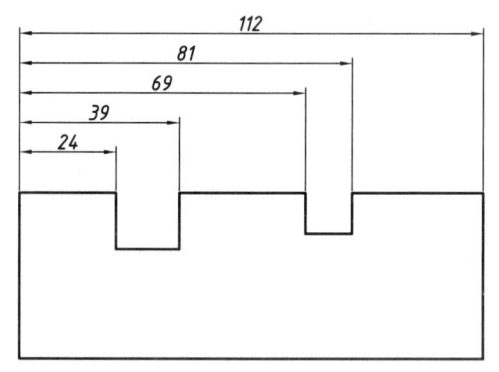

图7-21 基线标注

在AutoCAD中，用户可参考下面的方法输入"基线标注"的命令。
- 工具栏：单击"标注"工具栏中的"基线"按钮 。
- 菜单栏：选择"标注"|"基线"命令。
- 命令行：输入DIMBASELINE后，按下Enter键。

具体的操作步骤如下。

（1）先标注作为基准的尺寸（例如图7-21中标注的24）。

（2）进行基线标注。

```
命令:_Dimbaseline
指定第二条尺寸界线原点或[放弃(U)/选择(S)]<选择>：给出图中相应位置的点
标注文字=39
指定第二条尺寸界线原点或[放弃(U)/选择(S)]<选择>：
标注文字=69
指定第二条尺寸界线原点或[放弃(U)/选择(S)]<选择>：
标注文字=81
指定第二条尺寸界线原点或[放弃(U)/选择(S)]<选择>：
标注文字=112
指定第二条尺寸界线原点或[放弃(U)/选择(S)]<选择>：↵
```

（3）完成以上操作后，标注结果如图7-21所示。

4. 连续标注

连续标注是指各尺寸的尺寸线相连的标注形式，如图7-22所示。进行连续标注时必须先标注一个基准尺寸，然后系统不断提示用户指定第二条尺寸界线的原点，并根据用户的输入形成多个相连的尺寸，直至结束该命令。

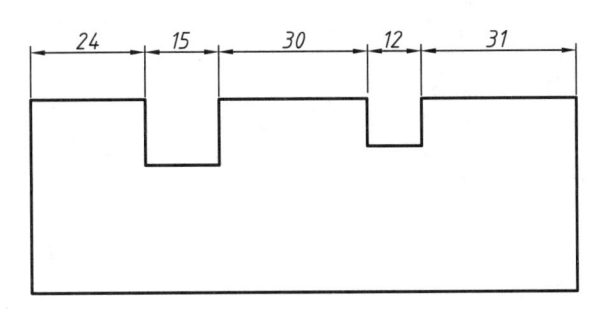

图7-22　连续标注

在AutoCAD中,用户可参考下面的方法输入"连续标注"的命令。
- 工具栏：单击"标注"工具栏中的"连续"按钮 。
- 菜单栏：选择"标注"|"连续"命令。
- 命令行：输入DIMCONTINUE后,按下Enter键。

具体的操作步骤如下。

（1）先标注一个基准尺寸（例如图7-22中标注的24）。

（2）进行连续标注。

```
命令:_Dimcontinue
指定第二条尺寸界线原点或[放弃(U)/选择(S)]<选择>：给出图中相应位置的点
标注文字=15
指定第二条尺寸界线原点或[放弃(U)/选择(S)]<选择>：
标注文字=30
指定第二条尺寸界线原点或[放弃(U)/选择(S)]<选择>：
标注文字=12
指定第二条尺寸界线原点或[放弃(U)/选择(S)]<选择>：
标注文字=31
指定第二条尺寸界线原点或[放弃(U)/选择(S)]<选择>：↵
```

（3）完成以上操作后,连续标注结果如图7-22所示。

> **注意**
> ◆ 基线标注和连续标注必须有一个基准尺寸,而这个尺寸必须在长度型和角度型的环境中实施。

7.3.2 圆弧型尺寸标注

圆弧型尺寸标注包括直径和半径两种标注形式。

1. 直径标注

在AutoCAD中,用户可参考下面的方法输入"直径标注"的命令。

- 工具栏：单击"标注"工具栏中的"直径"按钮 。
- 菜单栏：选择"标注"|"直径"命令。
- 命令行：输入DIMDIAMETER后，按下Enter键。

参考上面的方法输入"直径标注"的命令后，命令行提示如下：

命令：_Dimdiameter
选择圆弧或圆：给出圆弧或圆
标注文字=<测量值>
指定尺寸线位置或[多行文字(M)/文字(T)/角度(A)]：给出尺寸线的位置

完成以上操作后，直径标注的效果如图7-23所示。

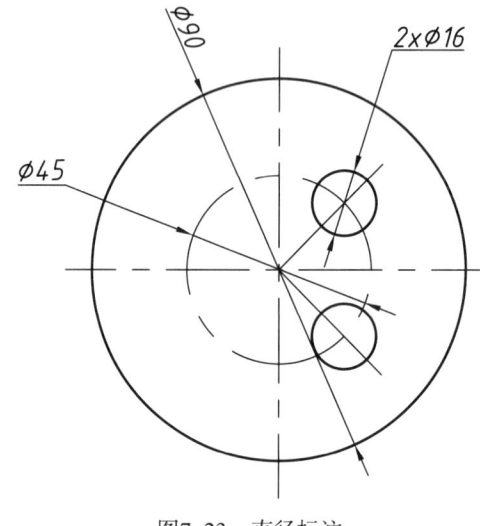

图7-23　直径标注

注意
◆ 在图7-23所示的3种直径标注的形式中，φ45×φ16利用了"标注样式"中的"样式替代"功能，将"文字对齐"方式设置成水平。标注2×φ16时，还用到了"文字(T)"修改工具。

2. 半径标注

在AutoCAD中，用户可参考下面的方法输入"半径标注"的命令。
- 工具栏：单击"标注"工具栏中的"半径"按钮 。
- 菜单栏：选择"标注"|"半径"命令。
- 命令行：输入DIMRADIUS后，按下Enter键。

参考上面的方法，输入"半径标注"的命令后，命令行提示如下：

命令：_Dimradius
选择圆弧或圆：
标注文字:<测量值>

指定尺寸线位置或[多行文字(M)/文字(T)/角度(A)]： 给出尺寸线位置

半径标注过程和直径标注类似，其标注结果如图7-24所示。

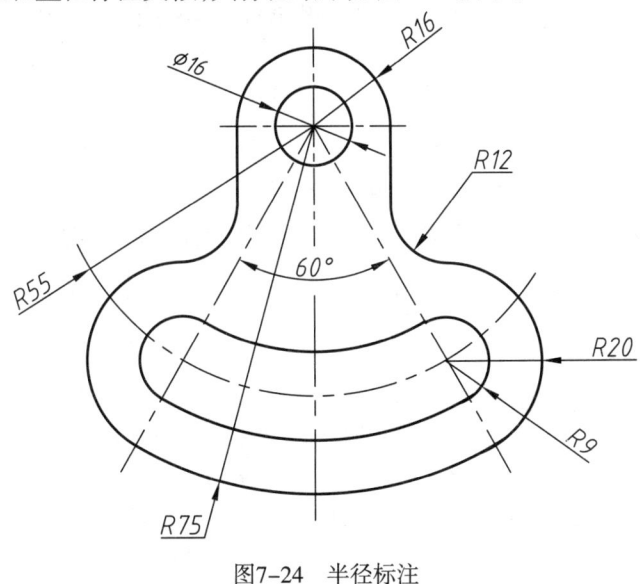

图7-24　半径标注

7.3.3　角度型尺寸标注

角度型尺寸标注用于标注两条直线之间的夹角、不在同一直线上的三点构成的角度及圆弧所对的圆心角。用户可以通过选取对象或指定角度的顶点和端点的方法进行标注。

在AutoCAD中，用户可参考下面的方法输入"角度标注"的命令。

- 工具栏：单击"标注"工具栏中的"角度"按钮 ⌂ 。
- 菜单栏：选择"标注"|"角度"命令。
- 命令行：输入DIMANGULAR后，按下Enter键。

下面将以如图7-25所示为例，介绍角度的标注过程。

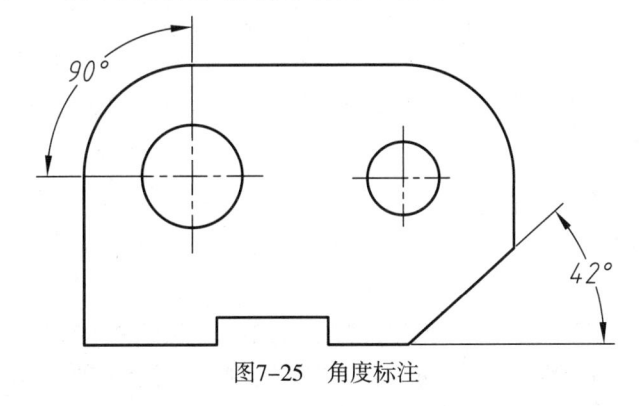

图7-25　角度标注

① 标注42°

命令:_Dimangular

选择圆弧、圆、直线或<指定顶点>：选择水平线
选择第二条直线：　　　　　　　选择斜线
指定标注弧线位置或[多行文字(M)/文字(T)/角度(A)/象限点(Q)]：给出尺寸线位置
标注文字=42

② 标注90°

命令：_Dimangular
选择圆弧、圆、直线或<指定顶点>：给出圆弧
指定标注弧线位置或[多行文字(M)/文字(T)/角度(A)/象限点(Q)]：给出尺寸线位置
标注文字=90

7.3.4 引线标注

引线标注多用于对图形中的某一特征加以必要的文字说明。引线由箭头、直线段或样条曲线组成，其末端放置注释文本，默认的注释方式为多行文本。引线和注释在图形中被定义成两个独立且相关的对象，即移动注释会带动引线移动，而移动引线则不会使注释移动。

1. Qleader命令

在AutoCAD中，输入"引线标注"的命令方法如下。
命令行：输入QLEADER后，按下Enter键。
参考上面所介绍的方法输入QLEADER命令后，命令行提示如下：

命令：_Qleade
指定第一个引线点或[设置(S)]<设置>：给出引线的起点或直接按回车键对引线标注进行设置
指定下一点：给出引线的另一点
指定下一点：给出引线的另一点
指定下一点：给出引线的另一点，或按Enter键结束引线绘制，输入注释

引线的点数由用户在"引线设置"对话框中指定，用户给出所有的点后，AutoCAD将提示用户输入注释文字，接下来的提示将根据在"引线设置"对话框中的设置而有所不同，其主要的选项如下：

- 如果用户在"引线设置"对话框中的"注释"选项卡中选中了"多行文字"单选按钮，接下来的提示如下：

指定文字宽度<0>：给出多行文本的宽度
输入注释文字的第一行<多行文字(M)>：输入第一行文字

在以上提示下，如果按一次Enter键，则输入另一行文字；如果按两次Enter键，则直接在图形中显示出引线和注释文本；如果按Esc键，便绘出一个没有注释的引线。

- 如果用户在"引线设置"对话框中的"注释"选项卡中选中了"复制对象"单选按钮，则接下来的提示为：

选择要复制的对象：给出一个文字对象、块或形位公差代号

AutoCAD将把所选择的对象绑附到引线上。
- 如果用户在"引线设置"对话框中的"注释"选项卡中选中了"公差"单选按钮,则AutoCAD将打开"形位公差"对话框(如图7-35所示),用户可通过该对话框标注形位公差代号。

2. **"引线设置"对话框**

"引线设置"对话框如图7-26所示。该对话框中设有"注释"、"引线和箭头"(如图7-27所示)和"附着"(如图7-28所示)等3个选项卡。

图7-26 "引线设置"对话框

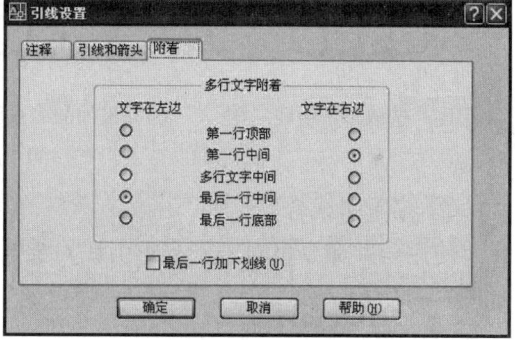

图7-27 "引线和箭头"选项卡

图7-28 "附着"选项卡

用户可以通过"引线设置"对话框对引线标注的形式和内容进行以下设置:
- 设置引线标注的类型及格式。
- 设置引线与注释文本的位置关系。
- 设置引线点的数目。
- 限制引线线段间的夹角。

3. **多重引线**

多重引线(Mleader)的标注可以带有多个选项,并可均匀隔开、对齐多个注解,也可将多条引线合并到同一注解。

"多重引线"工具栏如图7-29所示,该工具栏汇集了绘制和编辑多重引线的各项命令。下面将主要介绍其中的"添加引线"、"多重引线合并"及"多重引线对齐"等3个编辑命令。

图7-29 "多重引线"工具栏

① 添加多重引线

当注释内容适用于不同的对象时,可以利用添加多重引线的方法绘出引线。单击"添加引线"按钮 后,命令行提示如下:

选择多重引线:给出多重引线,如图7-30(a)所示
指定引线箭头位置:给出箭头位置,如图7-30(b)所示(添加的多重引线与注释同侧)
指定引线箭头位置:给出箭头位置,如图7-30(c)所示(添加的多重引线与注释不同侧)
指定引线箭头位置:

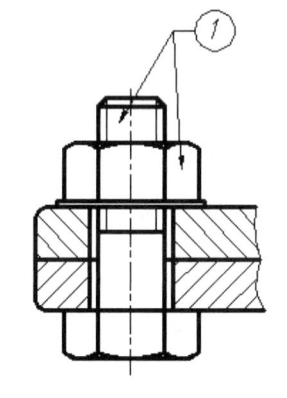

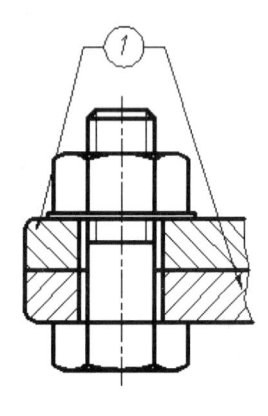

(a)选取多重引线　　(b)添加的多重引线与注释同侧　(c)添加的多重引线与注释不同侧

图7-30　添加多重引线

② 多重引线合并

使用合并命令可对若干多重引线对象与块内容进行编组,并将其附着于一条引线,效果如图7-31所示。

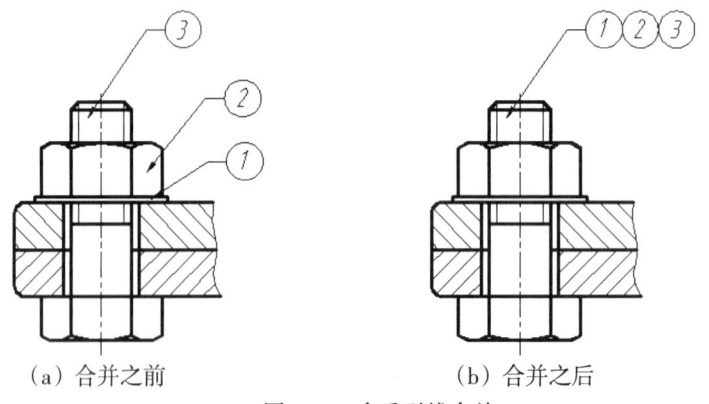

(a)合并之前　　　　　　(b)合并之后

图7-31　多重引线合并

单击"多重引线"工具栏中的"多重引线合并"按钮 后,命令行提示如下:

选择多重引线:选取3条引线

指定收集的多重引线位置或[垂直(V)/水平(H)/缠绕(W)]<水平>：给出合并后的引线位置

③ 多重引线对齐

利用对齐命令可以将若干多重引线对象沿指定的线对齐。对齐后的多重引线其水平基线将按指定位置排列，而箭头仍保留在原来的位置，如图7-32所示。

单击"多重引线"工具栏中的"多重引线对齐"按钮 后，命令行提示如下：

选择多重引线：选取3条引线
选择要对齐到的多重引线或[选项(O)]：选取注释1的引线
指定方向：给定方向

以上命令行提示中，选项(O)的提示内容如下：

输入选项[分布(D)/使引线线段平行(P)/指定间距(S)/使用当前间距(U)]<使用当前间距>：

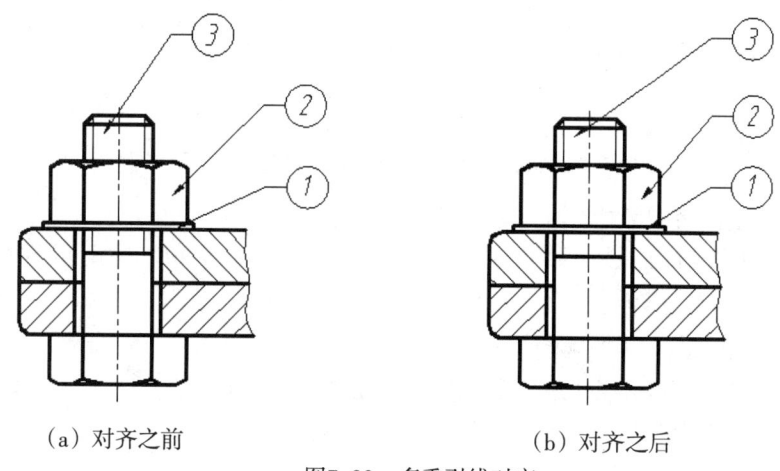

（a）对齐之前　　　　　　　（b）对齐之后

图7-32　多重引线对齐

7.4　尺寸的编辑

对于图形中所标注的尺寸，用户可以使用基本编辑命令对其进行移动、复制、删除和旋转等操作。此外，还可以使用专门的编辑命令，对尺寸进行必要的修改。

1. "编辑标注"(Dimedit)命令

在AutoCAD中，用户可以使用"编辑标注"命令对尺寸的标注形式进行修改。单击"标注"工具栏中的"编辑标注"按钮 后，命令行提示如下：

输入标注编辑类型[默认(H)/ 新建(N)/ 旋转(R)/ 倾斜(O)/]<默认>：

以上命令行提示中，各选项的含义如下。

- 默认(H)：将移动过的尺寸文本恢复到默认位置。
- 新建(N)：选择该选项将显示"文字格式"工具栏，用户可使用该工具栏输入新的尺寸文本。

- 旋转(R)：将尺寸文本按指定的角度旋转。
- 倾斜(O)：调整长度型尺寸的尺寸界线的倾斜角度,如图7-33所示。

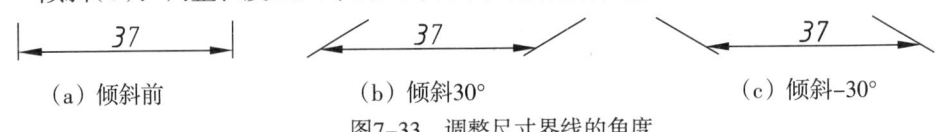

（a）倾斜前　　　　　　（b）倾斜30°　　　　　　（c）倾斜-30°

图7-33　调整尺寸界线的角度

2. "编辑"(Ddedit)命令

在AutoCAD中,用户可以使用"编辑"命令对尺寸文本进行修改。单击"文字"工具栏中的"编辑…"按钮后,命令行提示如下：

选择注释对象或[放弃(U)]：选择一个尺寸对象

选择尺寸后,系统显示"文字格式"工具栏,用户可以在该工具栏中输入新的尺寸文本。

3. "编辑标注文字"(Dimtedit)命令

使用"编辑标注文字"命令可以改变尺寸文本的位置,包括对尺寸文本进行必要的移动和旋转。单击"标注"工具栏"编辑标注文字"按钮后,命令行提示如下：

选择标注：选择一个尺寸对象

指定标注文字的新位置或 [左(L)/ 右(R)/ 中心(C)/ 默认(H)/ 角度(A)]：用户可用鼠标直接给定尺寸文本的位置,也可选择其中的另一选项。

以上命令行提示中,各选项的含义如下。

- 左(L)：沿尺寸线左对齐尺寸文本,如图7-34(b)所示。
- 右(R)：沿尺寸线右对齐尺寸文本,如图7-34(c)所示。

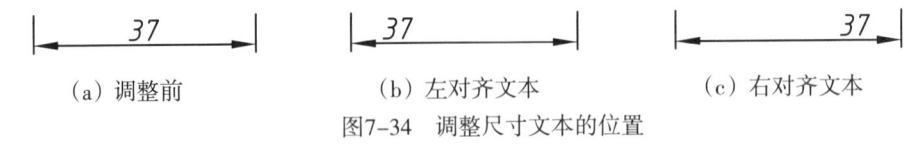

（a）调整前　　　　　　（b）左对齐文本　　　　　　（c）右对齐文本

图7-34　调整尺寸文本的位置

- 中心(C)：尺寸文本放置在尺寸线的中间位置。
- 默认(H)：移动尺寸文本到默认的位置。
- 角度(A)：改变尺寸文本的角度。

7.5　形位公差的标注

在机械图样上,一般都需要标注形位公差代号。AutoCAD中给出了《形位公差》标准中的各种符号,并提供了相应的标注格式。在AutoCAD中,用户参考下面的方法输入标注"形位公差"的命令。

- 工具栏：单击"标注"工具栏中的"公差…"按钮。
- 菜单栏：选择"标注"|"公差"命令。

- 命令行：输入TOLERANCE命令。

参考上面的方法，输入"形位公差"的命令后，系统将打开"形位公差"对话框，如图7-35所示。

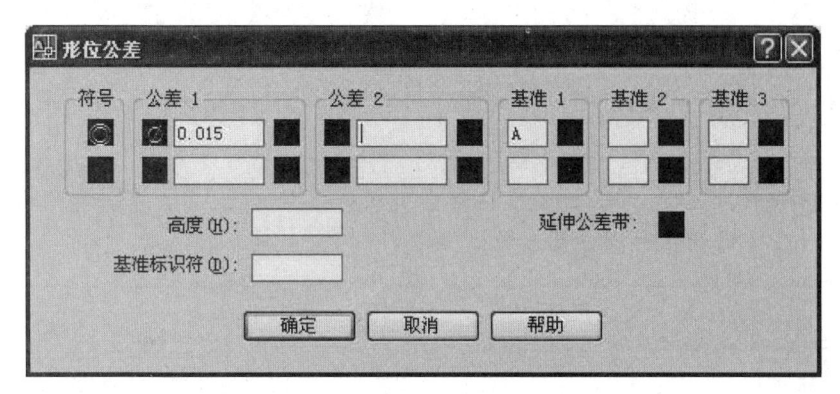

图7-35 "形位公差"对话框

【例7-2】 设置"形位公差"对话框中的各项参数。

（1）单击"形位公差"对话框左侧"符号"选项区域中的黑框，系统打开"特征符号"对话框，如图7-36所示。

图7-36 "特征符号"对话框　　　　图7-37 "附加符号"对话框

（2）单击"特征符号"对话框中的几何特征符号，选择的符号出现在对话框"符号"域下面的黑框中，如图7-35所示。

（3）单击"公差1"选项区域中的第一个小黑框，则会出现直径符号φ，如图7-35所示。

（4）在"公差1"选项区域中白色文本框后输入公差值，如图7-35所示。

（5）单击"公差1"选项区域中的第二个小黑框，系统将打开"附加符号"对话框，如图7-37所示，用户可以从该对话框中选取附加符号。

（6）在"基准1"文本框中输入基准字母，如图7-35所示。

（7）设置完毕，单击"形位公差"对话框的"确定"按钮，系统返回到绘图区域，这时用鼠标拾取公差标注的位置即可，如图7-38所示。

> **注意**
> ◆ AutoCAD将标注的形位公差视为一个实体。和其他对象一样，可以对框格及所属内容进行常规的编辑操作(如旋转、移动和复制等)。也可利用"编辑"(Ddedit)命令对已标注的形位公差的内容进行修改。

图7-38 形位公差代号

> **注意**
> ◆ 一般情况下,形位公差框格都会附在一个引线上,用户可以使用引线标注命令来标注形位公差。

思考与练习

（1）掌握"标注样式"的创建步骤,并根据需要设置尺寸线、尺寸界线、箭头和尺寸文本等参数。

（2）参照本章7.3节所介绍的内容,绘制图7-39和图7-40所示图形,并标注尺寸。

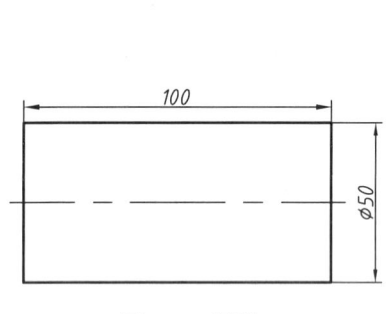

图7-39 图形1

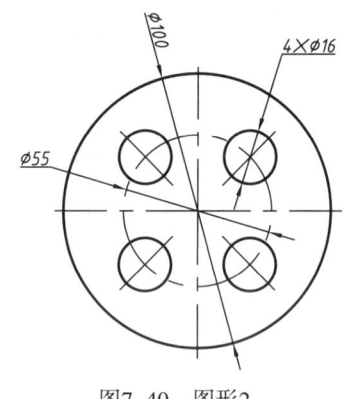

图7-40 图形2

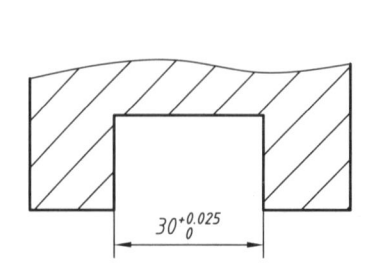

（3）练习标注图7-41中的尺寸公差。

图7-41 标注尺寸公差

（4）绘制如图7-42所示的图形，并标注尺寸和形位公差代号。

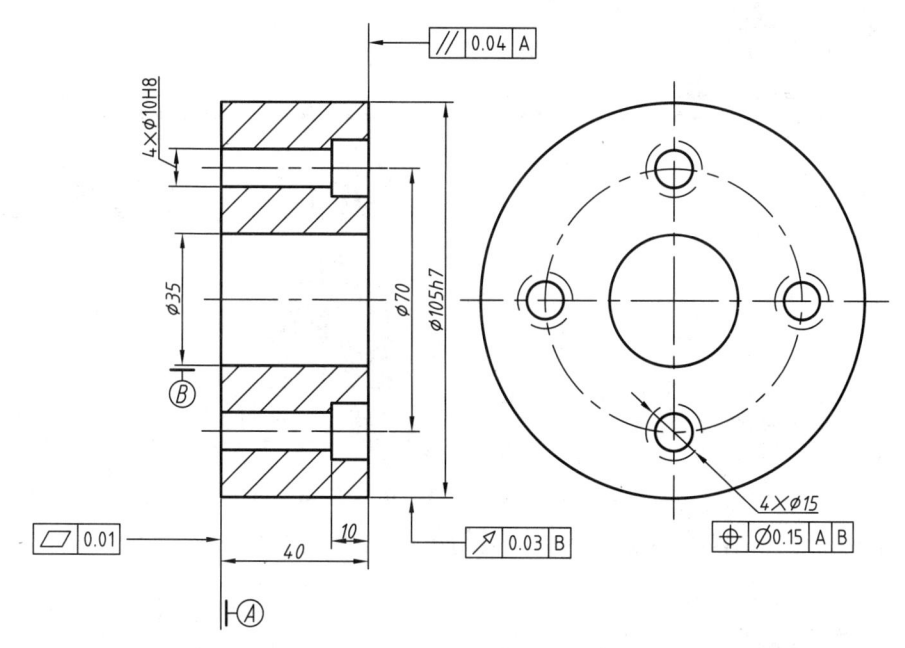

图7-42　绘制图形

（5）参照本章例图7-30、7-31所示练习多重引线的创建。

第 8 章

创建与使用图块

扫码可见"公差和表面质量要求的标注"

学习目标

为了提高绘图效率,可以把相同或相似的图形创建为块对象,并在需要的时候,将其插入到当前的图形中。本章将重点介绍图块的创建、插入及编辑的方法。

学习要求

> 了解：图块的类型与作用。
> 掌握：图块的创建、插入及编辑方法。

8.1 创建图块

图块(Block)是一个或多个对象组成的集合。在图块中,每个对象可以有其独立的图层、颜色、线型和线宽。用户可以将图块插入到同一图形或其他图形中的指定位置。

按图块的使用范围不同,分为内部图块和外部图块两种类型。此外,用户还可以根据使用要求,定义带有属性的图块或添加了动作元素的动态块。下面将以如图8-1所示的表面粗糙度代号为例,介绍创建图块的步骤与方法。

图8-1 表面粗糙度代号

8.1.1 创建内部图块

内部图块是指所创建的图块保存在定义该图块的图形中,只能在当前图形中使用,而不能插入到其他图形中。

在绘图区画出将要定义为图块的图形后,用户可参考下面的方法输入"创建块"的命令:
- 工具栏:单击"绘图"工具栏中的"创建块"按钮 。
- 菜单栏:选择"绘图"|"块"|"创建"命令。
- 命令行:输入BLOCK后,按下Enter键。

参考上面的方法输入"创建块"的命令后,系统将打开如图8-2所示的"块定义"对话框。

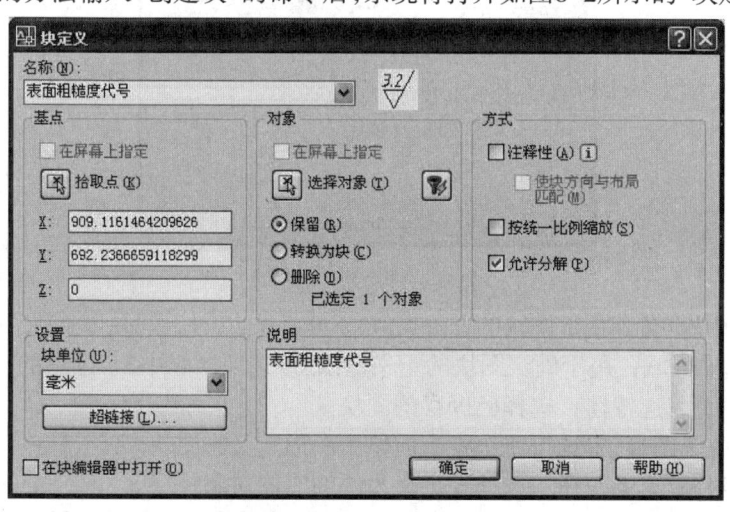

图8-2 "块定义"对话框

【例8-1】 通过"块定义"对话框中完成块的创建。

(1) 在"名称"列表框中,输入新建的块名,如"表面粗糙度代号"。

(2) 单击"选择对象"按钮 ,在绘图窗口中选择要定义成块的对象。"选择对象"按钮下的3个选项的含义如下。
- "保留"单选按钮:系统在创建块后,仍然在图形中保留组成块的图形对象。
- "转换为块"单选按钮:系统在创建块后,将图形中选中的组成块的图形对象转换成块。
- "删除"单选按钮:系统在创建块后,在图形中删除组成块的原始图形对象。

(3) 单击"拾取点"按钮 ,系统切换到绘图窗口,在要定义块的图中拾取一插入点(这里选取表面粗糙度符号下端的角点)。也可直接在X、Y、Z的数据框中输入插入点的坐标值。

(4) 单击"确定"按钮,完成块的创建。

8.1.2 创建外部图块

外部图块可以作为独立的文件保存,用户可以将其插到任何图形中,并可对图块进行编辑。在AutoCAD中,输入"创建外部块"命令的方法如下。

命令行:输入WBLOCK后,按下Enter键。

输入以上命令后,系统将打开如图8-3所示的"写块"对话框。

图8-3 "写块"对话框

创建外部图块和创建内部图块的方法类似，下面将重点介绍"写块"对话框中的主要选项。
- "源"选项区域：用于确定图块的定义范围，该选项区域中3个选项的作用如下。
  - "块"单选按钮：选择已保存的图块。
  - "整个图形"单选按钮：将当前整个图形定义为图块。
  - "对象"单选按钮：选择要定义为块的实体对象。
- "基点"选项区域和"对象"选项区域的含义与创建内部图块中的选项含义相同。
- "目标"选项区域：用于指定图块文件的名称和保存路径。用户可以单击"写块"对话框中的 按钮，在打开的"浏览图形文件"对话框中指定名称和保存路径。

8.2 插入图块

在AutoCAD中，用户可参考下面的方法输入"插入块"的命令。
- 工具栏：单击"绘图"工具栏中的"插入块"按钮 。
- 菜单栏：选择"插入"|"块"命令。
- 命令行：输入INSERT后，按下Enter键。

参考上面的方法输入"插入块"的命令后，系统将打开如图8-4所示的"插入"对话框。用户可在"插入"对话框的"名称"下拉列表中，选择内部图块。也可单击"浏览"按钮，然后在打开的"选择图形文件"对话框中选取要插入的外部图块。"插入"对话框中各选项的功能说明如下所示。

- "插入点"选项区域：用于指定图块的插入点。用户可以直接在屏幕上给定插入点，也可以在对话框的X、Y、Z文本框中输入插入点的坐标值。
- "比例"选项区域：用于指定图块的插入比例。用户可以直接在X、Y、Z文本框中输入三个方向的比例值。如果选中"在屏幕上指定"的复选框，则在插入图块时，通过命令行输入缩放比例值。
- "旋转"选项区域：用于确定插入图块的旋转角度。用户可以直接在"角度"文本框中输入角度值,也可以选中"在屏幕上指定"复选框。
- "分解"复选框:用于确定是否把插入的图块分解为各自独立的对象。

图8-4 "插入"对话框

> **注意** ◆ "比例"选项区域中的X、Y、Z值可以为正,也可以为负,如果是正值,插入的图块和原图块的方向一致。若为负值,所插入的图块和原图块的方向相反。

8.3 编辑图块

1. 编辑内部图块

图块作为一个整体可以被复制、移动、旋转或删除。如果要编辑图块中的某一部分,用户应首先对图块进行分解,使其成为若干实体对象后再进行修改,并重新加以定义,具体操作方法如下。

(1)选择"修改"|"分解"命令(或单击"修改"工具栏中的"分解"按钮)。
(2)选取图块。
(3)编辑图块。
(4)选择"绘图"|"块"|"创建"命令(或单击"绘图"工具栏中的"创建块"按钮)。
(5)在"块"对话框中重新定义块的名称。
(6)单击"确定"按钮,结束编辑操作。

> **注意** ◆ 完成上述步骤操作后,在当前图形中所插入的该图块都将自动更新。

2. 编辑外部图块

由于外部图块是一个独立的图形文件,所以用户可以将其打开,并在修改后再次将其保存即可。

8.4 设置图块属性

图块属性是将数据附着到图块上的标记。图块属性是从属于图块的非图形信息,即图块中的文本对象。它是图块中的组成部分,与图形对象构成一个整体。属性中可以包含对象的编号、注释等。用户在插入图块时,可以根据提示输入属性定义的值,从而快捷地使用图块。

8.4.1 定义块属性

在AutoCAD中,用户可参考下面的方法输入"属性定义"的命令。
- 菜单栏：单击"绘图"|"块"|"定义属性"命令。
- 命令行：输入ATTDEF后,按下Enter键。

参考上面的方法,输入"属性定义"的命令后,系统将打开"属性定义"对话框,如图8-5所示。

图8-5 "属性定义"对话框

【例8-2】 下面将以表面粗糙度代号为例,介绍属性定义的步骤与方法。

（1）绘出表面粗糙度符号,效果如图8-6所示。
（2）输入命令打开"属性定义"对话框。
（3）在"标记"文本框中输入标记属性EL,即表面粗糙度值将位于EL标记的位置。
（4）在"提示"文本框中输入命令行提示信息"输入表面粗糙度值"。这样用户在插入图块时,可在命令行的提示下,输入新的参数值。
（5）在"默认"文本框中输入默认值3.2,如图8-5所示。
（6）单击"确定"按钮后,命令行提示"指定起点"。用鼠标在图块的适当位置单击,确定属性标记EL的位置,如图8-7所示。
（7）选择"文件"|"保存"命令。

第 8 章 创建与使用图块

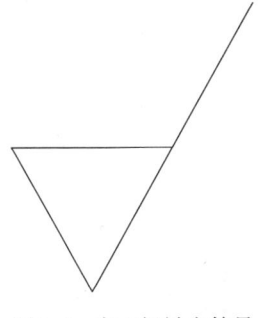

图8-6 表面粗糙度符号　　　　　　图8-7 创建属性标记

8.4.2 创建插入带属性的图块

在本书前面所介绍的操作中，绘制了表面粗糙度符号，并在该符号上面创建了标记为EL的属性，但尚未指定此属性属于哪一个图块。下面将介绍创建一个带有属性标记和符号的图块。

【例8-3】 创建一个效果如图8-10所示的图块。

（1）选择"绘图"|"块"|"创建"命令，打开"块定义"对话框，如图8-8所示。在"名称"文本框中输入块名"表面粗糙度代号-带属性"。单击"选择对象"左侧的按钮，这时"块定义"对话框暂时消失，在视图中单击表面粗糙度符号和属性标记EL，并按Enter键完成对象选择。

（2）此时系统会重新打开"块定义"对话框，在"基点"选项区域中，单击"拾取点"按钮，"块定义"对话框暂时消失，命令行提示"指定插入基点"，在视图中捕捉表面粗糙度符号下端的角点作为基点。完成以上操作后系统会重新打开"块定义"对话框，如图8-8所示。

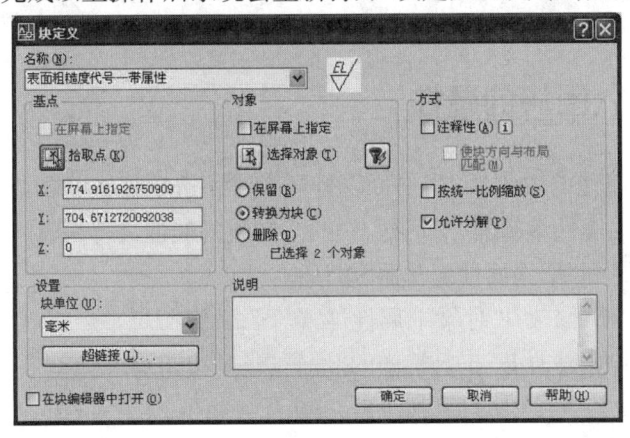

图8-8 "块定义"对话框

> **注意**
> ◆ 如果选中对话框中的"分解"复选框，则用户可以将插入后的块，分解为图形块和属性两个对象。在不选取的情况下，所创建的便是不可分解的图块。

（3）单击"确定"按钮，即可将选择的表面粗糙度符号和属性标记定义为一个图块。

（4）选择"插入"|"块"命令，打开"插入"对话框，然后在"名称"下拉列表框中选取"表面

- 157 -

粗糙度代号-带属性"选项,如图8-9所示。完成以上操作后单击对话框中的"确定"按钮即可。

（5）命令行将依次提示如下：

指定插入点或[基点(B)/比例(S)/旋转(R)]：在视图中单击一点作为插入点
输入粗糙度值<3.2>：给出参数6.3

（6）完成以上操作后将插入带有属性的图块,效果如图8-10所示。

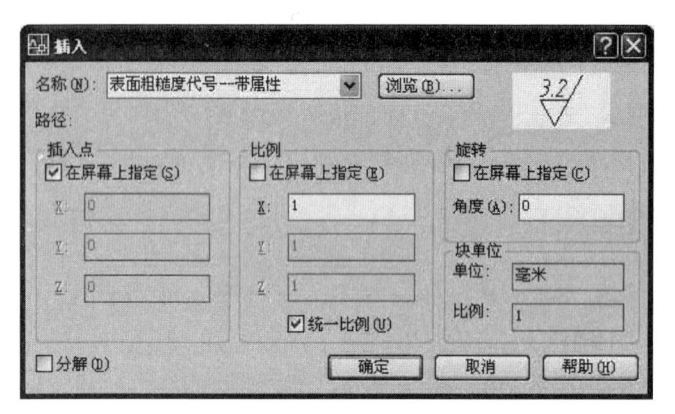

图8-9 "插入"对话框　　　　　　　　　图8-10 插入的图块

> **注意**
> ◆ 如果没有输入表面粗糙度值,按Enter键后,所创建图块的属性值为默认值3.2。也可以给块设置多个属性,插入时,命令行会多次给出"输入属性值"的提示。

8.4.3 编辑插入图块的属性

当插入一个带属性的块之后,用户可以打开"特性"选项板查看和修改选定对象的当前设置,也可通过"增强属性编辑器"对话框,对插入图块的属性进行编辑。在AutoCAD中,用户可参考下面的方法打开"增强属性编辑器"对话框。

- 菜单栏：选择"修改"|"对象"|"属性"|"单个"命令。
- 工具栏：单击"修改Ⅱ"工具栏中的"编辑属性"按钮 。
- 命令行：输入EATTEDIT后,按下Enter键。

参考上面的方法,输入命令后,命令行提示如下。

选择块：选取块对象

完成以上操作后,将打开"增强属性编辑器"对话框,如图8-11所示。选中"增强属性编辑器"对话框中的"属性"选项卡,将"值"改为12.5,然后单击"确定"按钮,图块修改后的属性值后,效果将如图8-12所示。

第 8 章　创建与使用图块

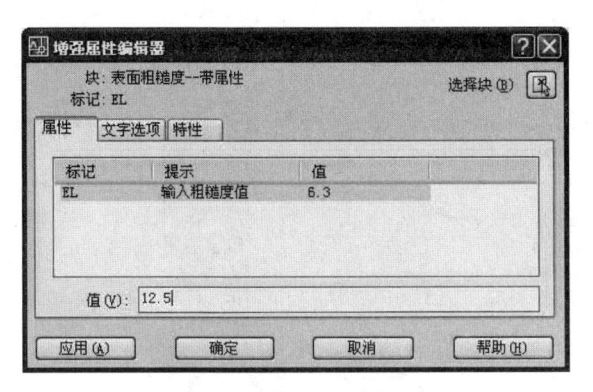

图8-11　增强属性编辑器　　　　　图8-12　修改块的属性值

另外,用户还可通过"增强属性编辑器"对话框中的"文字选项"和"特性"选项卡,对属性值的文字及特性进行修改。

8.4.4　提取图块的属性

若图中插入了带有属性的图块,用户可以通过提取属性的方法,在一个或多个图形中查询图块的属性信息,并将其保存到表或外部文件中。例如,在一张装配图中插入了所需的零、部件图块,且各图块都带有材料、价格及生产厂家等属性。利用提取的属性信息清单或明细表,就可以生成估算设备价格的报表。

AutoCAD的"数据提取向导"提供了从对象、块和属性中提取信息的操作步骤和说明,用户可根据"数据提取向导"各对话框的提示提取信息。下面将以图8-13所示3个带有属性的表面粗糙度代号为例,介绍"提取图块属性信息"的方法。

图8-13　带属性的块

在AutoCAD中,用户可参考下面的方法输入"提取块属性"的命令。
- 菜单栏：选择"工具"|"数据提取"命令。
- 工具栏：单击"修改Ⅱ"工具栏中的"数据提取"按钮。
- 命令行：输入DATAEXTRACTION(或EATTEXT)后,按下Enter键。

参考上面的方法输入命令后,系统将打开"数据提取向导"对话框。

【例8-4】　通过"数据提取向导"对话框,提取图块的属性。

(1)打开"数据提取-开始(第1页,共8页)"对话框,如图8-14所示。该对话框包括了创建新的数据提取、使用样板或编辑现有的数据提取等选项。默认情况下,单击"下一步"按钮,系统将打开"将数据提取另存为"对话框,用户可在该对话框中指定数据提取样板文件的名称和保存路径。

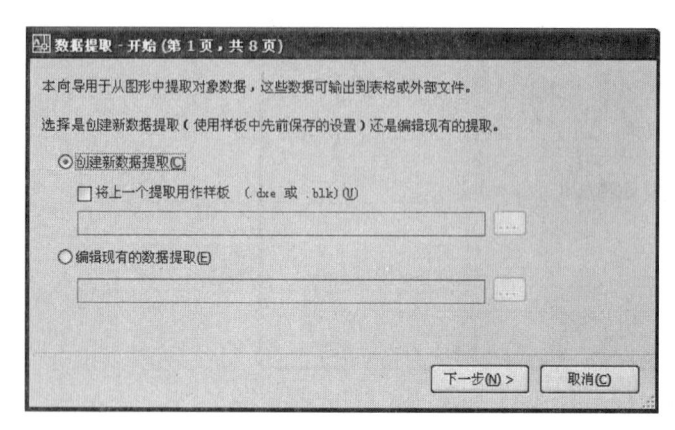

图8-14 "数据提取-开始"对话框

（2）打开"数据提取-定义数据源（第2页，共8页）"对话框，如图8-15所示（该对话框用于指定图形文件，包括从中提取数据的文件夹）。单击"下一步"按钮，即可完成该对话框的操作。

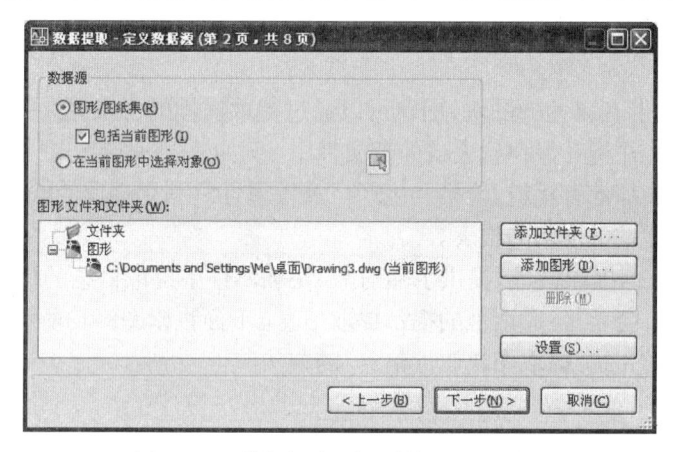

图8-15 "数据提取-定义数据源"对话框

（3）打开"数据提取-选择对象（第3页，共8页）"对话框，然后在该对话框中指定要提取的对象类型（块与非块）和图形信息，如图8-16所示。单击"下一步"按钮，即可完成该对话框的操作。

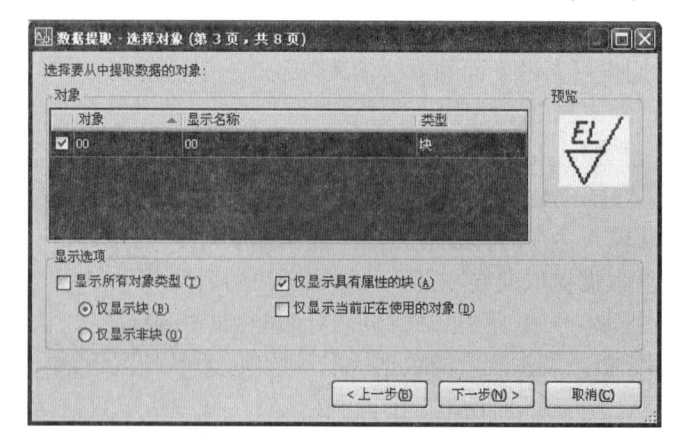

图8-16 "数据提取-选择对象"对话框

(4）打开"数据提取–选择特性（第4页，共8页）"对话框，然后在该对话框中控制要提取的对象、块和图形特性。如图8-17所示。单击"下一步"按钮，即可完成该对话框的操作。

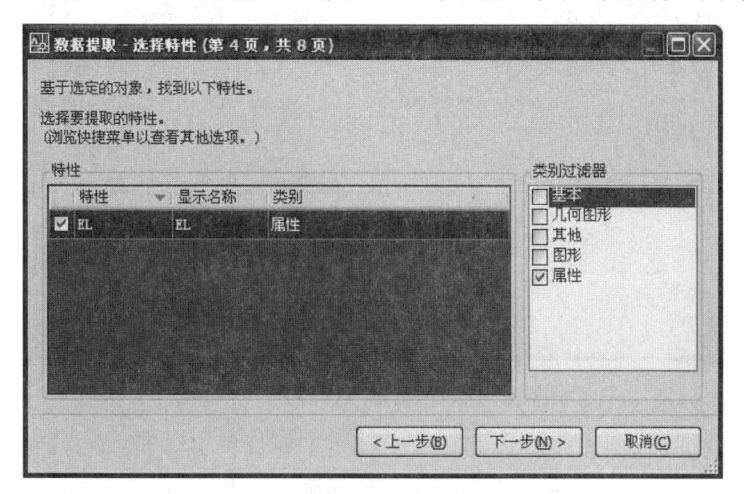

图8-17 "数据提取–选择特性"对话框

（5）打开"数据提取–优化数据（第5页，共8页）"对话框，然后在该对话框中修改数据提取处理表的结构，如图8-18所示。单击"下一步"按钮，即可完成该对话框的操作。

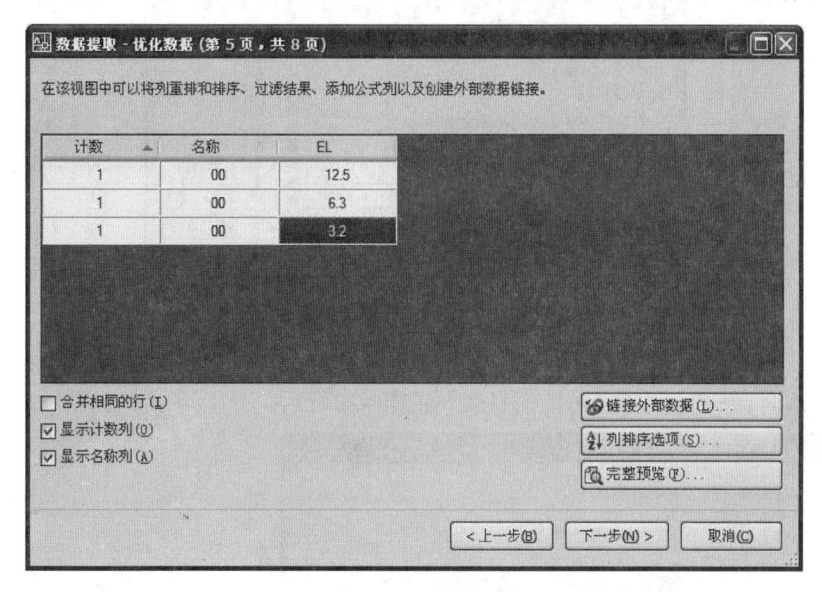

图8-18 "数据提取–优化数据"对话框

（6）打开"数据提取–选择输出（第6页，共8页）"对话框，然后在该对话框中指定所提取数据的输出类型，如图8-19所示。在"数据提取–选择输出"对话框中，如选中"将数据提取处理表插入图形"复选框，系统将创建填充提取数据的表格，并插入当前图形中；如选中"将数据输出至外部文件"复选框，系统将创建数据提取文件。单击"下一步"按钮，即可完成该对话框的操作。

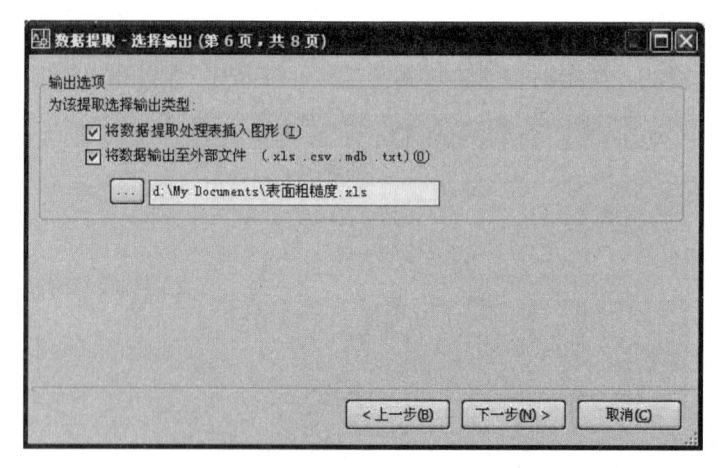

图8-19 "数据提取–选择输出"对话框

（7）打开"数据提取–表格样式（第7页，共8页）"对话框，然后在该对话框中设置数据提取处理表的外观，如图8-20所示。单击"下一步"按钮，即可完成该对话框的操作。

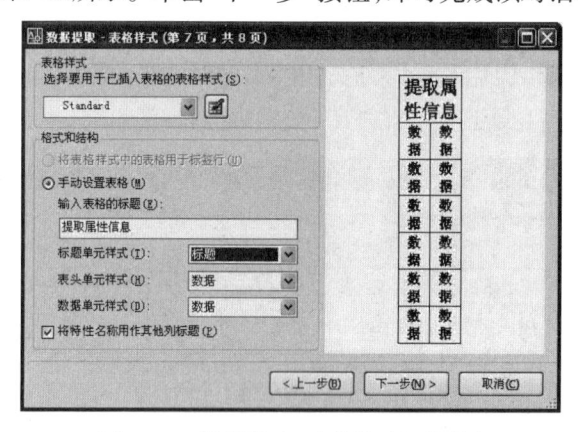

图8-20 "数据提取–表格样式"对话框

（8）打开"数据提取–完成（第8页，共8页）"对话框，提示用户已完成数据的提取，如图8-21所示。这时，系统创建的"属性信息表"如图8-22所示。

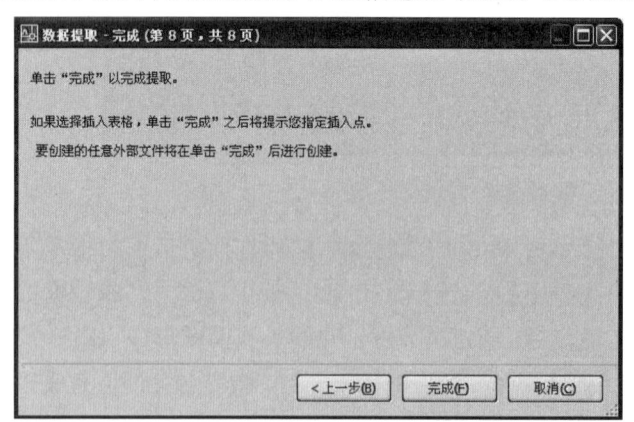

图8-21 "数据提取–完成"对话框

提取属性信息		
计数	名称	EL
1	00	12.5
1	00	6.3
1	00	3.2

图8-22 创建的"属性信息表"

第 8 章 创建与使用图块

> **注意**
> ◆ 若用户修改了图形中的图块属性，或是添加了带有属性图块，可以通过双击"属性信息表"打开"表格"工具栏，然后单击其中的"从源文件下载更改"按钮，便可实现表格的自动更新。

8.5 创建与应用动态块

通过"块编写选项板"向图块添加了参数和动作，则此类图块称为动态块。使用具有一定智能性和灵活性的动态块，可以增强图块的功能和应用范围。

8.5.1 创建动态块

当在图中插入一个图块后，便可打开"编辑块定义"对话框和"块编写选项板"面板，为插入的图块添加参数和动作，使其成为一个动态块。在AutoCAD中，用户可参考下面的方法打开"编辑块定义"对话框。

- 菜单栏：选择"工具"|"块编辑器"命令。
- 工具栏：单击"标准"工具栏中的"块编辑器"按钮。
- 命令行：输入BEDIT后，按下Enter键。

参考上面的方法输入命令后，系统将打开"编辑块定义"对话框，如图8-23所示。

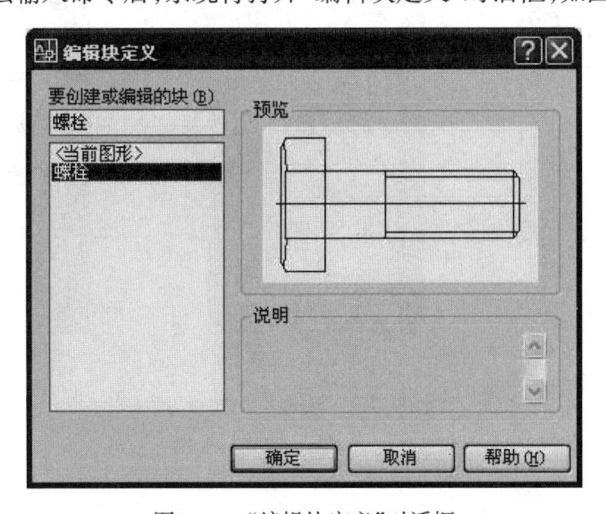

图8-23 "编辑块定义"对话框

选取图块名称(如"螺栓")后，单击"编辑块定义"对话框中的"确定"按钮，绘图窗口便转换为"块编写区"，如图8-24所示。

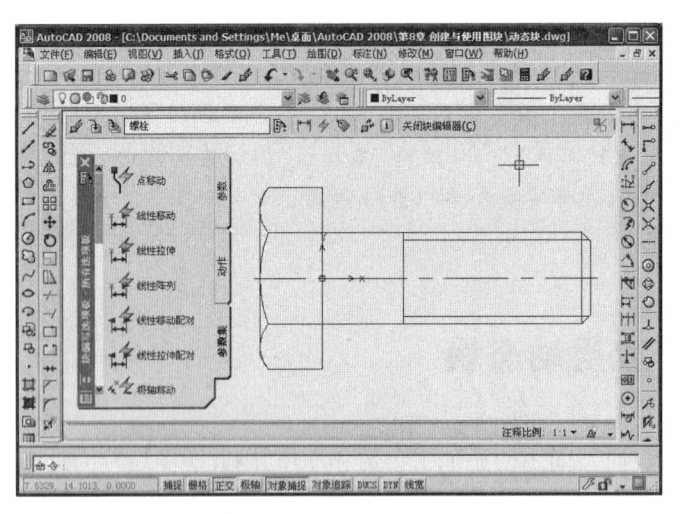

图8-24 块编写区

如图8-24所示的"块编写区"提供了为图块添加参数和动作的环境。图形上方为"块编写"工具栏，其左侧位置是"块编写选项板"面板，该面板由"参数"、"动作"和"参数集"等3个选项卡组成，如图8-25所示。

（a）"参数"选项卡　　　（b）"动作"选项卡　　　（c）"参数集"选项卡

图8-25 "块编写选项板"面板

注意
◆ 动态块中应至少包含一个参数和一个与该参数关联的动作。参数决定了动态块的自定义特性，动作则定义了与参数相关的操作方式。

下面将以创建一螺栓动态块为例，介绍添加动态块参数和动作的操作步骤。

1. 设置动态块的参数

动态块可以设置的参数类型有：点参数、线性参数、极轴参数、XY参数、旋转参数、对齐参数、翻转参数、可见性参数、查询参数和基点参数等，如表8-1所示。

表8-1 动态块参数说明

参 数 类 型	使 用 说 明	支持的动作
点	在图形中定义一个X、Y坐标位置。其外观形状类似于坐标标注	移动、拉伸
线性	显示出两个固定点之间的距离。约束夹点沿预置角度的移动。外观类似于对齐标注	移动、缩放、拉伸、阵列
极轴	显示两个固定点之间的距离并显示角度值。可以使用夹点和"特性"选项板更改距离值和角度值，外观类似于对齐标注	移动、缩放、拉伸、极轴拉伸、阵列
X Y	显示距参数基点的X距离和Y距离	移动、缩放、拉伸、阵列
旋转	定义角度。外观为一个圆	旋转
翻转	翻转对象。外观为一条投射线	翻转
对齐	定义X和Y位置以及一个角度	无（此动作参数隐含在参数中）
可见性	控制对象在块中的可见性	无（此动作参数是隐含的）
查询	定义一个用户设置的列表	查询
基点	在动态块参照中，相对于该块中的几何图形定义一个基点	无

向图块添加参数的具体操作方法如下。

① 添加点参数

（1）单击"参数"选项卡中的"点参数"命令后，系统提示如下：

指定参数位置或[名称(N)/标签(L)/链(C)/说明(D)/选项板(P)]：捕捉图8-26中的1点
指定标签位置：在1点右下方适当位置单击

（2）完成以上操作后，"点参数"添加完毕（按上述方法在图中的3点位置另添加一个"点参数"）。

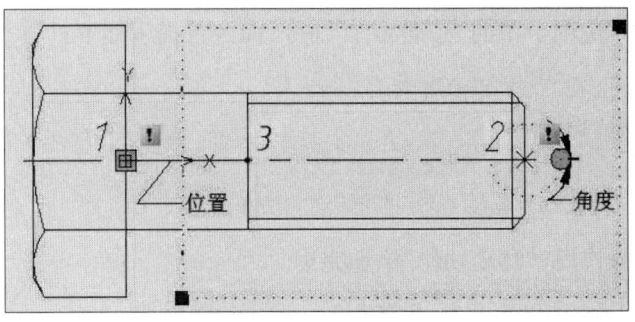

图8-26 添加参数

② 添加旋转参数

（1）单击"参数选项卡"中的"旋转参数"命令，系统提示如下：

指定参数位置或[名称(N)/标签(L)/链(C)/说明(D)/选项板(P)/值集(V)]：捕捉图8-26中的2点
指定参数半径：在2点右侧的适当位置单击
指定默认旋转角度或[基准角度(B)]<0>：↵

（2）完成以上操作后，"旋转参数"添加完毕。

> **注意** ◆ 图中的惊叹号为提示用户的警示图标，表示该参数尚未设置关联的动作。

2. 设置动态块的动作

设置动态块动作的具体操作方法如下。

① 添加"拉伸动作"

（1）单击"动作"选项卡中的"拉伸动作"命令，命令行提示如下：

选择参数：选取设置在1点的"点参数"标志
指定拉伸框架的第一个角点或[圈交(CP)]：在图形右上方单击
指定对角点：移动鼠标，拉出一矩形线框后，在图形左下方单击，如图8-26所示。
指定要拉伸的对象：选取螺杆图线及轴线
选择对象：↵
指定动作位置或[乘数(M)/偏移(O)]：在2点右侧的适当位置单击

（2）"拉伸动作"添加完毕。

② 添加"旋转动作"

（1）单击"动作"选项卡中的"旋转动作"命令，命令行提示如下：

选择参数：点取所设置的"旋转参数"标志
选择对象：选取整个图形
指定动作位置或[基点类型(B)]：在2点右侧的适当位置单击

（2）完成以上操作后，"旋转动作"添加完毕。

③ 添加"移动动作"

（1）单击"动作"选项卡中的"移动动作"命令，命令行提示如下：

选择参数：选取设置在3点的"点参数"标志
选择对象：选取整个图形
选择对象：↵
指定动作位置或[乘数(M)/偏移(O)]：在图形左上方单击

（2）完成以上操作后，"移动动作"添加完毕。

8.5.2 应用动态块

单击"绘图"工具栏中的"插入块"按钮后，系统将打开"插入"对话框，如图8-27所示。

第 8 章 创建与使用图块

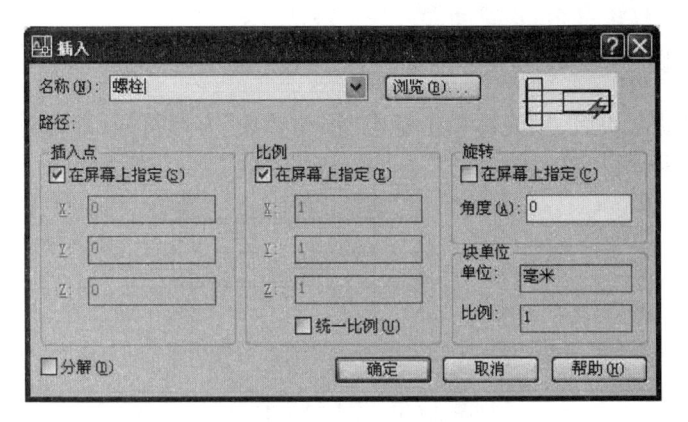

图8-27 "插入"对话框

> **注意**
> ◆ 通过"插入"对话框中的"名称"下拉列表，找到动态块图名，然后单击"确定"按钮，即可在屏幕上插入动态块。

1. 拉伸动态块

插入的"螺栓"动态块，如图8-28(a)所示。单击该图块，并用光标单击标志"点参数"的方框后，向右拖动鼠标，即可拉伸图块，效果如图8-28(b)所示。

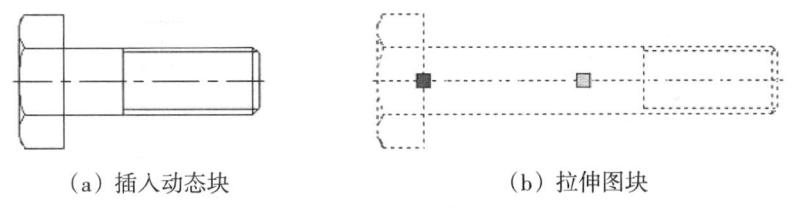

（a）插入动态块　　　　（b）拉伸图块

图8-28 拉伸动态块

2. 旋转动态块

插入并选中动态块后，用光标单击标志"旋转参数"的圆形符号，即可对动态块进行旋转，效果如图8-29所示。

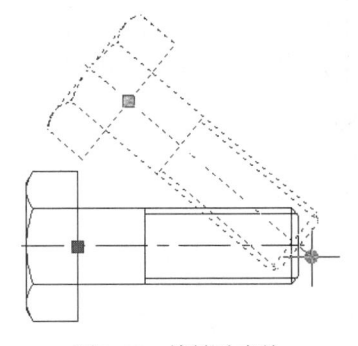

图8-29 旋转动态块

3. 移动动态块

插入并选中动态块后,用光标单击标志"移动参数"方形符号,即可对动态块进行移动,效果如图8-30所示。

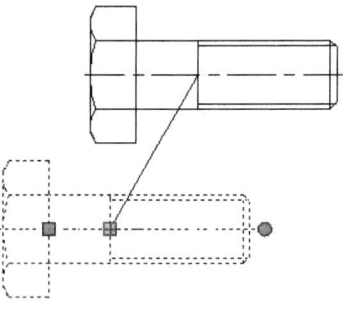

图8-30 移动动态块

思考与练习

(1)绘制图8-31所示的表面粗糙度代号,将其创建成外部图块(WBLOCK);绘制图8-32所示的形位公差的"基准"符号,将其创建为内部图块(BLOCK),并将上述两个图块插在当前图中。

图8-31 表粗糙度代号　　　　图8-32 形位公差的"基准"符号

(2)将题1中的图8-31,图8-32两图形分别作成带有属性的外部块,并分别插在图8-33、图8-34中。

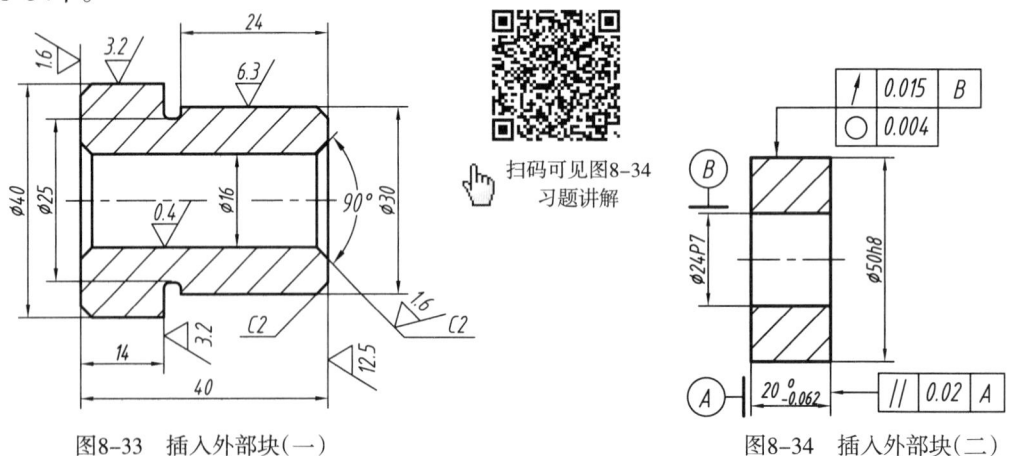

扫码可见图8-34习题讲解

图8-33 插入外部块(一)　　　　图8-34 插入外部块(二)

(3)提取(按题2的要求)插在图8-33中的图块的属性信息。

第 9 章

设计中心与对象特性编辑

学习目标

本章将分别介绍AutoCAD 2008所提供的设计中心和对象特性编辑的功能及其操作方法与技巧。

学习要求

- **了解**：设计中心和对象特性编辑的作用。
- **掌握**：设计中心及对象特性编辑的操作方法。

9.1 设计中心

AutoCAD 2008设计中心是具有图形文件的管理、查找、共享设计资源等多项功能的有效工具。利用设计中心可以访问共享图形文件中的图块、尺寸标注样式、文字样式、表格样式、布局、图层、线型等内容。

9.1.1 启动设计中心

在AutoCAD中，用户可参考下面的方法启动设计中心。
- 工具栏：单击"标准"工具栏中的"设计中心"按钮 ■。
- 菜单栏：选择"工具"|"选项板"|"设计中心"命令。
- 命令行：输入ADCENTER后，按下Enter键。

参考上面的方法，输入命令后，系统将打开"设计中心"对话框，如图9-1所示。AutoCAD设计中心类似于Windows的资源管理器。其工作界面由标题栏、工具栏、选项卡及左右两图框组成(左边图框为树状视图结构，右边则是内容显示区)。

图9-1　设计中心对话框

9.1.2　设计中心的工作界面介绍

下面将详细介绍AutoCAD"设计中心"对话框中各组成部分的功能与作用。

1. 树状视图框

设计中心对话框中的树状视图框显示用户计算机和网络驱动器上的文件与文件夹的层次结构、打开图形列表、自定义内容以及上次访问过的历史记录。

2. 内容框

设计中心对话框中的内容框显示树状图中当前选定的某一项的内容，根据树状视图框中的选项，用户可以在内容框中显示图形文件、文件夹、图形文件中的命名对象（如图块、图层、标注样式、文字样式等）。

3. 工具栏

工具栏提供了加载、后退、前进、上一级、搜索、收藏夹、主页、树状图切换、预览、说明、视图、刷新等多个工具。用户利用工具栏中的"搜索"工具可以搜索计算机或网络中的图形、填充图案和块等AutoCAD信息。工具栏中的其他工具类似于资源管理器或者IE浏览器中的功能。

AutoCAD 2008设计中心对话框打开后，一般会以浮动的形式出现，并占据一定的绘图区域。在设计中心的标题栏上右击，弹出如图9-2所示的快捷菜单，然后选择其中的"自动隐藏"命令后，设计中心便收缩为一个标题栏。当需要使用时，将光标移至该标题栏上，设计中心则自动展开。

图9-2　设计中心快捷菜单

4. 选项卡

"设计中心"对话框顶部各选项卡的作用如下。
- "文件夹"选项卡：显示计算机或网络驱动器（包括"我的电脑"和"网上邻居"）中文件

和文件夹的层次结构。
- "打开的图形"选项卡:显示AutoCAD任务中当前打开图形中的各命名对象。
- "历史记录"选项卡:显示最近在设计中心打开的文件列表。在文件名称上右击后,便可通过选取快捷菜单中的"删除"命令,将此文件从"历史记录"列表中删除。
- "联机设计中心"选项卡:访问联机设计中心网页。

9.1.3 设计中心的使用

1. 利用设计中心向图形添加内容

用户可在设计中心对话框中使用拖拽的方法向当前图形添加所需要的内容(如图块、标注样式、文字样式、布局、图层、线型、图案填充样式和外部参照等)。向当前图形添加内容的操作方法如下(如图9-3所示,将文件A中的粗糙度图块、文字样式以及表格样式添加到当前图形B中)。

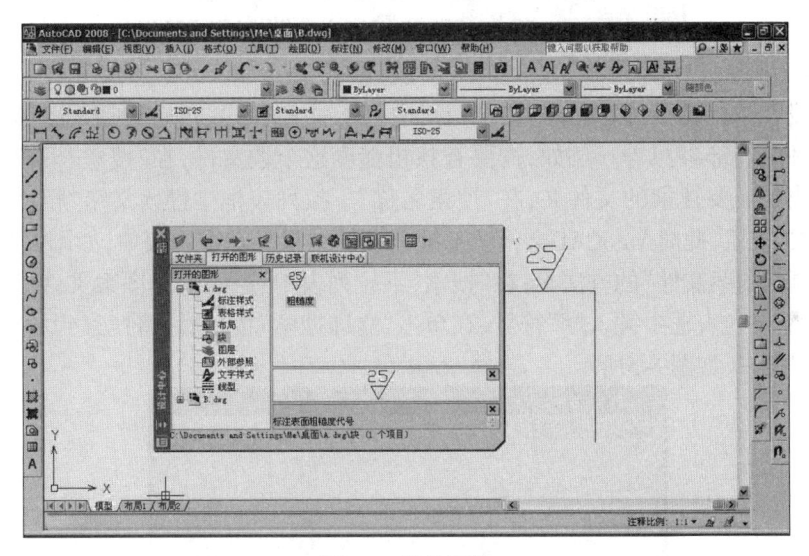

图9-3 拖放图块

- 利用设计中心向图形添加图块。在设计中心打开文件A,并在设计中心的内容区选取所要添加的图块,然后按住鼠标左键将其拖拽到需要插入的位置(利用对象捕捉可以准确定位),如图9-3所示。若插入的图块带有属性,则将打开"编辑属性"对话框,用户可在该对话框中对属性值进行修改。单击"确定"按钮,便完成图块的添加。
- 利用设计中心向图形添加文字样式。在设计中心的内容区选择到需要添加的文字样式,按住鼠标左键拖拽到当前图形的绘图区,即完成文字样式的添加。使用同样的方法可以拖拽标注样式、图层、线型等。
- 利用设计中心向图形添加填充图案。填充图案的添加不同于其他项目的添加,即图形中必须有一个封闭的供填充的区域,将选取的填充图案拖拽到需要填充的区域即可。

2. 利用设计中心查找图形

用户可以利用设计中心的搜索功能查找计算机或网络中所需要的AutoCAD信息。单击设计中心工具栏上"搜索"按钮，打开"搜索"对话框，如图9-4所示。

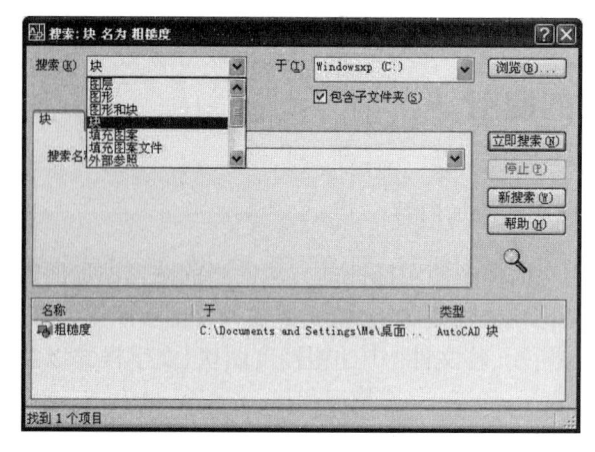

图9-4 查找图形

利用"搜索"对话框可以搜索到图层、标注样式、文字样式、布局、图形、图形和块、线型、填充图案文件、外部参照等。例如，需要查找粗糙度这个块文件，在"搜索"下拉列表中选择"块"选项，找到需要搜索的文件夹，在"搜索名称"下拉列表框中键入文字"粗糙度"，然后单击"立即搜索"按钮，此时AutoCAD会将全部搜索到的结果显示在列表中，如图9-4所示。

查找"填充图案文件"的方法是：在"搜索"下拉列表中选择"填充图案文件"选项，然后在"搜索名称"下拉列表框中键入"*"符号，在单击"立即搜索"按钮后，将搜索到的"填充图案文件"显示在列表中，如图9-5所示。

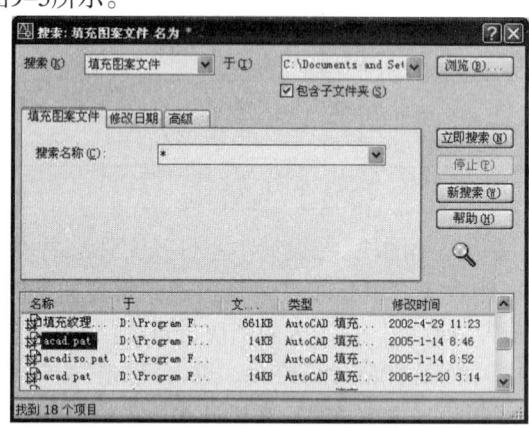

图9-5 搜索"图案填充文件"

如果双击"填充图案文件"列表中的某一个"填充图案文件"名，则该文件中用于填充的全部图案，均被显示在设计中心的内容区内，如图9-6所示。此时，用户可以将内容区内的图案拖拽到当前图形中。

用户若双击图9-6中"填充图案"的图标，即可打开"图案填充和渐变色"对话框。

第 9 章　设计中心与对象特性编辑

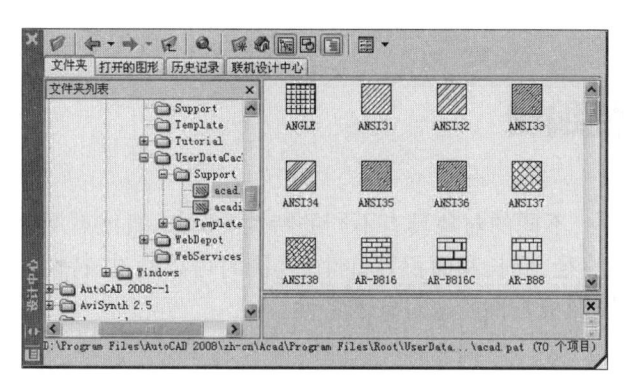

图9-6　查到的图案

3. 利用设计中心定制工具选项板

利用设计中心还可定制工具选项板。AutoCAD的工具选项板将一些常用的块和命令集合到一起,用户需要的时候将其拖拽(或单击)到图形中。

【例9-1】　在AutoCAD设计中心定制工具选项板。

(1) 单击"标准"工具栏上的"工具选项板"按钮 ,然后在"工具选项板"的标签上右击鼠标,在弹出的菜单(如图9-7所示)中选择"新建选项板"命令,AutoCAD将创建一个空白的工具选项板。

(2) 将新建的工具选项板的默认名称"新建工具选项板"更改为"个性库"。此时,新的"个性库"工具选项板中没有任何内容。单击"标准"工具栏上的设计中心按钮 ,打开设计中心。在"打开的图形"选项卡中找到包含所需图块的文件,并展开此文件的图块库。

(3) 将"个性库"中需要的块从内容区中直接拖拽到空白的工具面板"个性库"中,如图9-8所示。

图9-7　选项板　　　　　　　　图9-8　创建个性库

- 173 -

9.2 对象特性编辑

在AutoCAD图形中,不同的对象具有不同的特性。例如,直线有两个端点坐标、长度和夹角等特性;圆有圆心、直径、周长和面积等特性。作图时可以通过"特性"面板直接修改对象的特性,也可利用"特性"面板查询所选对象的特性。

9.2.1 使用对象特性

在AutoCAD中,用户可参考下面的方法打开"特性"选项板。
- 工具栏:单击"标准"工具栏中的"对象特性"按钮 。
- 菜单栏:选择"修改"|"特性"命令。
- 命令行:输入PROPERTIES后,按下Enter键。

参考上面介绍的方法输入命令后,系统将打开"特性"选项板(如图9-9所示),该对话框有以下3个选项区域。

- "基本"选项区域:该选项组用于显示所有图形对象具有的共同属性,包括颜色、图层、线型、打印样式、线宽、厚度等。
- "三维效果"选项区域:该选项组用于显示所选图形对象的材质及阴影特性。
- "几何图形"选项区域:该选项组用于显示所选图形对象的几何特征以及对象特征点的X、Y、Z坐标等内容。

图9-9 "特性"选项板

9.2.2 对象特性编辑方法

在选取需要修改的对象之后(对象特征点上出现蓝色小方框即为选中),便可利用"特性"选项板,修改对象的特性。根据修改的内容不同,可以归结为以下两种情况。

1. 修改数字选项

在AutoCAD中,用户可参考以下两种方法修改"特性"对话框中的数字选项。
① 用"拾取点"方式修改

当选中一条直线后,单击需修改的选项行,则在该行的末端会显示一个"拾取点"按钮 (如图9-10所示),单击该按钮,即可在绘图区中用拖动的方法作出所选直线的起点或终点的新位置。

② 用"输入新值"方式修改

如需要修改所标注的尺寸中的数值,则可在选中该尺寸后,打开"特性"对话框,单击其中的"文字替代"选项行并选取该数值,如图9-11所示。输入新值后,按下Enter键即可。

"特性"对话框中的"基本"选项区域所显示的"线型比例"数值是该对象的"当前缩放比例",当某条(或某些)虚线或点画线的长短间隔不符合作图要求时,用户可单击"线型比例"选项,用上述输入新值的方法修改它们的当前线型比例值(绘制工程图一般在0.6~1.3之间调整)。

图9-10 用"拾取点"方式修改数值 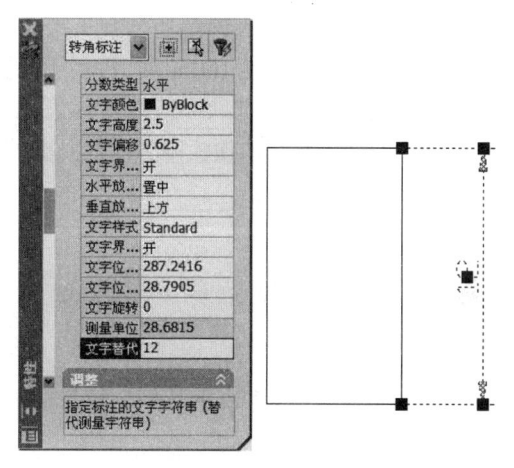　　　图9-11 用"输入新值"方式修改

2. 修改带有下拉列表框的选项

修改带有下拉列表框的选项如图9-12所示,修改的方法如下:
- 单击需要修改的选项行后,该行即显示下拉列表按钮。
- 单击下拉列表按钮便可打开下拉列表,图9-12所示为图层的下拉列表。
- 从下拉列表中选取所需选项即可修改对象的特性。

图9-12 修改带有下拉列表框的选项

思考与练习

（1）简述"设计中心"和"特性"面板的作用。

（2）创建一新图，并利用"设计中心"将另一图形中的图层、文字样式、尺寸标注样式等内容添加到该新图中。

（3）创建一图块，并用"设计中心"定制一工具选项板。将图块拖至选项板上后，再利用此选项板在绘图区插入该图块。

（4）绘制一半径为100的圆，并利用"特性"选项板修改该圆的圆心位置及半径大小。

（5）利用"特性"选项板修改所标注尺寸的数值。

（6）改变"特性"选项板中的"线型比例"选项值，并注意观察图形中的虚线、点画线的变化。

第10章

绘制三维图形

扫码可见"常用三维建模的方法"

学习目标

本章将分别介绍绘制各种基本三维形体的命令以及建立光源、设置材质、表面贴图和渲染的操作方法。

学习要求

- **了解**：建立光源、设置材质及表面贴图的基本方法。
- **掌握**：绘制各种基本三维形体的命令以及三维图形的渲染方法。

10.1 基本绘图命令

AutoCAD的基本三维形体对象包括长方体、楔体、圆锥体、球体、圆柱体、圆环体和螺旋等。任何复杂的三维形体都可以被看作是由基本形体对象组合或编辑而成。绘制基本三维形体的命令位于图10-1所示的"绘图"下拉菜单中的"建模"子级菜单中。在图10-2所示的"建模"工具栏中，则集中了绘制基本三维形体的工具按钮。

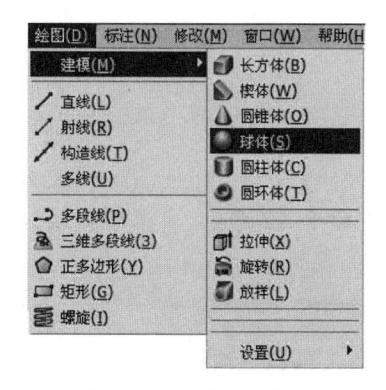

图10-1 "建模"子菜单

图10-2 "建模"工具栏

10.1.1 绘制长方体

在AutoCAD中，用户可参考下面所介绍的方法创建长方体。
- 工具栏：单击"建模"工具栏中的"长方体"按钮 。
- 菜单栏：选择"绘图"|"建模"|"长方体"命令。
- 命令行：输入BOX后，按下Enter键。

参考上面的方法输入命令后，命令行依次提示如下：

命令:_box
指定第一个角点或[中心(C)]：指定一点
指定其他角点或[立方体(C)/长度(L)]：L
指定长度：60
指定宽度：30
指定高度或[两点(2P)]：20

选择"视图"|"三维视图"|"西南等轴测"命令后，系统即可显示长方体的立体效果，如图10-3所示。

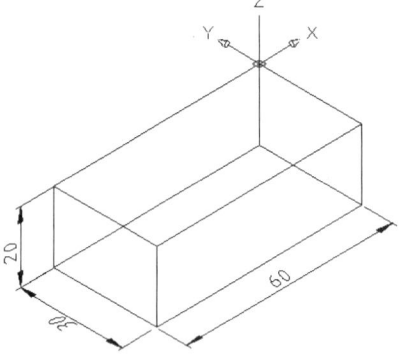

图10-3　长方体

以上命令行提示中，各选项的功能如下。
- "角点"：用于指定长方体的一个角点。
- "立方体"：用于创建一个长、宽、高相等的立体。
- "中心"：用于指定中心点来创建长方体。
- "两点"：用于指定两点来确定高度或长度。

> **注意**：◆ 在绘制长方体时，系统默认长方体的底平面平行于XY平面，长度值是沿X轴正方向的值，宽度值是沿Y轴正方向的值，高度值是沿Z轴正方向的值。

为了便于观察三维图形，AutoCAD提供了消隐的显示模式，即以三维线框表示三维实体的可见轮廓线和网格线，不可见表面上的轮廓线和网格线则不予显示。

在AutoCAD中，用户可参考下面的方法激活"消隐"显示模式。
- 工具栏：单击"渲染"工具栏中的"隐藏"按钮 。
- 菜单栏：选择"视图"|"消隐"命令。
- 命令行：输入HIDE后，按下Enter键。

消隐后所显示的三维图形效果如图10-4(b)所示。

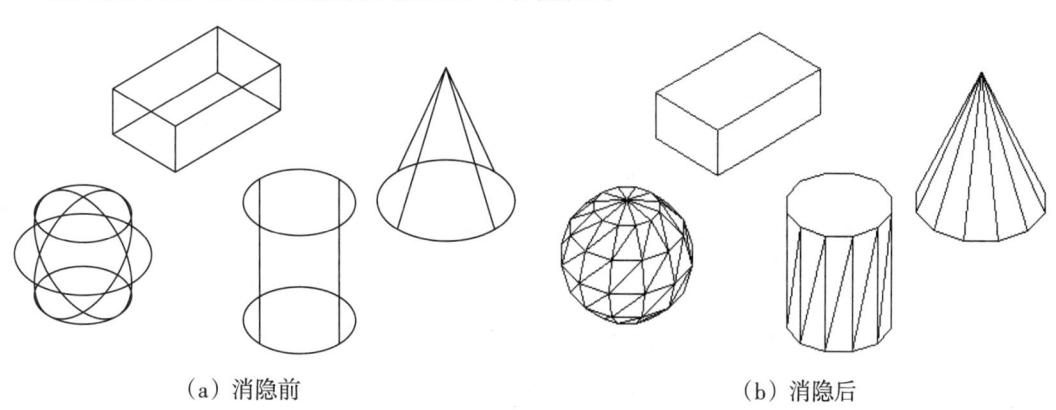

(a) 消隐前   (b) 消隐后

图10-4 三维图形的消隐

在系统默认状态下，三维实体的曲面体都以4条轮廓线表示三维实体的曲表面，如图10-5(a)所示。通过修改系统变量可以增加轮廓线的密度，控制三维实体曲面轮廓线密度的系统变量为ISOLINES，其值在0~2047之间选取。

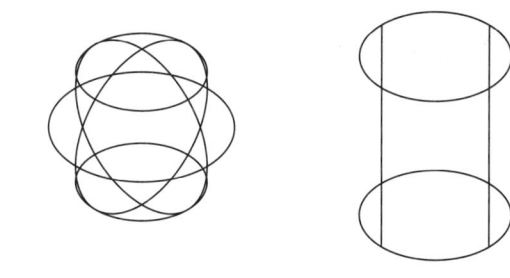

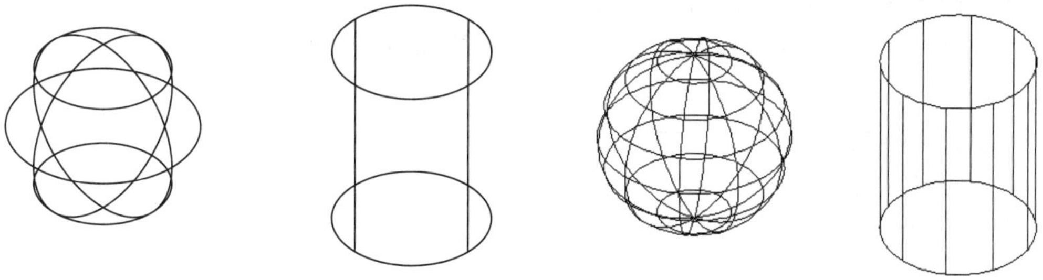

(a) ISOLINES=4   (b) ISOLINES=10

图10-5 三维曲面体的轮廓线

在AutoCAD中，设置曲面轮廓线密度的方法有以下几种。
- 菜单栏：选择"工具"|"选项"|"显示"("选项"对话框如图10-6所示)命令。
- 命令行：输入ISOLINES后，按下Enter键。

> **注意** ◆ 设置新的三维实体曲表面轮廓线密度后，应使用regen命令将原有三维实体的轮廓线密度更新。此外，曲面轮廓线的数量不影响渲染后曲表面的光滑性。

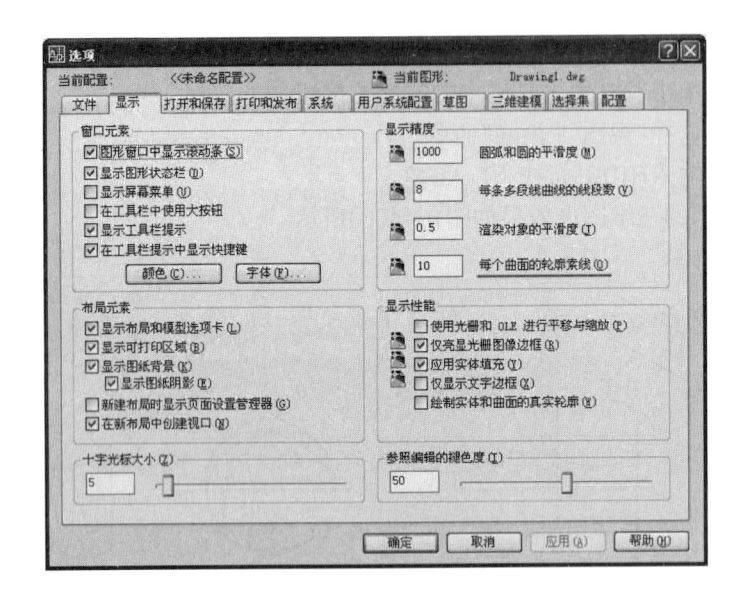

图10-6 "选项"对话框

10.1.2 绘制圆锥体

在AutoCAD中,用户可参考下面的方法创建圆锥体。

- 工具栏：单击"建模"工具栏中的"圆锥体"按钮 。
- 菜单栏：选择"绘图"|"建模"|"圆锥体"命令。
- 命令行：输入CONE后,按下Enter键。

参考上面所介绍的方法输入命令后,命令行依次提示：

命令:_cone
指定底面的中心点或[三点(3P)/两点(2P)/相切、相切、半径(T)/椭圆(E)]：给出底面中心点
指定底面半径或 [直径(D)]: 10
指定高度或 [两点(2P)/轴端点(A)/顶面半径(T): 15   //(创建结果如图10-7所示)

图10-7 圆锥体

10.1.3 绘制球体

在AutoCAD中,用户可参考下面的方法创建球体。

- 工具栏：单击"建模"工具栏中的"球体"按钮 。
- 菜单栏：选择"绘图"|"建模"|"球体"命令。
- 命令行：输入SPHERE后,按下Enter键。

参考上面所介绍的方法输入命令后,命令行依次提示如下:

命令:_sphere
指定中心点或 [三点(3P)/两点(2P)/相切、相切、半径(T)]: 给出中心点
指定半径或 [直径(D)] <10.0000>: 10 (创建结果如图10-8所示)

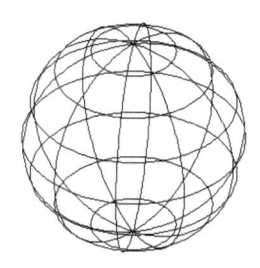

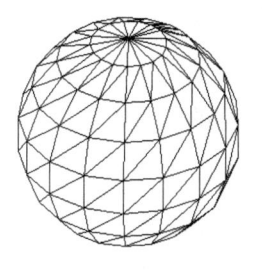

图10-8　圆球

10.1.4　绘制圆柱体

在AutoCAD中,用户可参考下面的方法创建圆柱体。

- 工具栏:单击"建模"工具栏中的"圆柱体"按钮 。
- 菜单栏:选择"绘图"|"建模"|"圆柱体"命令。
- 命令行:输入CYLINDER后,按下Enter键。

参考上面所介绍的方法输入命令后,命令行依次提示如下:

命令:_cylinder
指定底面的中心点或[三点(3P)/两点(2P)/相切、相切、半径(T)/椭圆(E)]: 给出底面中心点
指定底面半径或 [直径(D)] <10.0000>: 10
指定高度或 [两点(2P)/轴端点(A)] <15.0000>: 20

完成以上操作后,创建的结果如图10-9所示。

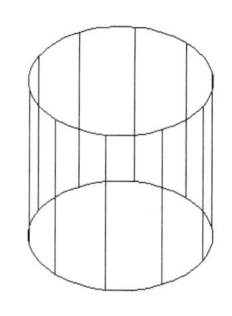

图10-9　圆柱体

10.1.5　绘制圆环体

在AutoCAD中,用户可参考下面的方法创建圆环体。

- 工具栏:单击"建模"工具栏中的"圆环体"按钮 。
- 菜单栏:选择"绘图"|"建模"|"圆环体"命令。

- 命令行：输入TORUS后,按下Enter键。

参考上面所介绍的方法输入命令后,命令行依次提示如下:

命令:_torus
指定中心点或 [三点(3P)/两点(2P)/相切、相切、半径(T)]：给出中心点
指定半径或 [直径(D)] <100.0000>：20
指定圆管半径或 [两点(2P)/直径(D)] <10.0000>：5

完成以上操作后,创建的结果如图10-10所示。

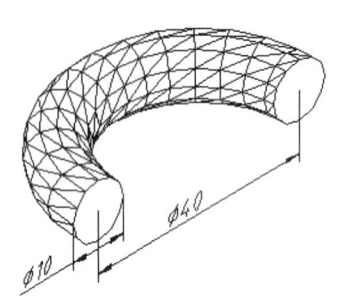

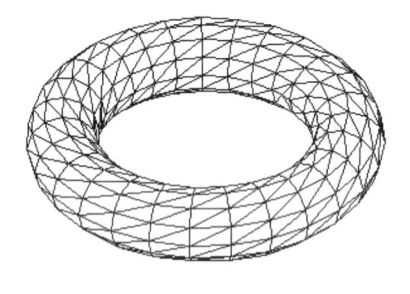

图10-10　圆环体

10.1.6　绘制螺旋

在AutoCAD中,用户可参考下面的命令创建螺旋。

- 工具栏：单击"建模"工具栏中的"螺旋"按钮。
- 菜单栏：选择"绘图"|"建模"|"螺旋"命令。
- 命令行：输入HELIX后,按下Enter键。

参考上面所介绍的方法输入命令后,命令行依次提示如下:

命令:_helix
圈数 = 3.0000   扭曲=CCW
指定底面的中心点：给出底面中心点
指定底面半径或 [直径(D)] <1.0000>：20
指定顶面半径或 [直径(D)] <20.0000>：↵
指定螺旋高度或 [轴端点(A)/圈数(T)/圈高(H)/扭曲(W)] <1.0000>：50

图10-11　螺旋线

完成以上操作后,创建结果如图10-11所示。

10.1.7　绘制楔体

在AutoCAD中,用户可参考下面的方法创建楔体。

- 工具栏：单击"建模"工具栏中的"楔体"按钮。
- 菜单栏：选择"绘图"|"建模"|"楔体"命令。
- 命令行：输入WEDGE后,按下Enter键。

参考以上方法输入命令后,命令行依次提示如下:

命令:_wedge

第 10 章 绘制三维图形

指定第一个角点或 [中心(C)]：给出底面中心点
指定其他角点或 [立方体(C)/长度(L)]：L
指定长度 <60.0000>：60
指定宽度 <30.0000>：30
指定高度或 [两点(2P)] <20.0000>：50

完成以上操作后，创建的结果如图10-12所示。

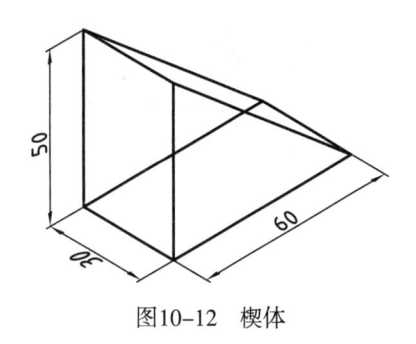

图10-12 楔体

10.1.8 三维多段线

利用三维多段线命令可以在三维空间内绘制各个方向的多段线。激活三维多段线命令的方法有：

- 菜单栏：选择"绘图"|"三维多段线"命令。
- 命令行：输入3DPOLY后，按下Enter键。

激活命令后提示如下：

指定多段线的起点：
指定直线的端点或 [放弃(U)]：
指定直线的端点或 [闭合(C)/ 放弃(U)]：

由于AutoCAD 2008新增了Z轴方向的对象追踪线，因此利用三维多段线命令可以快速绘出三维直线。绘制如图10-13所示三维多段线，并以此为扫掠路径生成外径30，内径20的水管，步骤如下：

(1) 激活三维多段线命令，打开对象追踪和极轴，利用对象追踪线和直线的直接距离输入法完成所需三维多段线。
(2) 绘制直径30、20的圆(两圆必须位于同一平面内)。
(3) 激活"扫掠"命令后，命令栏提示：

选择要扫掠的对象：同时选择直径30、20的圆
选择扫掠路径或 [对齐(A)/基点(B)比例(S)/扭曲(T)]：选择多段线

(4) 调用"差集"命令，分别选择生成的实体水管，形成空心结构，如图10-14所示。

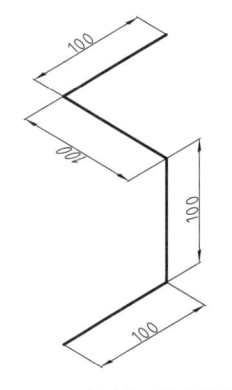

图 10-13 绘制三维多段线   图 10-14 差集后的实体

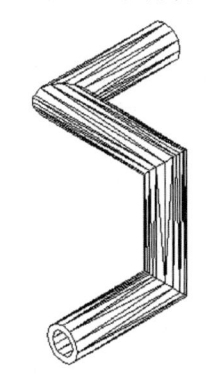

10.1.9 拉伸

利用"拉伸"命令，可将平面图形拉成三维实体。如图10-15所示为一平面图形，需将其拉伸10的高度后成三维实体。利用"拉伸"命令创建三维实体的步骤如下。

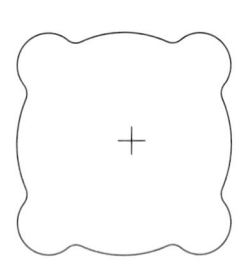

图10-15　拉伸前的图形　　　　　　　图10-16　"创建边界"对话框

1. 形成封闭多段线

选择"绘图"|"边界"命令后，将打开如图10-16所示对话框。单击该对话框中的"拾取点"按钮，然后在图10-15所示图形的区域内的单击。

命令行提示：BOUNDARY 已创建 1 个多段线。

2. 拉伸

在AutoCAD中，用户可以参考以下方法激活"拉伸"命令。

- 工具栏：单击"建模"工具栏中的"拉伸"按钮。
- 菜单栏：选择"绘图"|"建模"|"拉伸"命令。
- 命令行：输入EXTRUDE后，按下Enter键。

参考上面所介绍的方法输入命令后，系统依次提示如下：

命令:_extrude
当前线框密度： ISOLINES=8
选择要拉伸的对象：选取图10-15所示图形
选择要拉伸的对象：↵
指定拉伸的高度或 [方向(D)/路径(P)/倾斜角(T)] <10.0000>: 10

完成以上操作后，选择"视图"|"三维视图"|"西南等轴测"命令后，即可显示立体效果，如图10-17所示。

图10-17　拉伸后的三维实体

利用"拉伸"命令还可将不封闭的直线、多段线或曲线拉伸成相应的平面或曲面。

图10-18所示为用多段线和样条曲线命令绘制的平面图形，将其拉伸成高度为100的平面和曲面。

操作步骤如下：

激活"拉伸"命令，命令行提示：

选择要拉伸的对象：同时选取多段线和样条曲线

指定拉伸的高度或[方向(D)/路径(P)/倾斜角(T)]<0.000>: 100

拉伸后的图形如图10-19所示。

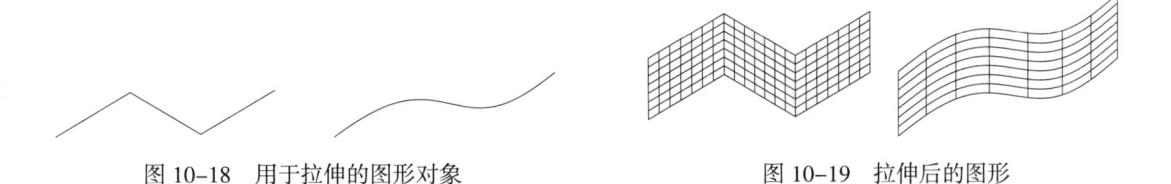

图 10-18　用于拉伸的图形对象

图 10-19　拉伸后的图形

10.1.10　加厚

利用加厚命令可以将平面或曲面加厚成实体。

激活加厚命令的方法有：

- 菜单栏：选择"修改"|"三维操作"|"加厚"命令。
- 命令行：输入THICKEN后，按下Enter键。

激活加厚命令后命令栏提示如下：

命令:_Thicken:

选择要加厚的曲面：

指定厚度<0.000>:

将图10-19所示的平面和曲面加厚成厚度为30的实体，操作步骤如下：

激活"加厚"命令：_Thicken

选择要加厚的曲面：同时选取平面和曲面

指定厚度<0.000>: 30

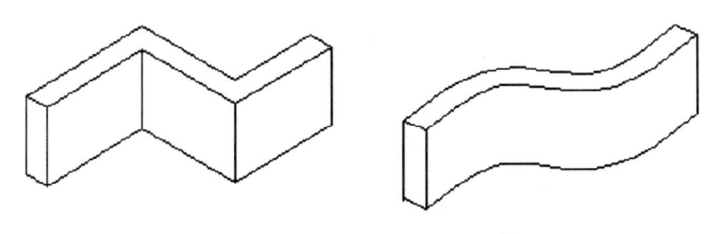

完成的实体如图10-20所示

图 10-20　通过加厚形成的实体

若输入的厚度值过大，系统将提示"对象自交，不能以指定值加厚曲面"。

10.1.11 扫掠

"扫掠"命令用于沿指定路径并以指定轮廓的形状(扫掠对象)绘制实体或曲面。用户可以利用该命令一次扫掠多个位于同一平面内的对象。如图10-21所示,需将对象小圆沿螺旋路径扫掠,形成一螺旋实体。

在AutoCAD中,用户可参考下面的方法激活"扫掠"命令。

- 工具栏:单击"建模"工具栏中的"扫掠"按钮 。
- 命令行:输入SWEEP后,按下Enter键。

参考上面所介绍的方法输入命令后,命令行依次提示如下:

```
命令:_sweep
当前线框密度: ISOLINES=8
选择要扫掠的对象:选择小圆
选择要扫掠的对象:↵
选择扫掠路径或 [对齐(A)/基点(B)/比例(S)/扭曲(T)]:选择螺旋
自动保存到 C:\Documents and Settings\Administrator\Local
Settings\Temp\三维绘图_1_1_2165.sv$ ...
```

完成以上操作后,扫掠的效果如图10-22所示。

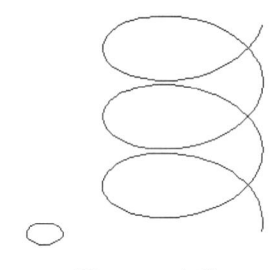

图10-21 扫掠

图10-22 扫掠后的实体

10.1.12 旋转

"旋转"命令可以通过旋转封闭的二维图形来创建实体。如图10-23所示,需将左边封闭的图形绕旋转轴(AB直线)旋转成型。

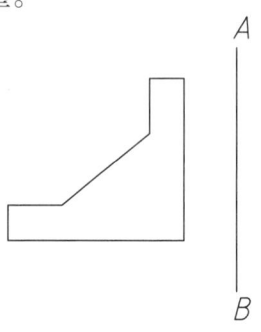

图10-23 旋转前

使用"旋转"命令的具体的操作步骤如下：
（1）首先将图10-23所示左边的图形建成一面域或形成封闭的多段线。
（2）旋转成型。
在AutoCAD中，用户可参考下面的方法输入"旋转"命令。
- 工具栏：单击"建模"工具栏中的"旋转"按钮 。
- 菜单栏：选择"绘图"|"建模"|"旋转"命令。
- 命令行：输入REVOLVE后，按下Enter键。

参考上面所介绍的方法输入命令后，系统将依次提示如下：

当前线框密度： ISOLINES=8
选择要旋转的对象：选择封闭图形
选择要旋转的对象：↵
指定轴起点或根据以下选项之一定义轴 [对象(O)/X/Y/Z]<对象>：选择直线上端点A
指定轴端点：选择直线下端点B
指定旋转角度或 [起点角度(ST)]<360>：↵

旋转后，在西北等轴测的视点下，效果如图10-24所示。

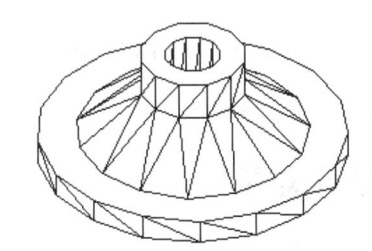

图10-24 旋转后的实体

10.1.13 放样

使用放样命令可以通过对包含两条或两条以上的一组横截面曲线进行放样建模来创建三维实体或曲面。如果对一组闭合的横截面曲线进行放样，则生成实体，如果对一组开放的横截面曲线进行放样，则生成曲面。

激活放样命令的方法如下。

- 菜单栏：选择"绘图"|"建模"|"放样"命令。
- "建模"工具栏：单击"放样"按钮 。
- 命令行：输入LOFT后，按下Enter键。

激活放样命令后命令栏提示如下：

按放样次序选择横截面：
输入选项 [导向(G)/路径(P)/仅横截面(C)]<仅横截面>：

下面以图11-25所示图形为例说明利用"路径"选项进行放样的操作方法，该图形要求以正边形和下方的圆为放样截面，以圆弧为放样路径生成实体，具体步骤如下。

（1）调用平面绘图命令绘出图形。
（2）激活"放样"命令后，命令行提示：

按放样次序选择横截面：选择圆及正五边形

按放样次序选择横截面：↵
输入选项[导向(G)/路径(P)/仅横载面(C)]<仅横截面>：P
选择路径曲线：选择圆弧

生成的实体如图11-26所示。

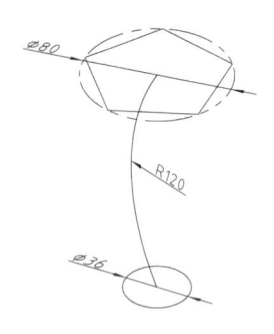

图 10-25 放样截面与路径　　　　图 10-26 放样后的实体

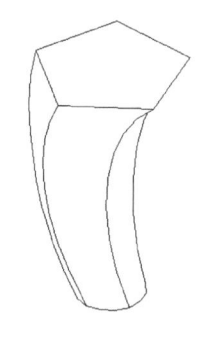

10.2 渲染

为了得到三维形体的真实效果,用户可以在AutoCAD中建立灯光,并对三维对象的表面添加材质,然后再对实体进行渲染。

10.2.1 在渲染窗口中渲染对象

在AutoCAD 2008中,可以在渲染窗口或视口中快速渲染对象。系统默认项为渲染窗口,如图10-27所示。渲染窗口显示了当前视图中图形的渲染效果。在AutoCAD中,用户可参考下面的方法输入渲染命令。

- 工具栏：单击"渲染"工具栏中的"渲染"按钮 。
- 菜单栏：选择"视图"|"渲染"|"渲染"命令。
- 命令行：输入RENDER后,按下Enter键。

在渲染窗口中,点取"文件"下拉菜单中的"保存"子级选项,可将渲染的图片按指定的路径,以*.bmp、*.pcx、*.tga、*.tif、*.jpg、*.png等格式保存。渲染窗口的右侧则显示了渲染图像的各种信息。

10.2.2 在视口中渲染对象

如果只是观察渲染图像的效果,而不需保存渲染的图片时,可直接在视口(绘图区)对实体进行渲染。在AutoCAD中,用户可按参考下面的方法输入命令。

- 工具栏：单击"渲染"工具栏中的"高级渲染设置"按钮 。
- 菜单栏：选择"视图"|"渲染"|"高级渲染设置"命令。
- 命令行：输入RPREF后,按下Enter键。

参考上面所介绍的方法输入命令后,系统将打开"高级渲染设置"面板,如图10-28所示。

第 10 章 绘制三维图形

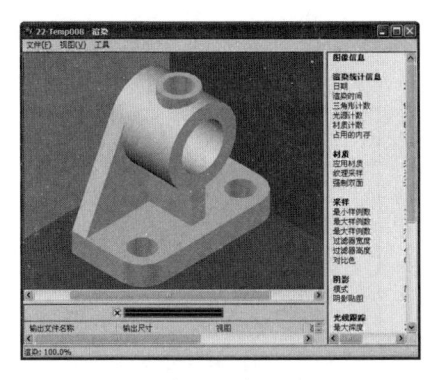

图10-27 "高级渲染设置"选项板　　　　图10-28 渲染窗口

"高级渲染设置"面板中的"目标"选项用于设置渲染图像的输出位置，单击其右侧的图框后，在弹出的下拉列表中选取"视口"选项即可。

此外，用户还可通过面板顶部的的"选择渲染预设"选项，设置渲染图像的质量。或者通过"输出尺寸"选项，设置渲染图片的大小，以及可通过"过程"选项，在渲染过程中对视口中的模型进行必要的处理。

10.2.3　设置渲染背景

渲染图片时，背景衬托在模型的后面。背景可以是单色、多色组合的渐变色或位图图像。用户可参考下面的方法打开"视图管理器"对话框。

- 工具栏：单击"视图"工具栏中的"命名视图"按钮 。
- 菜单栏：选择"视图"|"命名视图"命令。
- 命令行：输入VIEW后，按下Enter键。

参考上面所介绍的方法输入命令后，系统将打开"视图管理器"对话框，如图10-29所示。单击该对话框右侧的"新建"按钮，可打开如图10-30所示的"新建视图"对话框。

图10-29 "视图管理器"对话框　　　　图10-30 "新建视图"对话框

此时，用户可在对话框的"视图名称"文本框中输入名称，并在"背景"下拉列表中选取所需要背景选项。若需用一图片作渲染背景，可在如图10-31所示的"背景"对话框中单击"浏览"按钮，便可指定路径选取图片。图10-32所示为用于调整背景图像的对话框。

- 189 -

图10-31 "选取图像背景"对话框 　　　　图10-32 "调整背景图像"对话框

10.3 创建光源

对三维实体进行渲染时，光源的应用将直接影响渲染的效果。当用户未在场景中创建光源时，AutoCAD将使用默认的光源对场景进行渲染（默认光源为视点后面的两个平行光）。用户可以根据需要创建点光源、聚光灯光源及平行光源等。创建光源的具体操作步骤如下：

（1）选择"工具"|"选项板"|"工具选项板"命令，如图10-33所示。

（2）打开的工具选项板，如图10-34所示，然后在其标题栏上右击，在弹出的快捷菜单中选择"常用光源"命令，如图10-35所示。

图10-33 打开工具选项板 　　　　图10-34 工具选项板

（3）打开的"常用光源"面板如图10-36所示。用户在使用该面板时，可直接将光源图标从面板上拖到绘图区中，并确定其位置。

图10-35 "选项板"快捷菜单 　　图10-36 "常用光源"选项板 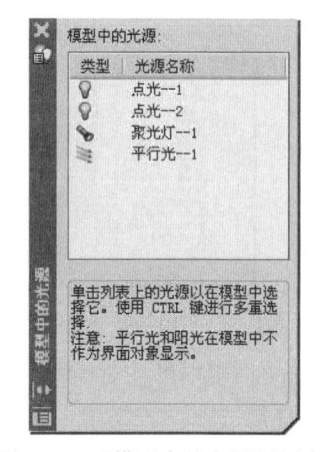　　图10-37 "模型中的光源"列表框

- 190 -

第 10 章 绘制三维图形

（4）若单击"渲染"工具栏中的"光源列表"按钮，可打开如图10-37所示的"模型中的光源"列表框(该列表框中列出了在图形中建立的所有光源)。对于所创建的各种光源,用户可以使用夹点工具进行移动或旋转,也可在"特性"窗口中将其打开或关闭,或可更改其特性。

10.3.1 创建点光源

点光源的光线从其所在位置向四周发射。在AutoCAD中,用户可参考下面的方法设置点光源。
- "常用光源"面板：拖拽(或单击)"常用光源"面板中的"点光源"图标至所需的位置。
- 命令行：输入POINTLIGHT后,按下Enter键。

参考上面所介绍的方法输入命令后，命令行依次提示如下：

命令:_Pointlight
指定源位置<0,0,0>：根据实际情况确定点光源位置
输入要更改的选项[名称(N)/强度(I)/状态(S)/阴影(W)/衰减(A)/颜色(C)/退出(X)]<退出>：↵

经过快速渲染后,点光源的渲染效果如图10-38所示。

在指定了光源位置后,还可在"特性"对话框中设置光源的名称、强度、状态、阴影、衰减、颜色等选项。

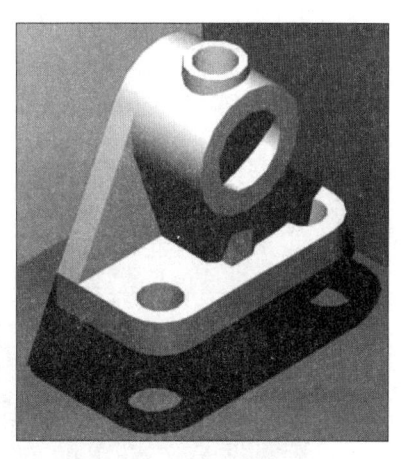

图10-38 点光源渲染效果

10.3.2 创建聚光灯

聚光灯可发射定向锥形的光线,使用时可以控制光源的投射方向和锥体的尺寸。聚光灯一般用于表现模型中的特定结构或区域。在AutoCAD中,用户可参考下面的方法设置聚光灯。
- "常用光源"面板：拖拽(或单击)"常用光源"面板中的"聚光灯"图标至所需的位置。
- 命令行：输入SPOTLIGHT后,按下Enter键。

参考上面所介绍的方法输入命令后,命令行依次提示如下：

命令:_Spotlight
指定源位置<0,0,0>：给定光源的位置
指定目标位置<0,0,-10>：给定光源所照射的目标位置
输入要更改的选项［名称(N)/强度(I)/状态(S)/聚光角(H)/照射角(F)/阴影(W)/衰减(A)/颜色(C)/退出(X)]<退出>：↵

经过快速渲染后,聚光灯的渲染效果如图10-39所示。
用户也可以设置聚光灯的名称、强度、状态、聚光角、照射角、阴影、衰减、颜色等选项。

10.3.3 创建平行光

平行光是仅向一个方向发射统一的平行光光线。在图形中,可以使用不同的光线轮廓表示每个聚光灯和点光源。但不会用轮廓表示平行光和阳光,因为它们没有离散的位置并且也不会影响到整个场景。在AutoCAD中,用户可参考下面的方法设置平行光。

- "常用光源"面板:拖拽(或单击)"常用光源"面板中的"平行光光源"图标至所需的位置。
- 命令行:输入DISTANTLIGHT后,按下Enter键。

参考上面所介绍的方法输入命令后,系统依次提示如下:

命令:_distantlight
指定光源来向<0,0,0> 或 [矢量(V)]: 0,100,100
指定光源去向<1,1,1>: 100,100,50
输入要更改的选项 [名称(N)/强度(I)/状态(S)/阴影(W)/颜色(C)/退出(X)] <退出>:

注意 ◆ 经过渲染后,平行光的渲染效果如图10-40所示。

图10-39 聚光灯渲染效果　　　　图10-40 平行光渲染效果

10.4 设置材质

在对实体进行渲染时,若能合理地使用材质可以增强模型的真实感。设置材质的一般方法是:选择"工具"|"工具选项板"命令,打开工具选项板后,在其标题栏上右击,从弹出的快捷菜单中选择"材质"命令,显示"材质"面板,如图10-41所示。

在使用材质时,只需将材质图标拖动到图形中的三维实体对象上。如要对材质进行编辑,则需打开"材质"对话框(如图10-42所示)。用户可参考下面的方法打开"材质"对话框。

- 工具栏:单击"渲染"工具栏中的"材质"按钮。
- 菜单栏:选择"视图"|"渲染"|"材质"。

第 10 章 绘制三维图形

- 命令行：输入MATERIALS后，按下Enter键。

"材质"对话框中显示选项组的功能如下：

- 在"材质"对话框的"图形中可用的材质"选项组中，圆柱体、长方体或球体样例则显示了从"材质"对话框拖到图形中的所有材质。图形中当前正在使用的材质在样例的右下角将显示相应的图标。如图10-43所示为附着了木材材质的实体，并经渲染后得到的图片。

图10-41 "材质"面板

图10-42 "材质"对话框

> **注意**
> ◆ "材质"对话框中的几个按钮分别用于切换显示模式、关闭/打开交错参考底图、创建新材质、从图形中清除（但无法删除全局材质和任何正在使用的材质）、将材质应用到对象、从选定的对象中删除材质等功能。

- 在"材质"对话框的"材质编辑器"选项组中，用户可以设置材质的颜色、漫射、反光度、不透明度、自发光等参数，如图10-44所示。

图10-43 附着材质的实体

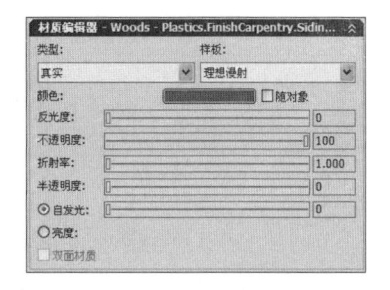

图10-44 "材质编辑器"选项组

- 在"材质"对话框的"贴图"选项组中，用户可以为材质的漫射颜色指定图案或纹理。贴图的图案或纹理将替换"材质编辑器"中材质的漫射颜色，如图10-45所示。

- 193 -

图10-45 "贴图"选项组

> **注意**
> ◆ 对于"真实"和"真实金属"材质类型,"材质"窗口的"贴图"部分分为三个贴图频道:漫射贴图、不透明贴图和凹凸贴图。对于"高级"材质类型和"高级金属"材质类型,"贴图"部分分为4个贴图频道:漫射贴图、反射贴图、不透明贴图和凹凸贴图。

- 在"材质"对话框的"高级光源替代"选项组中,用户可以设置当材质通过全局照明和最终聚集的间接发光照亮时,影响该材质渲染的参数。"高级光源替代"选项组提供了用于更改材质特性,以影响渲染场景的控件。此控件仅可用于"真实"材质类型和"真实金属"材质类型,如图10-46所示。
- 在"材质"对话框的"材质缩放与平铺"选项组中,用户可以指定材质上贴图的缩放比例和平铺方式,如图10-47所示。

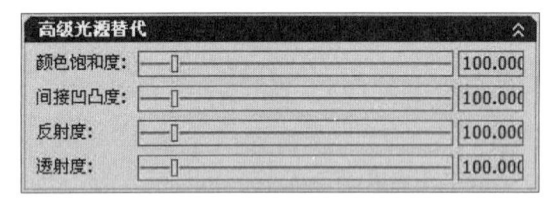

图10-46 "高级光源替代"选项组    图10-47 "材质缩放与平铺"选项组

- 在"材质"对话框的"材质偏移与预览"选项组中,用户可以指定材质上贴图的偏移、旋转和预览特性,如图10-48所示。

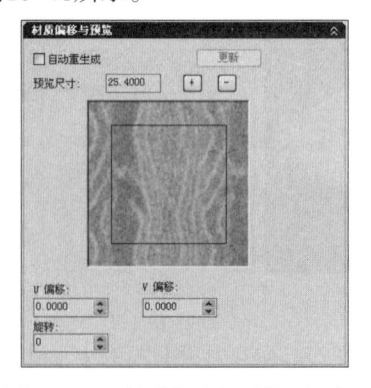

图10-48 "材质偏移与预览"选项组

第 10 章 绘制三维图形

如图10-49所示的两图为同一材质,由于设置的参数不同,得到不同的渲染效果。

(a)旋转角度为0°　　　　　　　　　(b)旋转角度为30°

图10-49　不同参数的渲染效果

10.5　设置贴图

贴图用于定义材质的附着方式。用户可以通过设置的贴图类型,使材质适应对象的形状并附着于对象上。

用户可以创建平面贴图、柱面贴图、球面贴图、长方体贴图。在图10-50所示的"贴图"工具栏中,集中了各种贴图的工具按钮。下面将简要介绍贴图的类型及作用。

图10-50　"贴图"工具栏

- 平面贴图:将材质附着到对象上,如同将其从幻灯片投影器投影到二维曲面上一样,图像不会失真,但会被缩放以适应对象,如图10-51所示。
- 长方体贴图:将材质附着到类似长方体的实体上,该图像将在对象的每个面上重复使用,如图10-52所示。

图10-51　平面贴图　　　　　　　　　图10-52　长方体贴图

- 柱面贴图:将材质附着到圆柱形的对象上,水平边将一起弯曲,但顶面和底面不会弯曲,图像的高度将沿圆柱体轴线进行缩放,如图10-53所示。
- 球面贴图:将材质附着到球形的对象上时,在水平和垂直两个方向上同时使图像弯曲,纹理贴图的顶部和底部压缩为一点,如图10-54所示。

- 195 -

图10-53 柱面贴图　　　　　　　图10-54 球面贴图

思考与练习

（1）绘制长宽高分别为60、40、30的长方体。
（2）绘制底面半径为10,高为30的圆柱。
（3）绘制长宽高分别为30、40、50的楔体。
（4）绘制圆环体半径为50,圆管半径为10的圆环。
（5）绘制半径为10,高度为50的螺旋。
（6）将图10-55所示平面图形拉伸成高度为10的三维实体。
（7）将图10-56所示的平面图形绕由1、2两点所确定的旋转轴旋转成三维实体。

图10-55 拉伸平面图　　　　　　　图10-56 平面图形

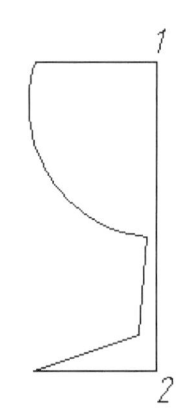

第11章

编辑三维图形

学习目标

本章将重点介绍创建复杂三维实体以及编辑实体表面的各种方法与技巧。

学习要求

- **了解**：复杂三维实体的造型分析。
- **掌握**：创建复杂三维模型及编辑实体表面的步骤与方法。

11.1 创建复杂的三维图形

在AutoCAD中，用户可以对三维对象进行镜像、旋转、阵列、对齐等编辑处理；也可通过布尔运算方法，将基本三维形体构建成复杂的形体；并可对基本体采用剖切的方法，获取多个实体或更为复杂的实体；还可利用倒角、圆角的命令，得到实体上的过渡面。

11.1.1 并集运算

通过"并集"运算，可将多个三维实体合并成为一个实体。在AutoCAD中，用户可参考下面的方法输入"并集"命令。

- 工具栏：单击"实体"编辑工具栏中的"并集"按钮 ⃝ 。
- 菜单栏：选择"修改"|"实体编辑"|"并集"命令。
- 命令行：输入UNION后，按下Enter键。

例如，如图11-1所示，将两个圆柱合并为一个实体。参考上面所介绍的方法输入命令后，系统依次提示如下：

命令：_union
选择对象：选取一个圆柱

选择对象：选取另一个圆柱
选择对象：↵

完成以上操作后，并集的结果如图11-2所示。

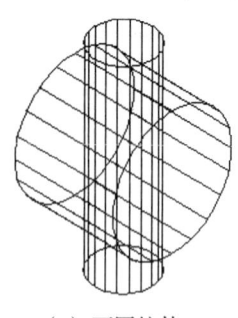

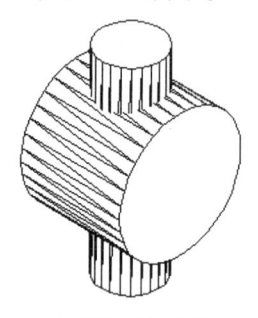

（a）两圆柱体　　　（b）消隐后的实体

图11-1　并集前的两个实体　　　图11-2　并集后的实体

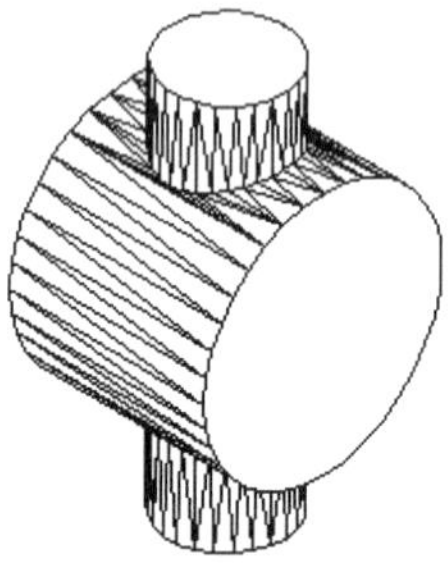

11.1.2　差集运算

通过"差集"运算，可在一个或多个三维实体中减去一个或多个实体，创建出新的实体（例如图11-3所示，需从大圆柱体上减去小的圆柱，从而形成一孔）。在AutoCAD中，用户可参考下面所介绍的方法输入"差集"的命令。

- 工具栏：单击"实体"编辑工具栏中的"差集"按钮 ⊙ 。
- 菜单栏：选择"修改"|"实体编辑"|"差集"命令。
- 命令行：输入SUBTRACT后，按下Enter键。

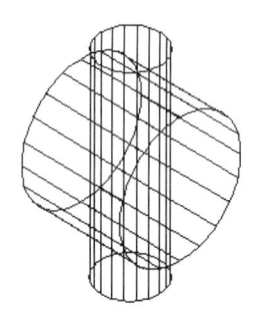

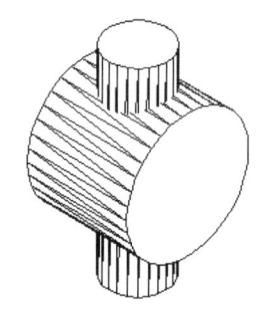

（a）两圆柱体　　　（b）消隐后的实体

图11-3　差集前两个实体

参考上面所介绍的方法输入命令后，系统依次提示如下：

命令：_subtract 选择要从中减去的实体或面域…
选择对象：选取大圆柱
选择对象：↵
选择要减去的实体或面域…
选择对象：选取小圆柱

选择对象：↵

完成以上操作后，差集结果如图11-4所示。

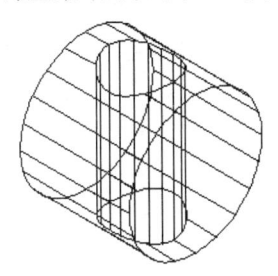

图11-4　差集后的实体

11.1.3　交集运算

通过"交集"运算，可从两个或多个相交的实体或面域中创建复合实体或面域，并删除交集外的区域（例如图11-5所示，求两圆柱交集的实体）。在AutoCAD中，用户可参考下面所介绍的方法输入"交集"的命令。

- 工具栏：单击"实体"编辑工具栏中的"交集"按钮 ⌾。
- 菜单栏：选择"修改"|"实体编辑"|"交集"命令。
- 命令行：输入INTERSECT后，按下Enter键。

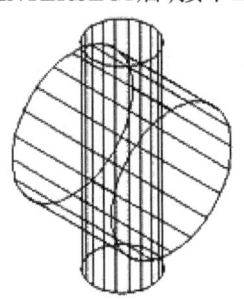

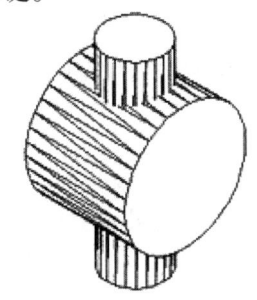

（a）两圆柱体　　　　（b）消隐后的实体

图11-5　交集前的两个实体

参考上面所介绍的方法输入命令后，系统依次提示如下：

命令：_intersect
选择对象：选择两个实体
选择对象：↵

完成以上操作后，交集的结果如图11-6所示。

图11-6　交集后的实体

11.1.4　三维旋转

对实体进行三维旋转时，需要定义一个旋转轴（例如图11-7所示，将图(a)中的圆柱旋转为图(b)所示位置）。

(a)　　　　　　　　　　　　(b)

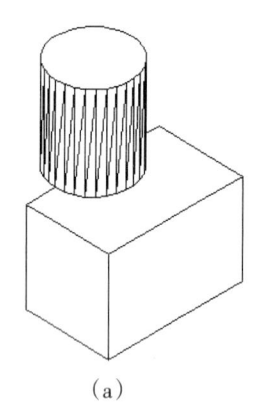

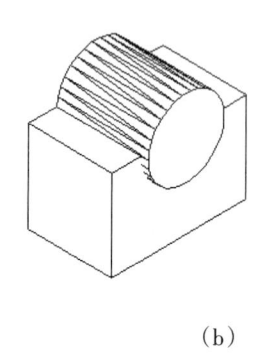

图11-7　旋转圆柱

在AutoCAD中，用户可参考下面的方法输入"三维旋转"的命令。

- 工具栏：单击"建模"工具栏中的"三维旋转"按钮 。
- 菜单栏：选择"修改"|"三维操作"|"三维旋转"命令。
- 命令行：输入3DROTATE后，按下Enter键。

参考上面所介绍的方法输入命令后，命令行依次提示如下：

命令：_3drotate
UCS 当前的正角方向： ANGDIR=逆时针　ANGBASE=0
选择对象：选择圆柱
选择对象：↵

系统在三维视图中显示旋转夹点工具，捕捉圆柱下底圆心，待旋转轴显示后按下Enter键，如图11-8所示。

指定角的起点或键入角度：90

完成以上操作后，旋转的结果如图11-7(b)所示。

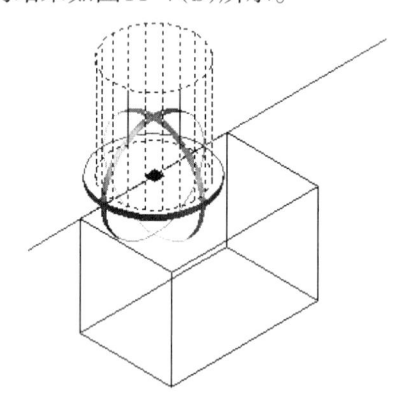

图11-8　显示的旋转轴

11.1.5　三维阵列

对实体进行三维阵列时，如是环形阵列，需要定义阵列中心的轴线，而三维矩形阵列则需定义Z轴方向的偏移量。创建图11-9所示平面图形的三维实体模型的步骤如下。

(1) 绘制φ47圆柱体和一个φ6圆柱体,如图11-10所示。

(2) 用"三维阵列"命令阵列出其余五个小圆柱。

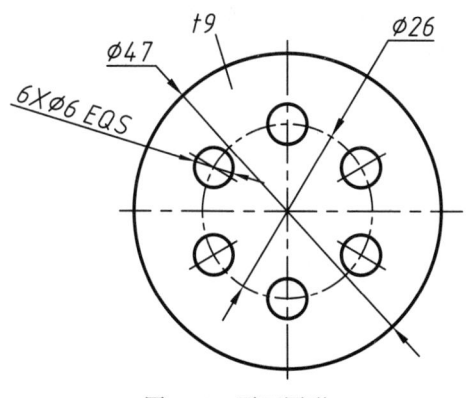

图11-9 平面图形　　　　图11-10 阵列前

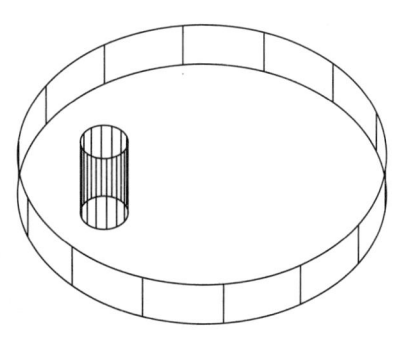

在AutoCAD中,用户可参考下面所介绍的方法"输入三维阵列"的命令。

- 菜单栏:选择"修改"|"三维操作"|"三维阵列"命令。
- 命令行:输入3DARRAY后,按下Enter键。

参考以上方法输入命令后,命令行依次提示如下:

命令:_3darray
正在初始化... 已加载 3DARRAY。
选择对象:点选小圆柱
选择对象:↵
输入阵列类型[矩形(R)/环形(P)]<矩形>:p
输入阵列中的项目数目:6
指定要填充的角度（+=逆时针,-=顺时针）<360>:
旋转阵列对象？[是(Y)/否(N)]<Y>:
指定阵列的中心点： <对象捕捉 开>捕捉大圆柱上底圆心
指定旋转轴上的第二点:捕捉大圆柱下底圆心

阵列结果如图11-11(a)所示。利用差集命令完成后的图形,如图11-11(b)所示。

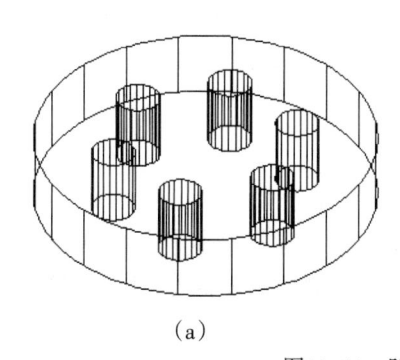

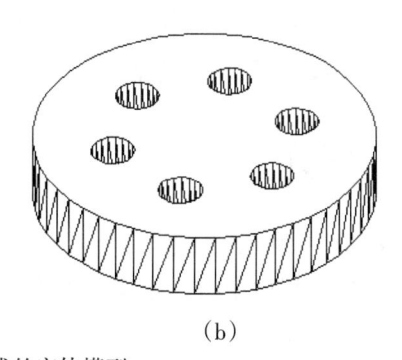

图11-11 阵列后完成的实体模型

11.1.6 三维对齐

在AutoCAD中,若要使用"三维对齐"命令需要指定对象上的3个源点以及目标对象上的3个点(例如图11-12所示,将图11-12(a)中的楔体与长方体对齐后,效果将如图11-12(b)所示)。

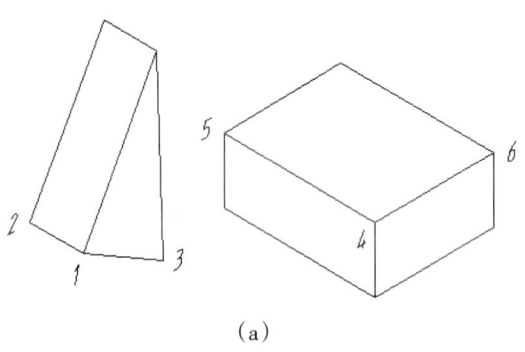

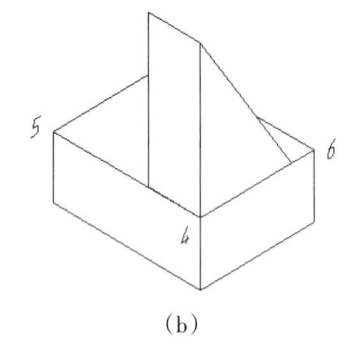

(a)   (b)

图11-12 三维对齐

在AutoCAD中,用户可以参考下面的方法输入"三维对齐"的命令。
- 菜单栏:选择"修改"|"三维操作"|"三维对齐"命令。
- 命令行:输入3DALIGN后,按下Enter键。

参考上面所介绍的方法输入命令后,命令行依次提示如下:

命令: _3dalign
选择对象:选择楔体
选择对象:↵
指定基点或 [复制(C)]:点选1
指定第二个点或 [继续(C)] <C>:点选2
指定第三个点或 [继续(C)] <C>:点选3
指定目标平面和方向 …
指定第一个目标点:点选4
指定第二个目标点或 [退出(X)] <X>:点选5
指定第三个目标点或 [退出(X)] <X>:点选6

完成以上操作后,对齐的结果如图11-12(b)所示。

11.1.7 剖切

AutoCAD中,利用"剖切"命令可以把一个或者一组实体分为多个实体(如图11-13(a)所示,利用"剖切"命令将轴承座从左右对称面处剖开,完成后效果如图11-13(b)所示)。

第 11 章　编辑三维图形

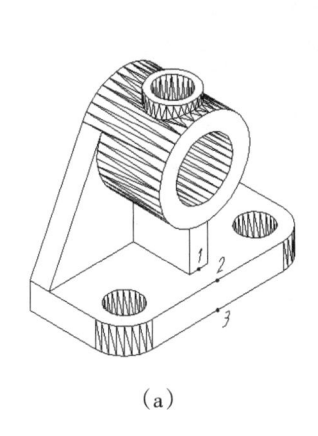

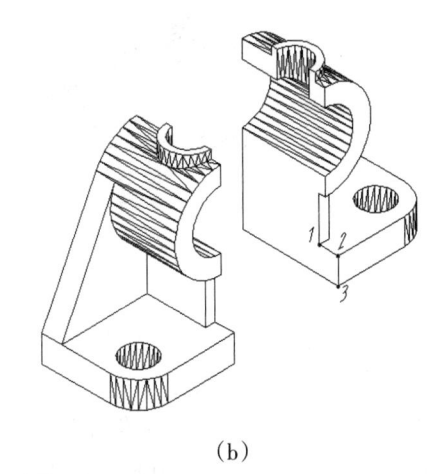

(a)　　　　　　　　　　　　　　(b)

图11-13　剖切实体

在AutoCAD中,用户可参考下面的方法输入"剖切"命令。
- 工具栏:单击"建模"工具栏中的"剖切"按钮。
- 命令行:输入SLICE后,按下Enter键。

参考上面介绍的方法输入命令后,命令行依次提示如下:

命令:_slice
选择要剖切的对象:选择轴承座
选择要剖切的对象:↵
确定切面的起点,或[平面对象(O)/曲面(S)/Z轴(Z)/视图(V)/XY(XY)/YZ(YZ)/ZX (ZX)/三点(3)]<三点>:点选中点1
指定平面上的第二个点:点选中点2
指定平面上的第三个点:点选中点3
在要保留的一侧指定点或[保留两侧(B)]:b

完成以上操作后,结果如图11-13(b)所示。
关于"剖切"命令选项的说明如下。

- <三点>三点方式:为缺省方式,即通过指定不在同一条直线上的三点定义剖切面。
- "O"对象方式:选择一个二维图形对象作为剖切面。可作为剖切面的二维图形包括圆、圆弧、椭圆、椭圆弧、样条曲线、矩形等。
- "Z"Z轴方式:通过选取Z轴指定剖切面。此时的Z轴与坐标系的Z轴无关。这种方式是以两点定义一条Z轴,剖切面垂直于此轴且经过第一个指定点。
- "V"视图方式:以平行于屏幕并经过指定点的面作为剖切面。
- "XY/YZ/ZX"坐标面方式:以平行于当前UCS的XY、YZ、ZX坐标面的平面作为剖切面。

11.1.8　倒角

用户可以用"倒角"命令在两个或者多个面之间创建倒角(例如图11-14(a)所示,将圆柱体的棱边倒角,(倒角距离为10)如图11-14(b)所示)。

(a) (b)

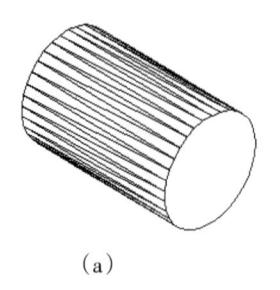

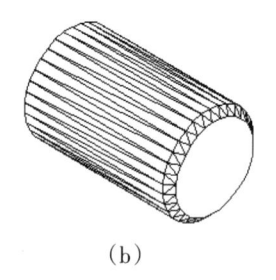

图11-14　倒角

在AutoCAD中,用户可参考下面的方法输入"倒角"的命令。
- 工具栏：单击"修改"工具栏中的"倒角"按钮 。
- 菜单栏：选择"修改"|"倒角"命令。
- 命令行：输入CHAMFER后,按下Enter键。

参考上面所介绍的方法输入命令后,命令行依次提示如下：

命令:_chamfer
("修剪"模式) 当前倒角距离1 = 0.0000,距离2 = 0.0000
选择第一条直线或[放弃(U)/多段线(P)/距离(D)/角度(A)/修剪(T)/方式(E)/多个(M)]: d
指定第一个倒角距离 <0.0000>: 10
指定第二个倒角距离 <10.0000>: ↵
选择第一条直线或[放弃(U)/多段线(P)/距离(D)/角度(A)/修剪(T)/方式(E)/多个(M)]:　点选要倒角的棱边
基面选择...
输入曲面选择选项 [下一个(N)/当前(OK)] <当前>: ↵
指定基面的倒角距离 <10.0000>: ↵
指定其他曲面的倒角距离 <10.0000>: ↵
选择边或 [环(L)]: 点选要倒角的棱边

完成以上操作后,倒角的结果如图11-14(b)所示。

11.1.9　圆角

用户可以利用圆角命令在两个或者多个面之间创建光滑的圆角过渡,例如图11-15(a)所示,将图形前面的左右两条棱边圆角(半径25),如图11-15(b)所示。

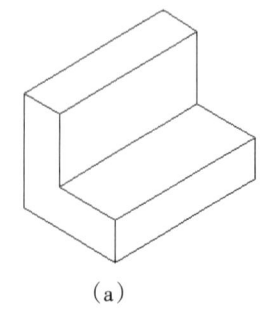

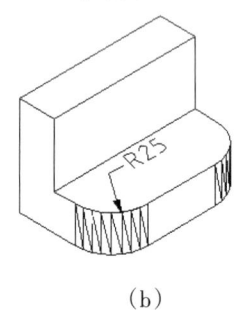

(a) (b)

图11-15　圆角

第 11 章 编辑三维图形

在AutoCAD中,用户可参考下面的方法输入"圆角"的命令。
- 工具栏:单击"修改"工具栏中的"圆角"按钮 ⬜。
- 菜单栏:选择"修改"|"圆角"命令。
- 命令行:输入FILLET后,按下Enter键。

参考上面所介绍的方法输入命令后,系统依次提示如下:

```
命令:_fillet
当前设置:模式 = 修剪,半径 = 0
选择第一个对象或[放弃(U)/多段线(P)/半径(R)/修剪(T)/多个(M)]: r
指定圆角半径<0>: 25
选择第一个对象或[放弃(U)/多段线(P)/半径(R)/修剪(T)/多个(M)]: 选择一条棱边
输入圆角半径<25.0000>: ↵
选择边或[链(C)/半径(R)]: 选择另一条棱边
选择边或[链(C)/半径(R)]: ↵
已选定2个边用于圆角。
```

完成以上操作后,圆角结果如图11-15(b)所示。

11.1.10 实体的夹点编辑

在AutoCAD 2008中可以通过夹点编辑的功能修改实体的线性尺寸。

如图11-16所示,选中小长方体和圆锥后即进入夹点编辑状态。从图中可以看出,在平面体的夹点功能中可以改变实体沿三个坐标轴方向的线性尺寸,在回转体中可以改变沿Z轴方向和径向的尺寸。现在要求将图1中的小长方体沿X、Y轴方向拖动到与下方大长方体平齐,将圆锥体改变成顶面为ϕ50的圆台。

具体操作方法如下。

(1)打开极轴,对象捕捉及对象追踪功能。

(2)用鼠标左键单击小长方体X、Y方向线段的中点夹点,拖动光标到下方大长方体上的对齐特殊点(中点或交点),点击鼠标左键确定。

(3)用鼠标左键单击并拖动圆锥体顶点处的径向夹点,在命令栏输入距离值25,回车确定。修改后的实体如图11-17所示。

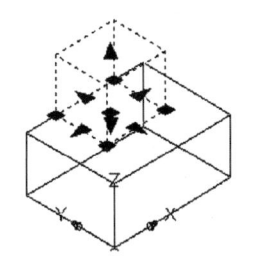

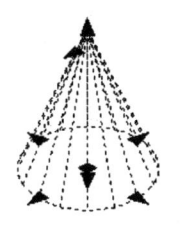

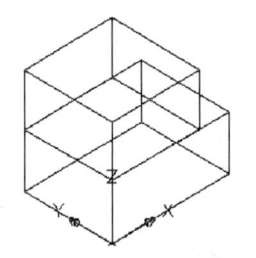

图11-16 实体的夹点   图11-17 利用夹点编辑的实体

实体中间的夹点为"位移夹点",点击并拖动光标可以快速移动图形。

11.1.11 坐标系的转换与应用

AutoCAD的坐标系分为固定的世界坐标系(WCS)和可移动的用户坐标系(UCS)两种类型。由于在AutoCAD中,绘制平面图形、标注尺寸等命令只能在XOY面内完成,因此在三维实体创建及标注过程中经常要重新定义XOY面。创建用户坐标系,就是根据作图需要重新确定坐标系的原点和新的X、Y、Z轴方向。用户可以定义、保存和恢复多个用户坐标系。并且当新的XOY面创建完成后,还可方便地应用"拉伸"建模功能,更加快捷地绘制实体。系统关于X、Y、Z轴的规定如下:用右手四指指向X轴的正方向,然后握向Y轴,这时大拇指的方向即为Z轴的正方向。UCS工具栏如图11-18所示。

图11-18 UCS工具栏

创建用户坐标系的方法有多种,但一般常用的是"三点"法。"三点"法创建新的XOY面的步骤如下:点击"UCS"工具栏中的"三点"按钮激活命令,确定新的坐标原点,指定X轴的方向,指定Y轴的方向。如点击该工具栏上的"世界"按钮即可将坐标系快速恢复成系统默认的坐标系。

绘制如图11-19所示实体并标注尺寸,步骤如下。

(1) 创建坐标系

点击UCS工具栏中的"三点"按钮,在绘图区域适当位置确定一个新原点,利用对象追踪线确定如图11-19(a)中所示X轴、Y轴方向。

(2) 在新的XOY面中,调用平面绘图命令绘制实体前方端面图形,如图11-19(a)所示。

(3) 激活"拉伸"建模命令,按提示生成实体,这时输入的拉伸高度值应为"-30"。

(4) 调用"差集"命令,生成内孔。

(5) 在当前坐标系下标注尺寸100、ϕ40、R50,然后将实体底面确定为XOY面,标注尺寸30,如图11-19(b)所示。

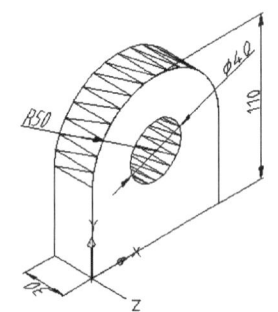

(a) 绘出平面图形　　　　　　　　(b) 拉伸成三维实体

图11-19 倒角

为方便作图,AutoCAD 2008提供了动态UCS工具(状态栏上的DUCS按钮)。使用动态UCS功能,可以在创建对象时使UCS的XOY平面自动与实体模型上的平面临时对齐。

实际操作的时候,先激活创建对象的命令,然后将光标移动到想要创建对象的平面中

间,该平面就会自动亮显,表示当前的UCS被对齐到此平面上,接着用户就可以在此平面上作出图形。

因动态UCS实现的坐标系转换是临时的,当创建对象完成后,UCS会自动恢复到创建前的状态。

例如,绘制如图11-20所示实体,其中圆孔为通孔,圆心位于斜面中心。具体操作步骤如下所示。

(1) 调用"长方体"和"剖切"命令,绘制斜切平面体。

(2) 在斜面上作辅助对角线,打开状态栏DUCS,调用"圆"命令,捕捉到对角线交点为圆心,半径为10,完成斜面上圆的绘制。

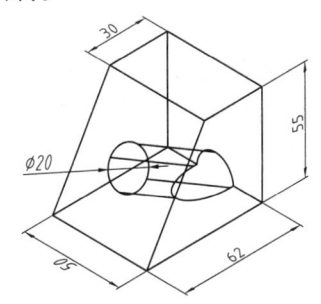

图11-20 动态UCS的应用

(3) 激活"按住并拖动"命令完成建模

"按住并拖动"功能为:将光标所在的封闭平面,拖动拉伸成一实体(拉伸建模的简化操作),并自动将该实体从原来实体中"减除",即自动完成了"差集"运算,形成孔洞。激活方法为:"建模"工具栏中的"按住并拖动"按钮，或在命令行输入命令Presspull。

激活"按住并拖动"命令后命令行提示:

单击有限区域以进行按住或拖动操作:将光标放到圆面中间(这时圆周亮显),按住鼠标左键沿着所需方向拖动光标直到贯穿实体,然后单击左键完成。

11.1.12 动态观察器的使用

通过AutoCAD的动态观察器可以动态观察三维模型,从而使建模更为方便、快捷。动态观察器工具栏如图11-21所示。

图11-21 "动态观察"工具栏

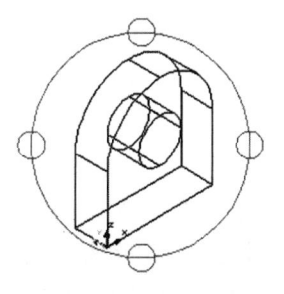

图11-22 自由动态观察器

在该工具栏中有"受约束的动态观察"、"自由动态观察"和"连续自由动态观察"三个按钮。

受约束的动态观察：用户通过拖动光标进行动态观察模型。如果沿水平方向拖动光标，模型垂直方向的坐标轴（通常为Z轴）将受约束而始终保持垂直的位置。

自由动态观察：三维动态观察器有一个三维动态圆形轨道，轨道的中心是目标点，如图11-22所示。当光标位于轨道的四个小圆上时，光标图形变成椭圆形，如在轨道内拖动光标，三维模型绕通过目标点的水平轴或垂直轴旋转；当光标在轨道外拖动时，三维模型则绕目标点作顺时针或逆时针旋转。

连续自由动态观察：按住鼠标左键拖动模型旋转一下后松开鼠标，模型便会沿着拖动的方向继续旋转。可以通过再次单击并拖动来改变连续动态观察的方向，也可通过单击停止模型的转动。

动态观察时，模型的坐标、位置并没有改变，只是观察者在以不同的角度、位置观察对象。要结束动态观察并恢复到先前的状态，只需按以下步骤进行：右击后，选择"退出"命令（或者直接按ESC键），再选择"视图"|"三维视图"|"西南轴测图"命令（或其他轴测图）。

11.2 实体表面编辑

用户可选择"修改"|"实体编辑"命令中提供的子命令（如"拉伸面"、"移动面"、"偏移面"、"抽壳"等）对实体的面、边、体进行编辑。

11.2.1 拉伸面

利用拉伸面命令，可按指定距离或路径拉伸实体上的指定表面（例如图11-23(a)所示，将A面向前拉伸25，如图11-23(b)所示）。

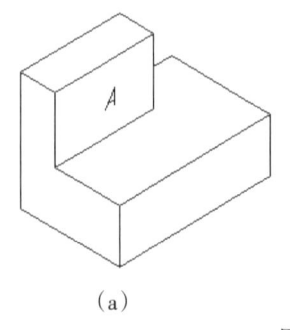

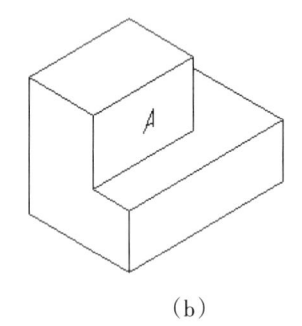

(a)　　　　　　　　　　(b)

图11-23　拉伸面

在AutoCAD中，用户可参考下面的方法输入"拉伸面"的命令。
- 工具栏：单击"实体编辑"工具栏中的"拉伸面"按钮 。
- 菜单栏：选择"修改"|"实体编辑"|"拉伸面"命令。
- 命令行：输入SOLIDEDIT后，按下Enter键。

参考上面所介绍的方法输入命令后，命令行依次提示如下：

第 11 章 编辑三维图形

```
命令：_solidedit
实体编辑自动检查：SOLIDCHECK=1
输入实体编辑选项[面(F)/边(E)/体(B)/放弃(U)/退出(X)]<退出>：F
输入面编辑选项
[拉伸(E)/移动(M)/旋转(R)/偏移(O)/倾斜(T)/删除(D)/复制(C)/着色(L)/放弃(U)/退出(X)]<
退出>：E
选择面或[放弃(U)/删除(R)]：选择A面
选择面或[放弃(U)/删除(R)/全部(ALL)]：↵
指定拉伸高度或[路径(P)]：25
指定拉伸的倾斜角度<0>：↵
已开始实体校验。
已完成实体校验。
输入面编辑选项
[拉伸(E)/移动(M)/旋转(R)/偏移(O)/倾斜(T)/删除(D)/复制(C)/着色(L)/放弃(U)/退出(X)]<
退出>：↵
实体编辑自动检查：SOLIDCHECK=1
输入实体编辑选项[面(F)/边(E)/体(B)/放弃(U)/退出(X)]<退出>：↵
```

完成以上操作后，拉伸的结果如图11-23(b)所示。

> **注意**
> ◆ 若指定拉伸高度值为正，则拉伸后实体体积增大；为负，则实体体积减少。

11.2.2 移动面

移动面是指沿指定的高度或距离移动选定的三维实体对象上的表面（一次可以选择多个面）。例如图11-24所示，将圆孔移动到对角线中点A处。

在AutoCAD中，用户可参考下面的方法输入"拉伸面"的命令。

- 工具栏：单击"实体编辑"工具栏中的"移动面"按钮。
- 菜单栏：选择"修改"|"实体编辑"|"移动面"命令。
- 命令行：输入SOLIDEDIT后，按下Enter键。

参考以上方法输入命令后，命令行依次提示如下：

```
命令：_solidedit
实体编辑自动检查：SOLIDCHECK=1
输入实体编辑选项[面(F)/边(E)/体(B)/放弃(U)/退出(X)]<退出>：F
输入面编辑选项
[拉伸(E)/移动(M)/旋转(R)/偏移(O)/倾斜(T)/删除(D)/复制(C)/着色(L)/放弃(U)/退出(X)]<
退出>：M
选择面或[放弃(U)/删除(R)]：选择圆孔内表面
```

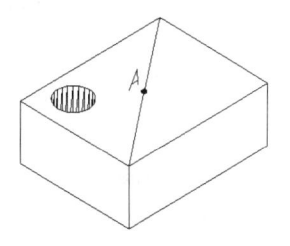

图11-24 移动面之前

选择面或[放弃(U)/删除(R)/全部(ALL)]: ↵
指定基点或位移: 捕捉上圆心
指定位移的第二点: 选择A点
已开始实体校验。
已完成实体校验。
输入面编辑选项
[拉伸(E)/移动(M)/旋转(R)/偏移(O)/倾斜(T)/删除(D)/复制(C)/着色(L)/放弃(U)/退出(X)]<退出>: ↵
实体编辑自动检查: SOLIDCHECK=1
输入实体编辑选项[面(F)/边(E)/体(B)/放弃(U)/退出(X)]<退出>: ↵

完成以上的操作后,移动的结果如图11-25所示。

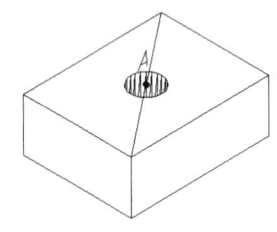

图11-25　移动面之后

11.2.3　偏移面

利用偏移面命令,可按指定的距离或通过指定的点均匀地将所选取的实体表面偏移。正值增大实体的尺寸或体积,负值则减小实体的尺寸或体积(例如图11-26所示,将圆孔的直径增大10mm)。在AutoCAD中,用户可参考下面的方法输入"偏移面"的命令。

- 工具栏: 单击"实体编辑"工具栏中的"偏移面"按钮 ▣ 。
- 菜单栏: 选择"修改"|"实体编辑"|"偏移面"命令。
- 命令行: 输入SOLIDEDIT后,按下Enter键。

参考上面所介绍的方法输入命令后,系统依次提示如下:

命令: _solidedit
实体编辑自动检查: SOLIDCHECK=1
输入实体编辑选项[面(F)/边(E)/体(B)/放弃(U)/退出(X)]<退出>: F
输入面编辑选项
[拉伸(E)/移动(M)/旋转(R)/偏移(O)/倾斜(T)/删除(D)/复制(C)/着色(L)/放弃(U)/退出(X)]<退出>: O
选择面或[放弃(U)/删除(R)]: 选择圆孔内表面
选择面或[放弃(U)/删除(R)/全部(ALL)]: ↵
指定偏移距离: -10
已开始实体校验。
已完成实体校验。
输入面编辑选项

[拉伸(E)/移动(M)/旋转(R)/偏移(O)/倾斜(T)/删除(D)/复制(C)/着色(L)/放弃(U)/退出(X)] <退出>: ↵

实体编辑自动检查：SOLIDCHECK=1

输入实体编辑选项[面(F)/边(E)/体(B)/放弃(U)/退出(X)] <退出>: ↵

完成以上操作后，偏移结果如图11-27所示。

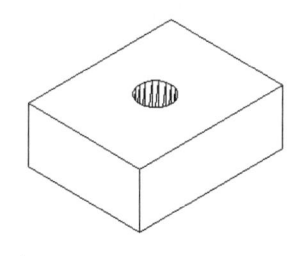

图11-26　偏移面之前　　　　　图11-27　偏移面之后

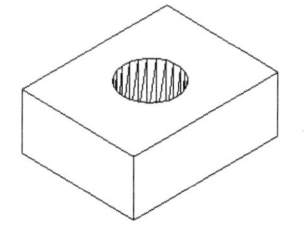

11.2.4　删除面

利用删除面命令可以删除实体上的表面，包括倒角和圆角所形成的过渡面（如图11-28所示，将圆孔的表面A、圆弧面B删除）。在AutoCAD中，用户可参考下面的方法输入"删除面"的命令。

- 工具栏：单击"实体编辑"工具栏中的"删除面"按钮 。
- 菜单栏：选择"修改"|"实体编辑"|"删除面"命令。
- 命令行：输入SOLIDEDIT后，按下Enter键。

参考上面所介绍的方法输入命令后，命令行依次提示如下：

命令: _solidedit
实体编辑自动检查：SOLIDCHECK=1
输入实体编辑选项[面(F)/边(E)/体(B)/放弃(U)/退出(X)] <退出>: F
输入面编辑选项
[拉伸(E)/移动(M)/旋转(R)/偏移(O)/倾斜(T)/删除(D)/复制(C)/着色(L)/放弃(U)/退出(X)] <退出>: D
选择面或[放弃(U)/删除(R)]: 选择A面。
选择面或 [放弃(U)/删除(R)/全部(ALL)]: 选择B面
选择面或[放弃(U)/删除(R)/全部(ALL)]: ↵
开始实体校验。
完成实体校验。
输入面编辑选项
[拉伸(E)/移动(M)/旋转(R)/偏移(O)/倾斜(T)/删除(D)/复制(C)/着色(L)/放弃(U)/退出(X)] <退出>: ↵

实体编辑自动检查：SOLIDCHECK=1
输入实体编辑选项[面(F)/边(E)/体(B)/放弃(U)/退出(X)] <退出>: ↵

完成以上操作后，删除结果如图11-29所示。

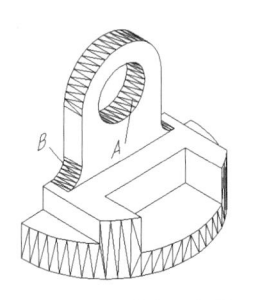

图11-28 删除面之前　　　　　　　　图11-29 删除面之后

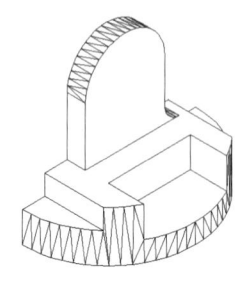

输入删除面的命令后,在选择面时,光标只能在要删除面的可见区域内单击,而不能单击在轮廓线上。

11.2.5 旋转面

用户可以利用旋转面命令,将所选定的实体上的表面绕指定轴线旋转(例如图11-30所示,将长方体上的一长圆孔的内表面绕其上表面圆心1及下表面圆心2所形成的轴线旋转,旋转角度为60度)。

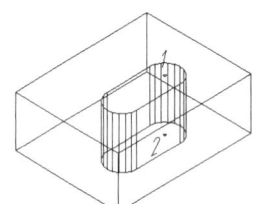

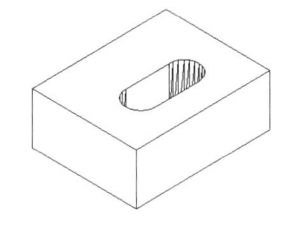

图11-30 旋转面之前

在AutoCAD中,用户可参考下面的方法输入"旋转面"的命令。
- 工具栏:单击"实体编辑"工具栏中的"旋转面"按钮。
- 菜单栏:选择"修改"|"实体编辑"|"旋转面"命令。
- 命令行:输入SOLIDEDIT后,按下Enter键。

参考上面所介绍的方法输入命令后,命令行依次提示如下:

```
命令:_solidedit
实体编辑自动检查:SOLIDCHECK=1
输入实体编辑选项[面(F)/边(E)/体(B)/放弃(U)/退出(X)]<退出>:F
输入面编辑选项
[拉伸(E)/移动(M)/旋转(R)/偏移(O)/倾斜(T)/删除(D)/复制(C)/着色(L)/放弃(U)/退出(X)]
<退出>:R
选择面或[放弃(U)/删除(R)]:找到 2 个面。
选择面或[放弃(U)/删除(R)/全部(ALL)]:找到 2 个面。
选择面或[放弃(U)/删除(R)/全部(ALL)]:↵
指定轴点或[经过对象的轴(A)/视图(V)/X 轴(X)/Y 轴(Y)/Z 轴(Z)]<两点>:选择1点
在旋转轴上指定第二个点:选择2点
```

第 11 章 编辑三维图形

```
指定旋转角度或[参照(R)]：60
已开始实体校验。
已完成实体校验。
输入面编辑选项
[拉伸(E)/移动(M)/旋转(R)/偏移(O)/倾斜(T)/删除(D)/复制(C)/着色(L)/放弃(U)/退出(X)]<退出>：↵
```

完成以上操作后，旋转结果如图11-31所示。

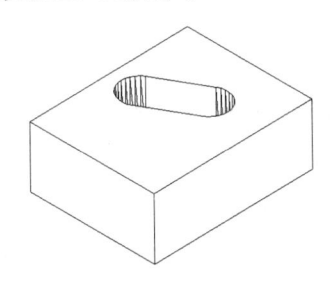

图11-31 旋转面之后

两点方式是确定旋转轴的缺省方式。通过两点定义轴线的位置时，轴线正方向为从第一点指向第二点，旋转方向由右手螺旋法则确定。

关于"旋转面"命令选项的说明如下。

- "对象方式"：对象方式使旋转轴与用户选择的图形对象对齐。可以作为旋转轴的对象包括直线、圆、圆弧、椭圆和样条曲线。各种对象作为旋转轴时的对齐方式如下。
    ◆ 直线：以直线为轴。
    ◆ 圆、椭圆、圆弧：轴线垂直于图形所在的面且经过圆心。
    ◆ 样条曲线：轴线为样条曲线的始点和终点的连线。
- "视图(V)"：视图方式是指旋转轴经过用户指定的点并垂直于视平面。
- "X/Y/Z"坐标轴方式使旋转轴经过用户指定的点并平行于当前UCS的X轴、Y轴、Z轴。

11.2.6 倾斜面

倾斜面命令可以将实体的表面按指定的角度倾斜，倾斜角度的旋转方向由所选择基点和第二点(沿选定矢量)的顺序决定(例如图11-32所示，将长方体的上表面ABCD倾斜)。在AutoCAD中，用户可参考下面所介绍的方法输入"倾斜面"的命令。

- 工具栏：单击"实体编辑"工具栏中的"倾斜面"按钮 。
- 菜单栏：选择"修改"|"实体编辑"|"倾斜面"命令。
- 命令行：输入SOLIDEDIT后，按下Enter键。

参考以上方法输入命令后，命令行依次提示如下：

```
命令：_solidedit
实体编辑自动检查：SOLIDCHECK=1
输入实体编辑选项[面(F)/边(E)/体(B)/放弃(U)/退出(X)] <退出>：F
输入面编辑选项
```

- 213 -

[拉伸(E)/移动(M)/旋转(R)/偏移(O)/倾斜(T)/删除(D)/复制(C)/着色(L)/放弃(U)/退出(X)]<退出>：T
　　选择面或[放弃(U)/删除(R)]：选择ABCD面
　　选择面或[放弃(U)/删除(R)/全部(ALL)]：↵
　　指定基点：选择B点
　　指定沿倾斜轴的另一个点：选择A点
　　指定倾斜角度：-30
　　已开始实体校验。
　　已完成实体校验。
　　输入面编辑选项
[拉伸(E)/移动(M)/旋转(R)/偏移(O)/倾斜(T)/删除(D)/复制(C)/着色(L)/放弃(U)/退出(X)]<退出>：↵

完成以上操作后，倾斜结果如图11-33所示。

倾斜轴基点端不倾斜，倾斜轴的另一点所在端倾斜(收缩或扩张)。倾斜角若为负值，选择的面向着使立体体积增大的方向变化；倾斜角为正，实体体积减小。

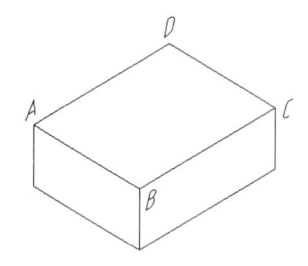

　　图11-32　倾斜面之前　　　　　　　　图11-33　倾斜面之后

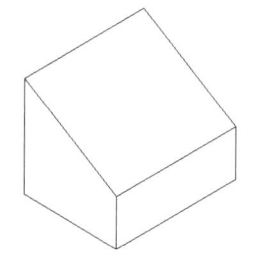

11.2.7　复制面

"复制面"命令可以将实体模型的某个表面复制成为一面域(例如图11-34所示，复制实体上由虚线确定的表面)。

在AutoCAD中，用户可参考下面的方法输入"复制面"的命令。

- 工具栏：单击"实体编辑"工具栏中的"复制面"按钮 ▦ 。
- 菜单栏：选择"修改"|"实体编辑"|"复制面"命令。
- 命令行：输入SOLIDEDIT后，按下Enter键。

参考上面所介绍的方法输入命令后，系统依次提示如下：

　　实体编辑自动检查：SOLIDCHECK=1
　　输入实体编辑选项[面(F)/边(E)/体(B)/放弃(U)/退出(X)] <退出>：F
　　输入面编辑选项
[拉伸(E)/移动(M)/旋转(R)/偏移(O)/倾斜(T)/删除(D)/复制(C)/着色(L)/放弃(U)/退出(X)]<退出>：C
　　选择面或[放弃(U)/删除(R)]：选择虚线所在面

第 11 章 编辑三维图形

选择面或[放弃(U)/删除(R)/全部(ALL)]：↵
指定基点或位移：选择A点
指定位移的第二点：@0,40,0
输入面编辑选项
[拉伸(E)/移动(M)/旋转(R)/偏移(O)/倾斜(T)/删除(D)/复制(C)/着色(L)/放弃(U)/退出(X)] <退出>：↵

完成以上操作后，复制结果如图11-35所示。

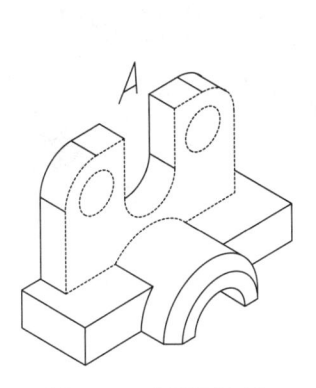

图11-34　复制面之后　　　　图11-35　复制面之前

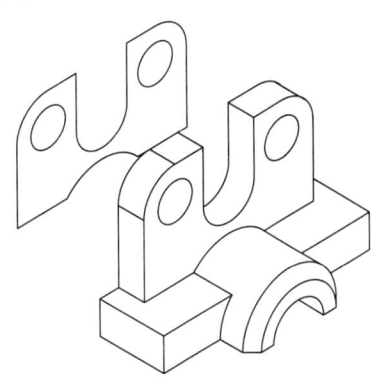

11.2.8　着色面

"着色面"命令用于修改实体表面的颜色（例如图11-36所示，修改虚线所确定的面的颜色）。在AutoCAD中，用户可参考下面所介绍的方法输入"着色面"的命令。

- 工具栏：单击"实体编辑"工具栏中的"着色面"按钮 。
- 菜单栏：选择"修改"|"实体编辑"|"着色面"命令。
- 命令行：输入SOLIDEDIT后，按下Enter键。

参考上面所介绍的方法输入命令后，命令行依次提示如下。

命令：_solidedit
实体编辑自动检查：SOLIDCHECK=1
输入实体编辑选项[面(F)/边(E)/体(B)/放弃(U)/退出(X)] <退出>：F
输入面编辑选项
[拉伸(E)/移动(M)/旋转(R)/偏移(O)/倾斜(T)/删除(D)/复制(C)/着色(L)/放弃(U)/退出(X)] <退出>：L
选择面或[放弃(U)/删除(R)]：选择一个虚线面
选择面或[放弃(U)/删除(R)/全部(ALL)]：选择另一个虚线面
选择面或[放弃(U)/删除(R)/全部(ALL)]：↵

此时将打开"选择颜色"对话框，如图11-37所示。在"选择颜色"对话框中给面指定新的颜色，然后单击"确定"按钮，返回命令行提示如下：

输入面编辑选项
［拉伸(E)/移动(M)/旋转(R)/偏移(O)/倾斜(T)/删除(D)/复制(C)/着色(L)/放弃(U)/退出(X)］＜退出＞：↵

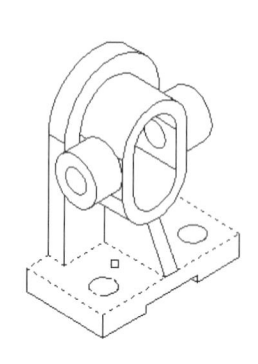

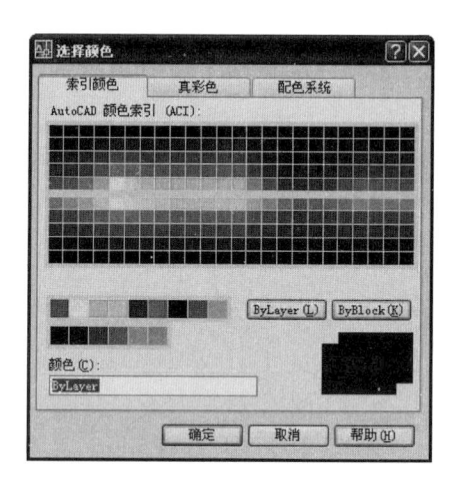

图11-36　着色面　　　　　　　　图11-37　选择颜色对话框

11.2.9　复制边和着色边

"复制边"和"着色边"命令类似于"复制面"和"着色面"命令，复制边和着色边可以把实体的棱边进行复制和着色。激活"复制边"的方法有以下几种。
- 工具栏：单击"实体编辑"工具栏中的"复制边"按钮 。
- 菜单栏：选择"修改"|"实体编辑"|"复制边"命令。
- 命令行：输入SOLIDEDIT后，按下Enter键。

复制边和着色边的具体操作过程除了选择实体的棱边外，其余的和复制面及着色面的操作完全一样，本节不再复述。

11.2.10　压印和清除

压印是在选择的对象上印上另一个对象。被压印的对象必须与选定对象的一个或多个面相交。压印操作仅限对圆弧、圆、直线、二维和三维多段线、椭圆、样条曲线、面域以及三维实体进行。

清除是压印的反操作，可以将通过压印操作留在实体表面的压印清除（例如图11-38所示，将长方体表面上的圆以及和长方体相交的圆柱压印在长方体的表面上）。

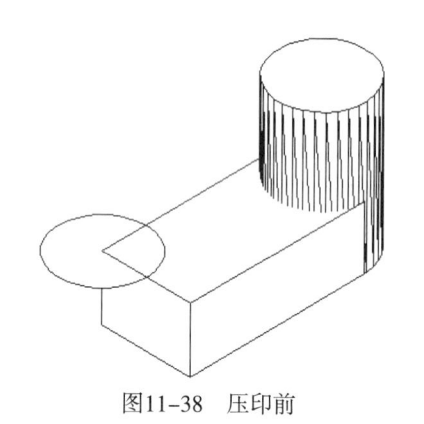

图11-38　压印前

在AutoCAD中，用户可参考下面所介绍的方法输入"压印面"的命令。
- 工具栏：单击"实体编辑"工具栏中的"压印"按钮 。
- 菜单栏：选择"修改"|"实体编辑"|"压印"命令。
- 命令行：输入SOLIDEDIT后，按下Enter键。

参考上面所介绍的方法输入命令后，命令行依次提示如下：

命令：_solidedit
实体编辑自动检查：SOLIDCHECK=1
输入实体编辑选项[面(F)/边(E)/体(B)/放弃(U)/退出(X)]<退出>：B
输入体编辑选项
[压印(I)/分割实体(P)/抽壳(S)/清除(L)/检查(C)/放弃(U)/退出(X)]<退出>：I
选择三维实体：选择长方体
选择要压印的对象：选择圆
是否删除源对象[是(Y)/否(N)]<N>：Y
选择要压印的对象：选择圆柱
是否删除源对象[是(Y)/否(N)]<N>：Y
选择要压印的对象：↵
输入体编辑选项
[压印(I)/分割实体(P)/抽壳(S)/清除(L)/检查(C)/放弃(U)/退出(X)]<退出>：↵

图11-39 压印后

完成以上操作后，结果如图11-39所示。

11.2.11 抽壳

利用抽壳命令可将三维实体按指定的厚度抽空，而成为一壳体。一个三维实体只能形成一个壳，可以为所有面指定一个固定的厚度。抽壳时，可通过选择实体上的表面而将这些面排除在壳外，AutoCAD将现有的面偏移出原始位置来创建新面（例如图11-40所示，通过抽壳，将实体变成壁厚为3mm的壳体）。

图11-40 抽壳前　　　　图11-41 抽壳后

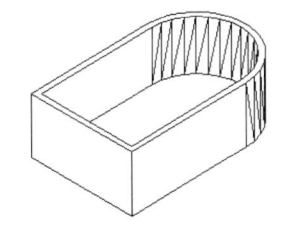

在AutoCAD中，用户可参考下面所介绍的方法输入"抽壳"的命令。
- 工具栏：单击"实体编辑"工具栏中的"抽壳"按钮 。
- 菜单栏：选择"修改"|"实体编辑"|"抽壳"命令。
- 命令行：输入SOLIDEDIT后，按下Enter键。

参考上面所介绍的方法输入命令后，命令行提示行如下：

命令：_solidedit
实体编辑自动检查：SOLIDCHECK=1
输入实体编辑选项[面(F)/边(E)/体(B)/放弃(U)/退出(X)]<退出>：B
输入体编辑选项
[压印(I)/分割实体(P)/抽壳(S)/清除(L)/检查(C)/放弃(U)/退出(X)]<退出>：S
选择三维实体：选择三维图形
删除面或[放弃(U)/添加(A)/全部(ALL)]：选择上表面
删除面或[放弃(U)/添加(A)/全部(ALL)]：↵
输入抽壳偏移距离：3
已开始实体校验
已完成实体校验
输入体编辑选项
[压印(I)/分割实体(P)/抽壳(S)/清除(L)/检查(C)/放弃(U)/退出(X)]<退出>：↵

完成以上操作后，抽壳结果如图11-41所示。

11.3 创建复杂三维实体模型的综合实例

本节将通过创建如图11-42所示轴承座的三维实体模型，介绍复杂三维实体模型的创建步骤与方法。

首先将轴承座分解为底板、圆筒、支承板、凸台和肋板5个部分。绘出各部分的三维实体后，再将各部分组装在一起，便可得到轴承座整体的三维实体模型。

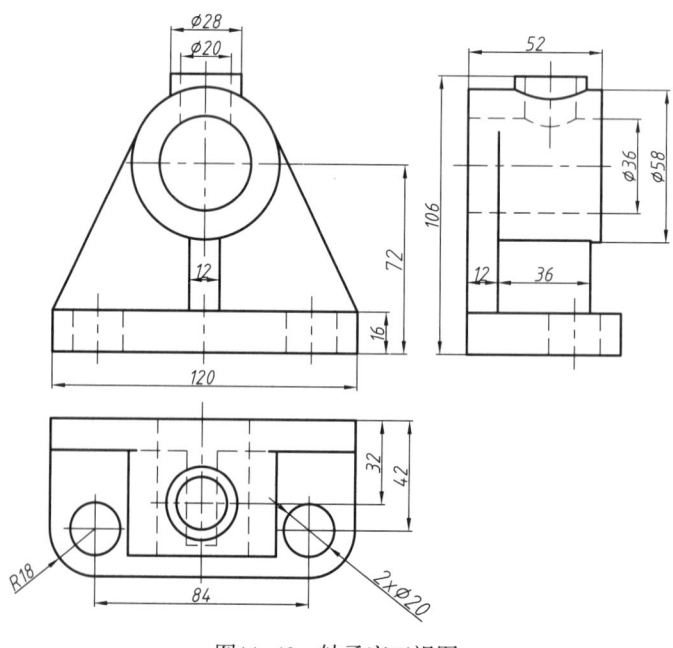

图11-42 轴承座三视图

1. 轴承座底板

① 绘制一长方体

命令:_box
指定第一个角点或[中心(C)]：给一角点
指定其他角点或 立方体(C)/长度(L)：L
指定长度：120
指定宽度：60
指定高度或 [两点(2P)]：16

完成以上操作后,绘制的长方体如图11-43所示。

② 圆角

命令:_fillet
当前设置：模式 = 修剪,半径 = 0
选择第一个对象或[放弃(U)/多段线(P)/半径(R)/修剪(T)/多个(M)]：选择前棱线1
输入圆角半径<0>：18
选择边或[链(C)/半径(R)]：选择前棱线2
选择边或[链(C)/半径(R)]：↵

完成以上操作后圆角结果如图11-44所示。

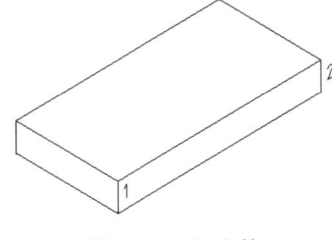

图11-43　长方体

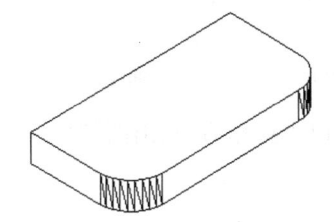

图11-44　长方体圆角

③ 圆孔

命令:_cylinder
指定底面的中心点或[三点(3P)/两点(2P)/相切、相切、半径(T)/椭圆(E)]：捕捉图11-37中圆弧的圆心
指定底面半径或[直径(D)]：10
指定高度或[两点(2P)/轴端点(A)] <16.0000>：16

完成以上操作后复制圆柱到另一个圆孔位置。

命令:_subtract 选择要从中减去的实体或面域...
选择对象：选择长方体
选择对象：
选择要减去的实体或面域...
选择对象：一个圆柱
选择对象：选择另一个圆柱,总计2个

选择对象：↵

完成以上操作后，差集结果如图11-45所示。

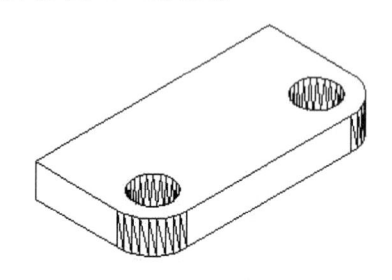

图11-45 底板

2. 绘制圆筒

① 绘制两个圆柱

命令：_cylinder
指定底面的中心点或[三点(3P)/两点(2P)/相切、相切、半径(T)/椭圆(E)]：在空白处点击一点
指定底面半径或[直径(D)] <10.0000>：29
指定高度或[两点(2P)/轴端点(A)] <16.0000>：52
命令：_cylinder
指定底面的中心点或[三点(3P)/两点(2P)/相切、相切、半径(T)/椭圆(E)]：捕捉大圆柱下表面中心点
指定底面半径或[直径(D)] <29.0000>：18
指定高度或[两点(2P)/轴端点(A)] <52.0000>：52

完成以上操作后，绘出两圆柱，再用差集命令作出圆筒，如图11-46所示。

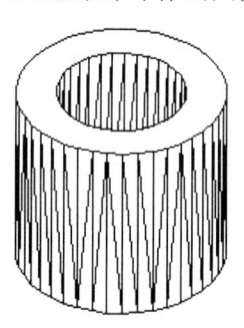

图11-46 绘制圆筒

② 旋转圆筒

命令：_3drotate
UCS 当前的正角方向：ANGDIR=逆时针 ANGBASE=0
选择对象：选择圆筒
选择对象：↵
利用夹点工具指定基点：圆筒下底面圆心
拾取旋转轴：指定显示的轴线
指定角的起点或键入角度：90

完成以上操作后，旋转结果如图11-47所示。

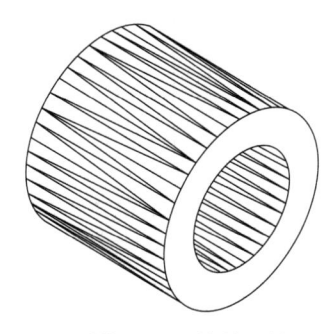

图11-47　旋转圆筒

3. 组装底板和圆筒

① 绘制圆筒的定位线

命令:_line
指定第一点：捕捉底板后下棱线的中点
指定下一点或［放弃(U)］: @0,0,72
指定下一点或［放弃(U)］: ↵

完成以上操作后，作图结果如图11-48所示。

② 组装圆筒

以圆筒后表面的中心点为基点，移动圆筒到直线的上端点，如图11-49所示。

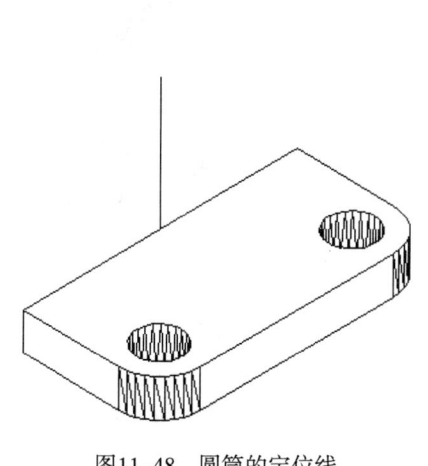

图11-48　圆筒的定位线

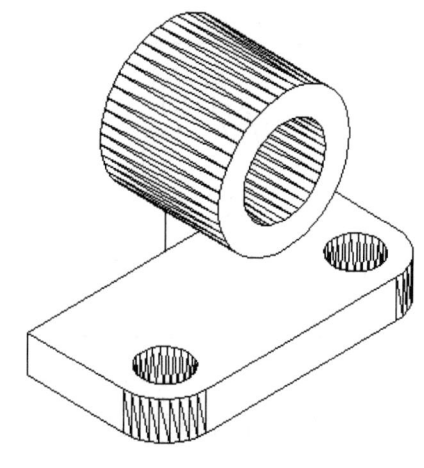

图11-49　组装圆筒

4. 绘制支承板

用户可以在轴承座的主视图上，通过拉伸获得支承板的实体模型，具体创建步骤如下。
（1）复制一个主视图如图11-50(a)所示，然后将其修改成图11-50(b)所示的图形。

（a） （b）

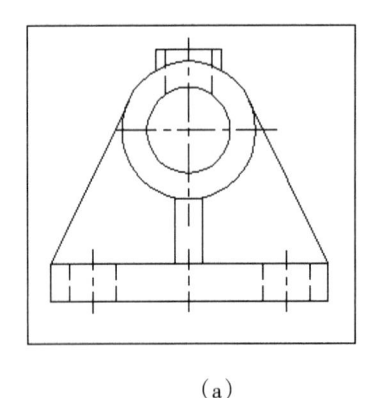

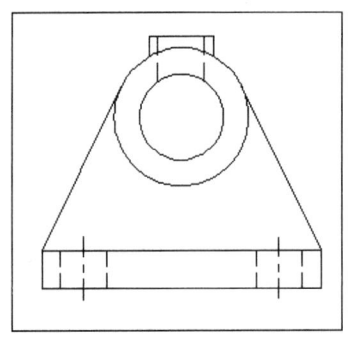

图11-50 复制主视图

（2）创建一个封闭多段线。选择"绘图"|"边界"命令后，命令行提示如下：

拾取内部点：在支承板图形区域内点击(如图11-51所示)
BOUNDARY已创建1个多段线

（3）设置拉伸。选择"建模"|"拉伸"命令后，命令行提示如下：

当前线框密度：ISOLINES=4
选择要拉伸的对象：选择已创建的多段线
选择要拉伸的对象：↵
指定拉伸的高度或[方向(D)/路径(P)/倾斜角(T)]：12

（4）三维旋转并移动支承板(作图结果如图11-52所示)。

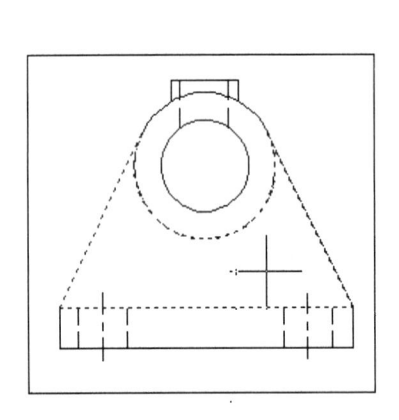

图11-51 创建封闭多段线

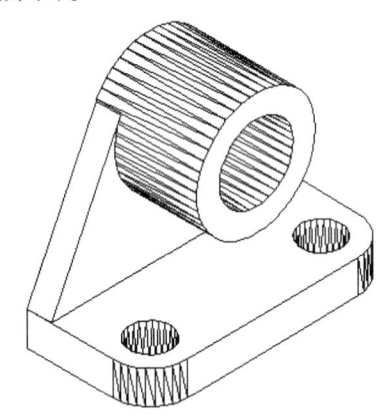

图11-52 组装支承板

5. 绘制肋板

绘制肋板的具体操作方法如下：

（1）复制主视图，将如图11-53 所示的肋板区域建成一封闭多段线后，拉伸36的高度，即得肋板实体模型。

（2）肋板绕X轴旋转90度，并安装在图11-54所示位置。

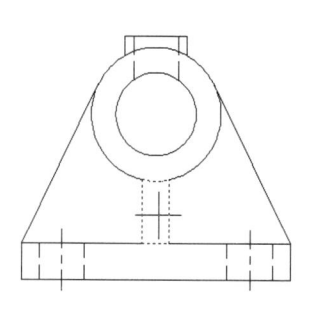

图11-53　创建肋板实体模型　　　　　　图11-54　组装肋板

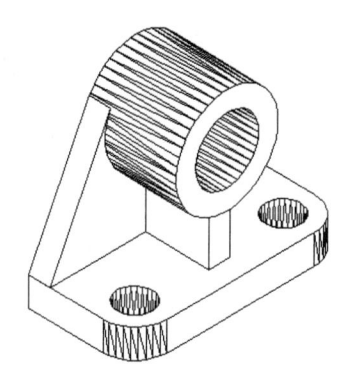

6. 绘制凸台

绘制凸台的操作方法如下：

（1）绘制两个直径分别为20,28,高度均为34(长度可灵活)的圆柱。
（2）按尺寸绘出凸台的定位线。

命令:_line
指定第一点：捕捉底板后下棱线终点
指定下一点或[放弃(U)]：@0,0,106
指定下一点或[放弃(U)]：@0,-32,0
指定下一点或[闭合(C)/放弃(U)]：↵

完成以上操作后,作图结果如图11-55所示。

（3）完成以上操作后,移动圆柱。以两圆柱的上底面的圆心为基点,将其移动到定位线的端点处,如图11-56所示。

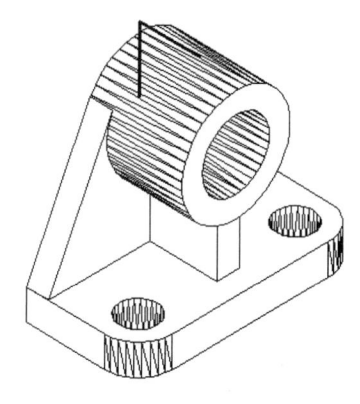

图11-55　凸台的定位线　　　　　　图11-56　安放凸台

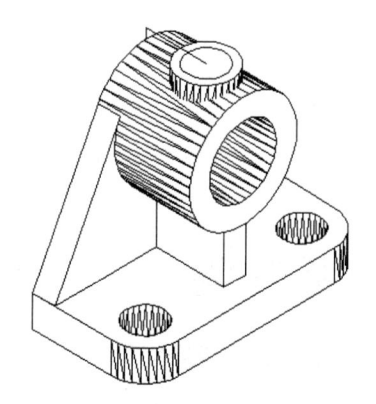

7. 综合整理

将凸台的大圆柱与圆筒并集,再与凸台上的小圆柱差集,最后再将所有实体并集,完成后的轴承座模型效果如图11-57所示。

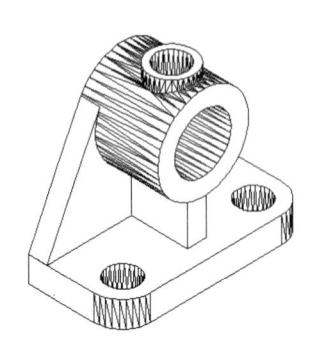

图11-57　综合整理

扫码可见"三维实体生成平面图形和视口的使用"

11.4　三维实体生成平面视图的方法

在本节中通过如图11-58所示三维实体。介绍三维实体生成平面视图的方法。

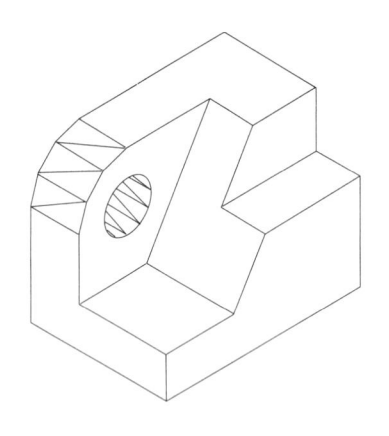

图11-58　三维实体图

11.4.1　基本原理

综合使用"三维旋转"命令、"轮廓"命令和"俯视"视图投影方法生成平面视图。首先将六个投影实体创建、复制到恰当位置,然后使其绕相应旋转轴三维旋转90°(-90°)或180°(-180°),再利用俯视图的投影关系把各个实体投影到俯视图所在的H面上,最后将实体转换成轮廓图形,删除轮廓图形后得到各个平面视图。

原理的核心是:以生成俯视平面视图的实体为中心,复制、旋转其他投影实体,在H面上生成对应的平面视图,也就是将主视图、左视图、右视图、后视图、仰视图均投影到H面上画出。

11.4.2 具体步骤

1. 绘制、复制、旋转实体,生成所需各个视图实体。

在模型空间"西南轴测图"绘制环境中,根据要求绘制俯视图实体,如图11-58所示。

在所绘实体的正上方复制两个实体(最上方实体用来生成仰视图,下方实体用来生成主视图),将主视图实体以X轴为旋转轴旋转"–90°",将仰视图实体以X轴为旋转轴旋转"–180°"。

将旋转后的主视图实体在其正左方,正右方分别复制一个(正右方实体用来生成左视图,正左方实体用来生成右视图),然后将正右方左视图实体以Y轴为旋转轴旋转"–90°",将正左方右视图实体以Y轴为旋转轴旋转"+90°"。

最后在左视图实体的正右方再复制一个旋转后的主视图实体(实体用来生成后视图),并将其以Y轴旋转轴旋转"–180°"。旋转后的实体如图11-59所示。

> **注意**
> ◆ 以上旋转轴的选定及其旋转角度对所有实体均适用。
> 旋转基点的选择没有特别的要求,一般选取旋转轴所在直线的中点。
> 为使旋转后的图形仍然保证"长对正、高平齐"的投影关系,应将"正交"或"极轴追踪"功能打开。

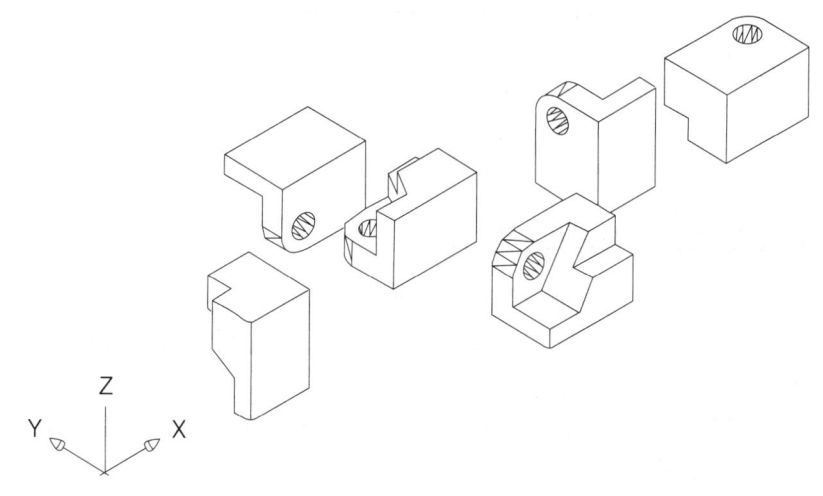

图11-59 复制、旋转后的六个实体图

2. 在H面上利用"俯视"投影关系生成各个视图,将实体转换成轮廓图形,删除轮廓图形。

点击"布局"按钮进入图纸绘图环境。
双击鼠标左键激活系统自动生成的视口。
在该视口下,点击"视图"下拉菜单→"三维视图"→"俯视(T)"(如图11-60),得到的各

个视图如图11-61所示,若视图位置距离不合适可使用"移动"命令进行调整。

点击"绘图"下拉菜单→"建模"→"设置"→"轮廓",这时命令栏提示:

选择对象:/ 选择其中一个实体 <回车>

是否在单独的图层中显示隐藏的轮廓线? [是(Y)/否(N)]<是>:<回车>

是否将轮廓线投影到平面? [是(Y)/否(N)]<是>:<回车>

是否删除相切的边? [是(Y)/否(N)]<是>:<回车>

再用相同的方法及操作选择另外五个实体,将各个实体均转换成轮廓图形。

进入"三维视图"的绘图环境,选择各个实体轮廓图形,删除。

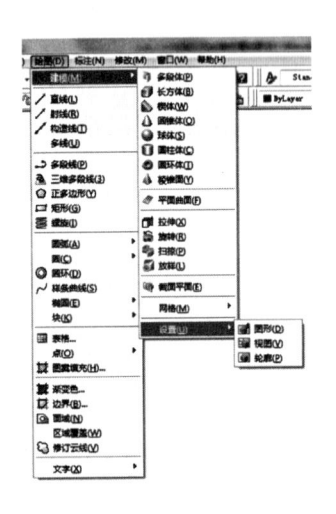

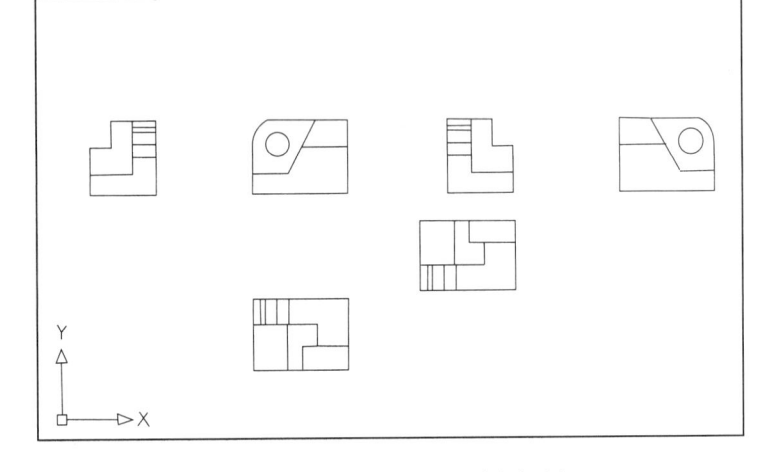

图11-60 轮廓命令对话框　　　　图11-61 俯视投影后生成的视图

"轮廓"命令不能在"模型空间"下使用。

3. 修改图层参数设置,得到最终平面视图。

返回"平面视图"的绘图环境得到各个平面视图,如图11-62所示。这时点击"图层"下拉按钮,可以看到系统自动生成了两个以"PH"和"PV"为前缀的新图层,"PH"为虚线图层,"PV"为实线图层,图层参数均未设置。

点击"图层特性管理器"按钮,进行"PH"和"PV"图层的线型、线宽、颜色设置。设置了图层参数的视图如图11-63所示。

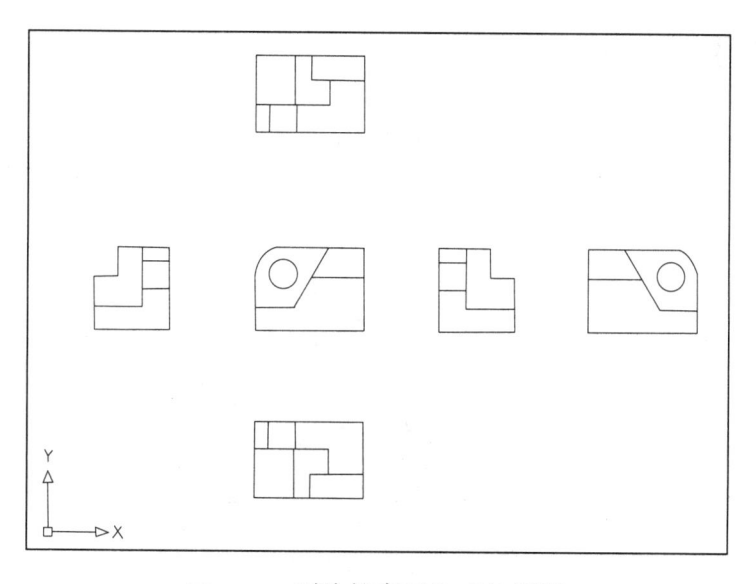

图11-62　删除轮廓后生成的视图

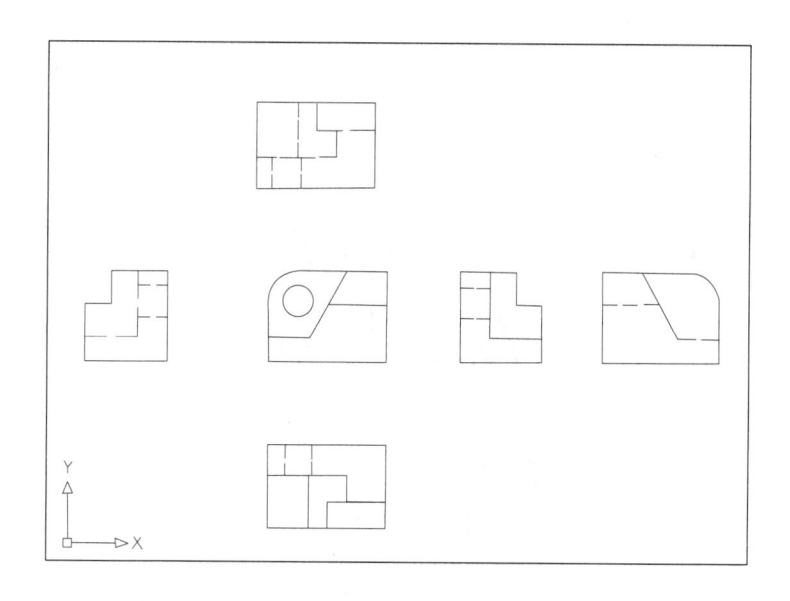

图11-63　设置图层参数后的视图

将"PH"图层设置成虚线线型后,有时线型比例不合适,虚线显示不明显。这时直接在右键"特性"中是无法修改线型比例的。

解决方法是:点击"分解"命令将各个视图分解,然后修改线型比例。如果软件不能自动刷新,可点击"视图"下拉菜单中的"全部重生成"刷新。另外,也可"复制"视图到新建的文件窗口中"粘贴"视图后,显示线型。

完成以上步骤后,任何三维实体均可生成六个平面视图。

思考与练习

（1）按图11-64和图11-65中的尺寸，创建实体模型。

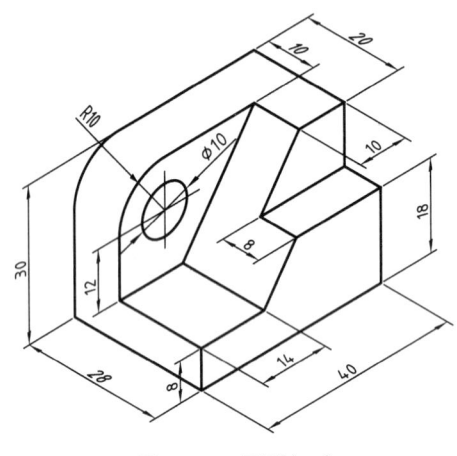

扫码可见图11-64
习题讲解

图11-64　图形（一）

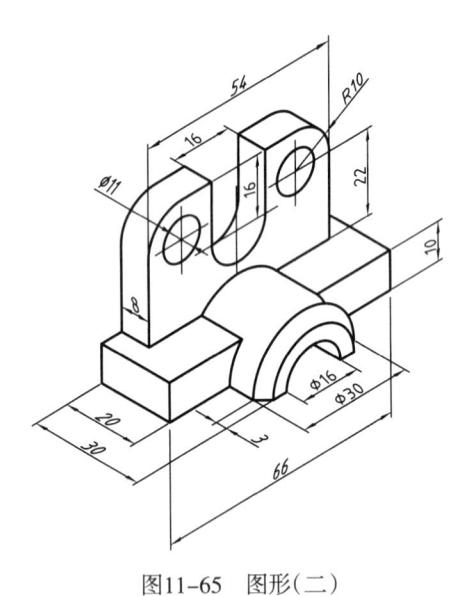

图11-65　图形（二）

（2）根据图11-66、图11-67所示的三视图，创建实体模型。

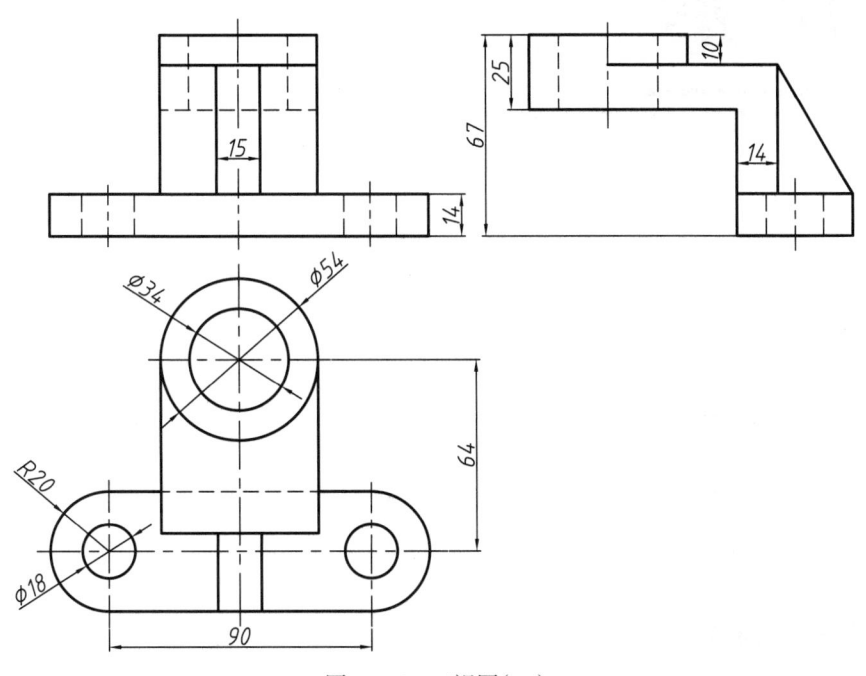

图11-66 三视图（一）

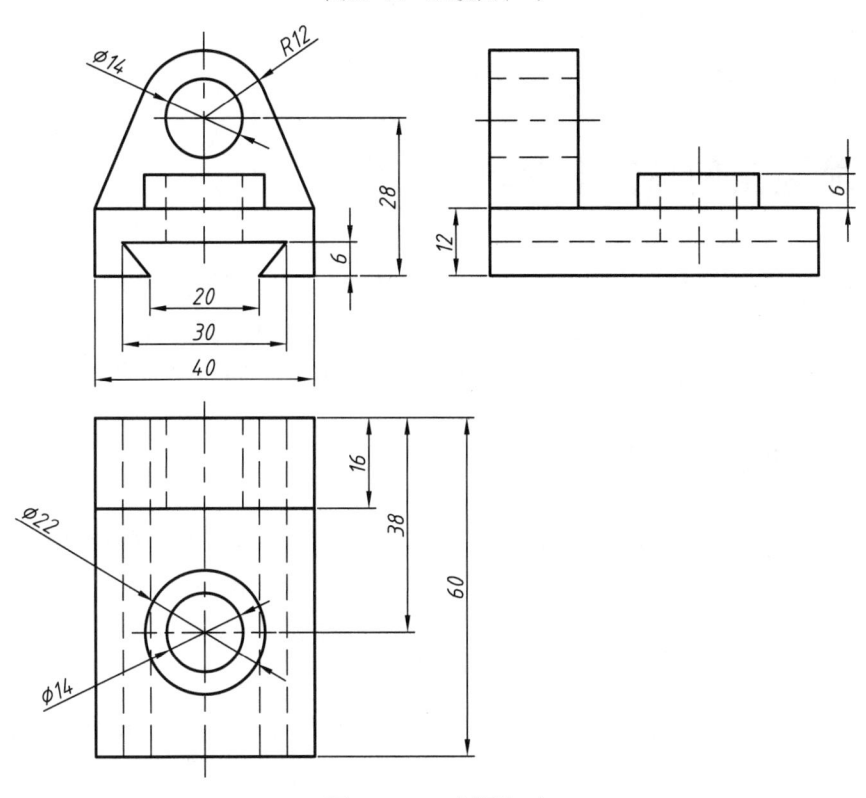

图11-67 三视图（二）

第12章

输出图形

学习目标

本章将介绍的内容包括绘图的两种环境(即模型空间和图纸空间);视口的建立;使用打印机、绘图仪等设备输出图形和创建Web页的方法。

学习要求

> **了解**：模型空间、图纸空间以及视口的作用。
> **掌握**：输出图形的设置步骤与方法。

12.1 模型空间与图纸空间

为了满足用户绘图和布置图形的需要,AutoCAD提供了模型空间和图纸空间这样两种不同的工作环境。一般情况下,先要在模型空间按1:1比例画出图形,然后才能利用图纸空间对图形作必要的处理(例如按需要的位置排列图形和使用不同的比例输出图形等)。

12.1.1 模型空间

模型空间为系统默认的绘图环境。当启动AutoCAD后,绘图窗口下方的"模型"选项卡便被激活。模型空间也称设计绘图空间,用户可在模型空间中按照物体的实际尺寸创建和编辑二维或三维图形对象、标注尺寸、注写文字等。图12-1所示便是在模型空间绘制的减速器箱体的视图。

如输出的图形没有特殊要求也可直接在模型空间完成图形的布置,并通过打印机、绘图仪等设备将图形输出。

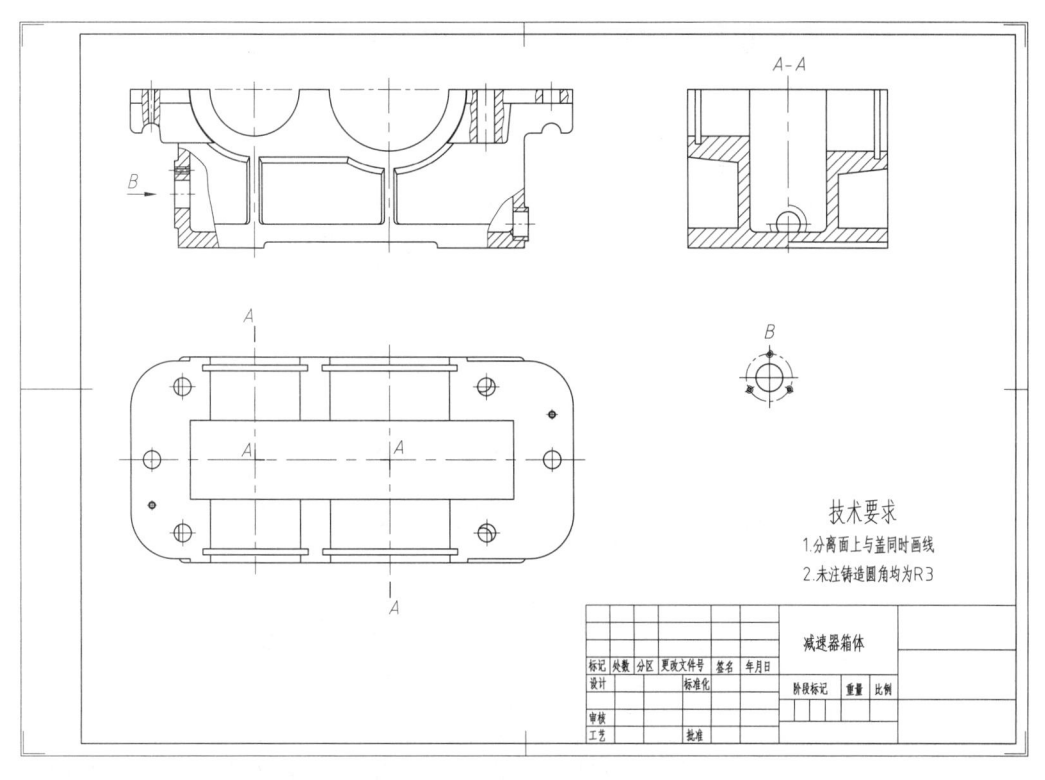

图12-1 在模型空间绘制的图形

12.1.2 在模型空间输出图形

在模型空间完成了图形的绘制、编辑和标注等工作后,便可按下面所介绍的设置方法实现图形的输出。

在AutoCAD中,用户可参考下面的方法输入打印输出图形的命令。
- 工具栏:单击"标准"工具栏中的"打印"按钮 。
- 菜单栏:选择"文件"|"打印"命令。
- 命令行:输入PLOT后,按下Enter键。

参考上面的方法输入命令后,系统打开"打印-模型"对话框,如图12-2所示。"打印-模型"对话框包括了"页面设置"、"打印机/绘图仪"、"图纸尺寸"、"打印区域"、"打印偏移"、"打印份数"和"打印比例"选项以及"预览"和"更多选项"等选项,其具体功能如下所示。
- "页面设置"选项区域:"页面设置"选项区域中包含以下几个选项。
  - "名称"下拉列表:用于选择已有的页面设置。
  - "添加"按钮:可打开"添加页面设置"对话框,供用户输入新建的页面设置名称。
- "打印机/绘图仪"选项区域:该选项区域中,包含以下几个选项。
  - "名称"下拉列表:用于选择已安装的打印机或绘图仪。用户也可选择将AutoCAD图形以图片形式输出的选项,例如以*.DWF、*.JPG、*.PNG等格式输出图片。

AutoCAD 中文版基础应用信息化教程

图12-2 "打印-模型"对话框

- "特性"按钮：用于打开"打印机/绘图仪配置编辑器"对话框，如图12-3所示。用户如单击其中的"自定义特性"按钮，则会打开"打印机/绘图仪属性"对话框，如图12-4所示。用户可在该对话框中设置打印机的各个选项（如图纸的尺寸、打印方向、打印质量和打印颜色的配比等）。

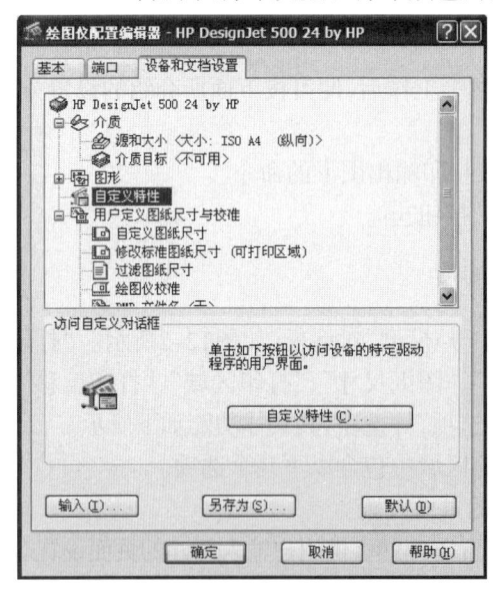

图12-3 "打印机配置编辑器"对话框图   图12-4 "打印机属性"对话框

- "打印到文件"复选框：用于将图形发送到打印文件，而不是发送到打印机。
- "图纸尺寸"下拉列表框：该列表框用于确定打印图纸的尺寸。所列的图纸尺寸与配

- 232 -

第 12 章　输出图形

置的打印设备有关。
- "打印区域"选项区域：该选项区域中只包含"打印范围"下拉列表框一个选项。
  - ◆ "打印范围"下拉列表框：在打印范围内选择打印图形的区域。
- "打印偏移"选项区域：该选项区域中包含以下几个选项。
  - ◆ X和Y文本框：用于设置图形在X、Y方向上的打印偏移量。
  - ◆ "居中打印"复选框：用于设置图形以居中的位置打印。
- "打印份数"文本框：用于设置每次打印图形的份数。
- "打印比例"选项区域：选项区域中包含以下几个选项。
  - ◆ "布满图纸"复选框：将图形以允许的最大尺寸打印出来。
  - ◆ "比例"下拉列表框：设置图形的打印比例。
  - ◆ "单位"文本框：用于设置自定义的输出单位。
  - ◆ "缩放线宽"复选框：用于指定图线宽度是否与设置的打印比例相关联。
- "预览"按钮：用于预览图形的输出结果。
- "更多选项"按钮：如单击图12-2对话框右下角的"更多选项"按钮 ,则将打开如图12-5所示的对话框。其中包括了"打印样式表"、"着色视口选项"、"打印选项"和"图形方向"等选项。
  - ◆ "打印样式表"下拉列表：用于选择所需要的打印样式。
  - ◆ "着色视口选项"选项区域：其中的"质量"下拉列表用于选择打印精度；"着色打印"下拉列表则用于控制三维实体的着色模式。
  - ◆ "打印选项"选项区域：包括了"后台打印"、"打印对象线宽"、"按样式打印"、"最后打印图纸空间"、"隐藏图纸空间对象"、"打开打印戳记"和"将修改保存到布局"等选项（通常采用系统默认的选项）。
  - ◆ "图形方向"选项区域：用于指定图形在图纸上的方向以及是否按相反的方向打印图形。

图12-5　展开后的"打印-模型"对话框

- 233 -

12.1.3 图纸空间

图纸空间又称为布局,用户可以将图纸空间视为由一张图纸构成的平面。在图纸空间中利用创建浮动视口的方法,可以实现多种视图排列并可将图形按不同比例显示和输出。图12-6所示的图形便是在图纸空间中排列的,该图是在图12-1基础上补充了减速器的轴测图,并将B向局部视图放大为2:1(省略了原图中的标题栏)。

绘图时经常需要在模型空间与图纸空间之间进行切换,两种空间的切换方法是:单击绘图区域下方的布局及模型选项卡即可。

12.2 创建布局及浮动视口

在AutoCAD中,图纸空间的表现形式就是布局,每个布局代表一张单独打印的图纸。在系统默认情况下,系统设置了两个布局,同时也为用户提供了创建新布局的命令。在布局中通过设置视口对图形进行排列,系统也为用户设置了一个默认的视口。布局中的视口称为浮动视口。可以根据作图需要,在布局中设置单一的浮动视口,也可设置多个相互连接或重叠的视口。

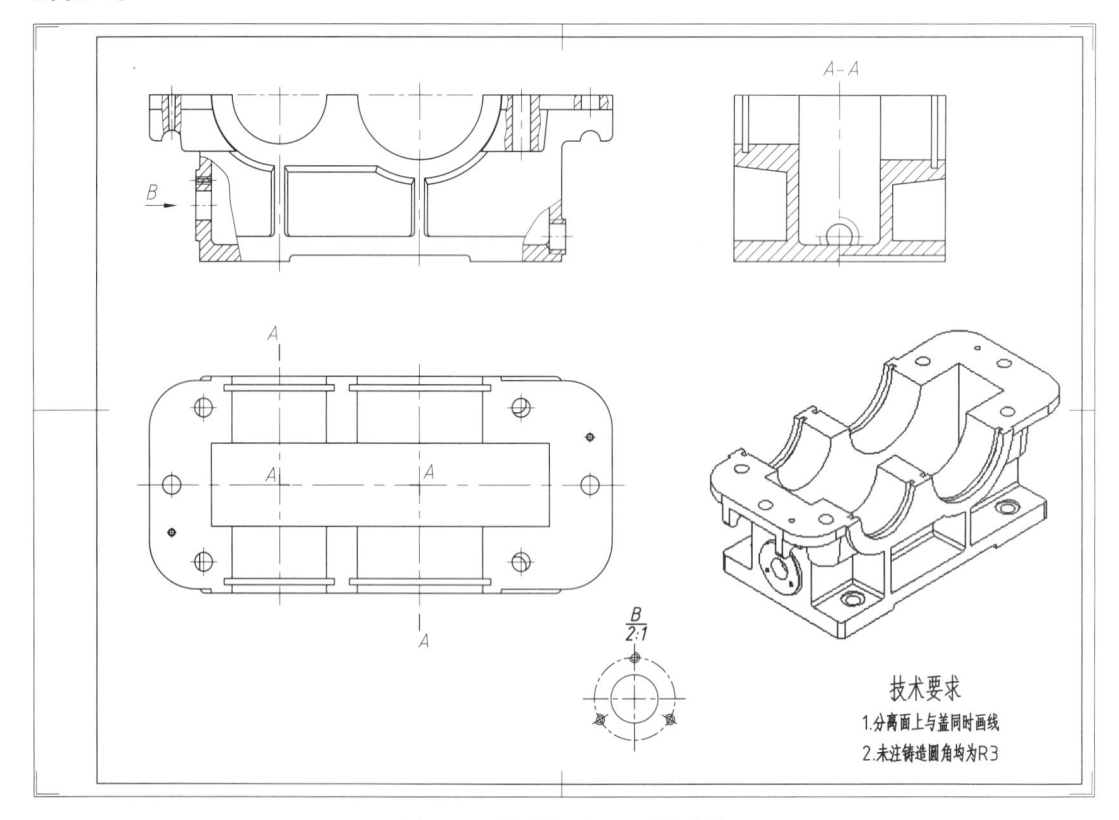

图12-6 在图纸空间显示的图形

12.2.1 创建布局

在AutoCAD中,用户可参考下列方法创建布局。
- 菜单栏:选择"插入"|"布局"命令,如图12-7所示。
- 工具栏:单击"布局"工具栏中的"新建布局"按钮 。
- 命令行:输入LAYOUT后,按下Enter键。

图12-7 下拉菜单中的"布局"命令

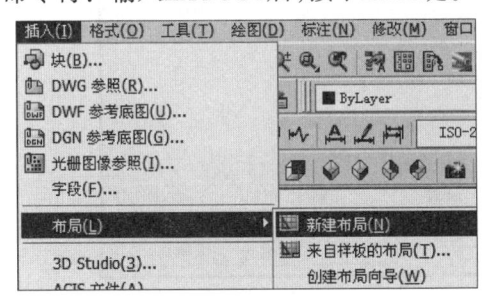

图12-8 新建布局快捷菜单

此外,用户还可通过右击绘图区下方的"模型"或"布局"选项卡,选取快捷菜单中的"新建布局"或"来自样板"命令新建一个布局,如图12-8所示。

> **注意** ◆ 如果需要创建带有图框和标题栏的布局,就应选择"来自样板"命令,并在打开的"从文件选择样板"对话框中选取适当的样板图。

12.2.2 建立浮动视口

在布局中,浮动视口的形状和个数均没有限制,用户可以根据需要在一个布局中建立多个特定形状的视口,以使所显示的图形更加全面和清晰。

1. 建立浮动视口

在AutoCAD中,用户可以参考以下方法在布局中建立视口。
- 菜单栏:选择"视图"|"视口"命令,如图12-9所示。
- 工具栏:单击"视口"工具栏中的"显示视口对话框"按钮 。
- 命令行:输入VPORTS后,按下Enter键。

参考上面所介绍的方法输入命令后,系统将打开"视口"对话框,如图12-10所示。

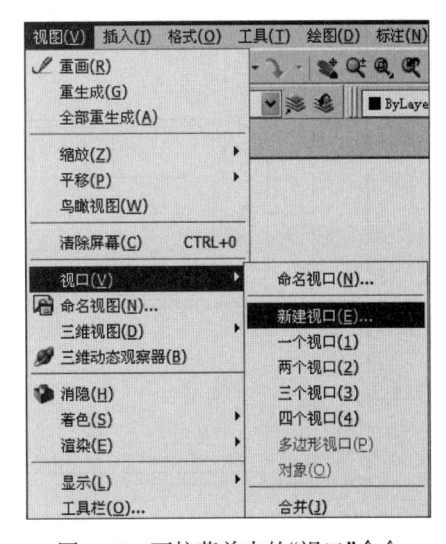

图12-9 下拉菜单中的"视口"命令

- 235 -

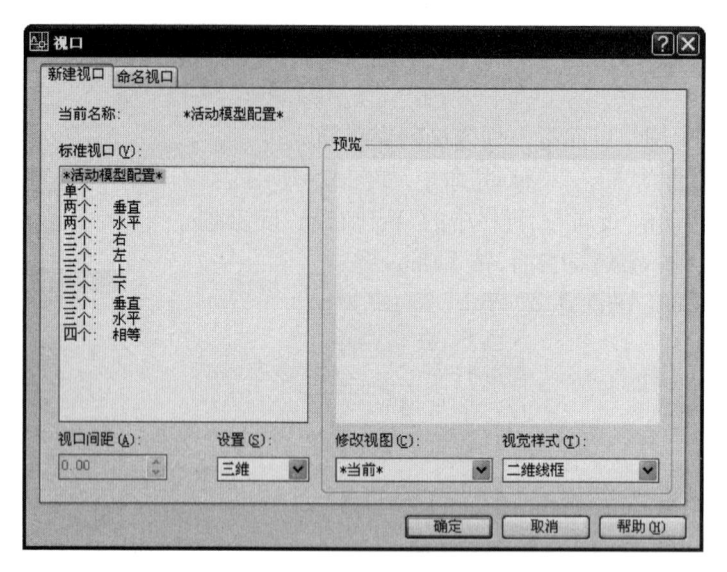

图12-10 视口对话框

> **注意**
> ◆ "视口"工具栏中的"将对象转换为视口"命令,表示可以将封闭的多段线、椭圆、样条曲线、面域或圆等图形作为视口。

用户可在对话框中确定视口的数量和排列方式。图12-11所示为在布局中建立的3个视口,该图还表明了图12-6中的各图形的排列和显示情况。

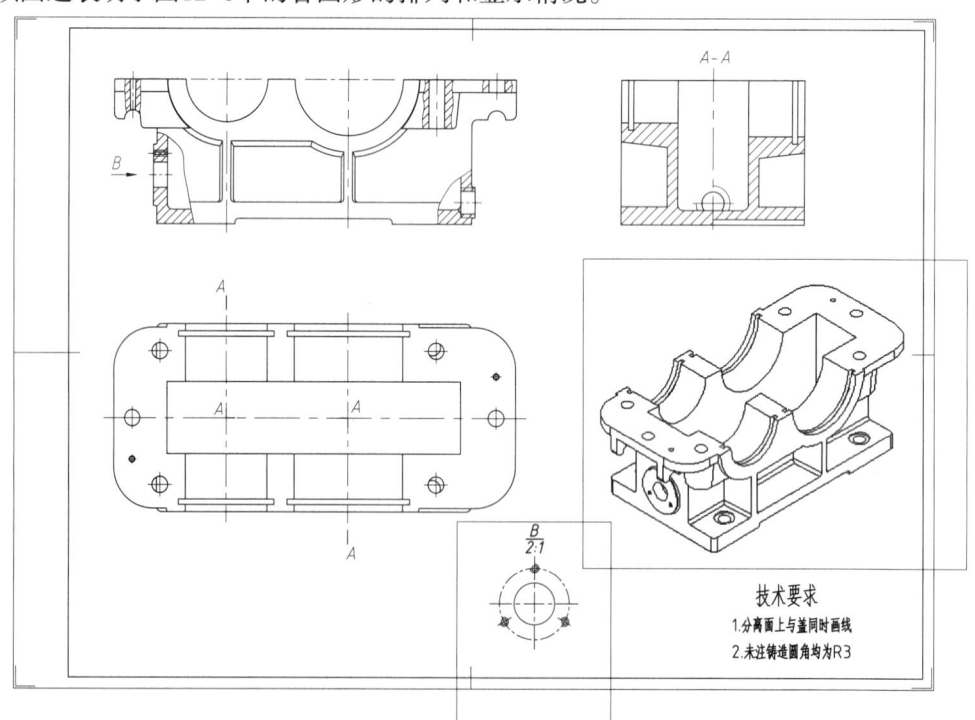

图12-11 布局中的3个视口

2. 浮动视口的应用

建立浮动视口后,在布局中的操作就可分为图纸空间上的操作和视口内的操作两类。若要在图纸空间上的进行操作,则要先双击视口外侧区域,将图纸空间激活(坐标系的图标为三角形)。此后便可在图纸空间中绘制和编辑图形(包括视口、图框和标题栏)。

在视口内双击,就可将视口激活(也称进入视口的模型空间)。此时,视口边线变为粗线。接下来的操作便是针对视口内的对象,并且光标不会越出视口的边界。

浮动视口具有以下几个特点:

- 可以改变各个视口的位置,并可使之相互重叠。
- 视口的边线可以作为编辑对象进行移动、复制、缩放、删除等操作。
- 可以采用冻结(或关闭)视口边线所在图层的方式,将视口边线隐藏,或不打印视口边线。
- 可以在视口中通过控制图层可见性的方式,隐藏视口中的对象。
- 从"视口"工具栏右侧的"比例"下拉列表中,可以选择当前视口的显示比例。

如图12-12所示为一立体的轴测图,其两面投影图如图12-13所示。

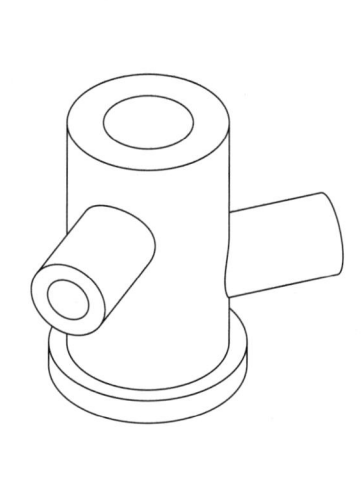

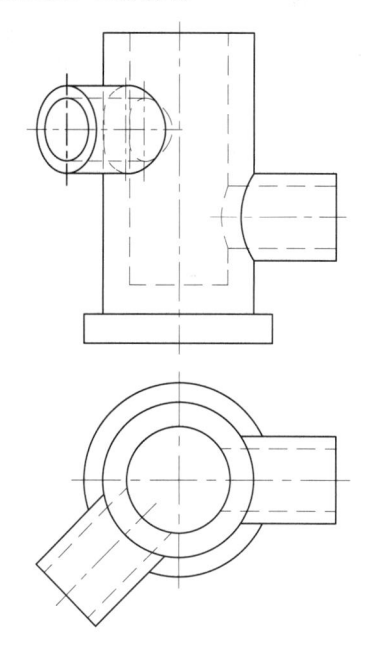

图12-12 立体的轴测图　　　　图12-13 立体的两面视图

> **注意**
> ◆ 为了清楚地表达该立体的内部结构,将立体的主视图采用两相交的剖切平面剖切,而将俯视图用平行的剖切平面剖切,如图12-14(a)所示。立体被剖切后,画出的剖视图如图12-14(b)所示。

（a）剖切后的轴测图　　　　　　　　　　　　　　（b）剖视图

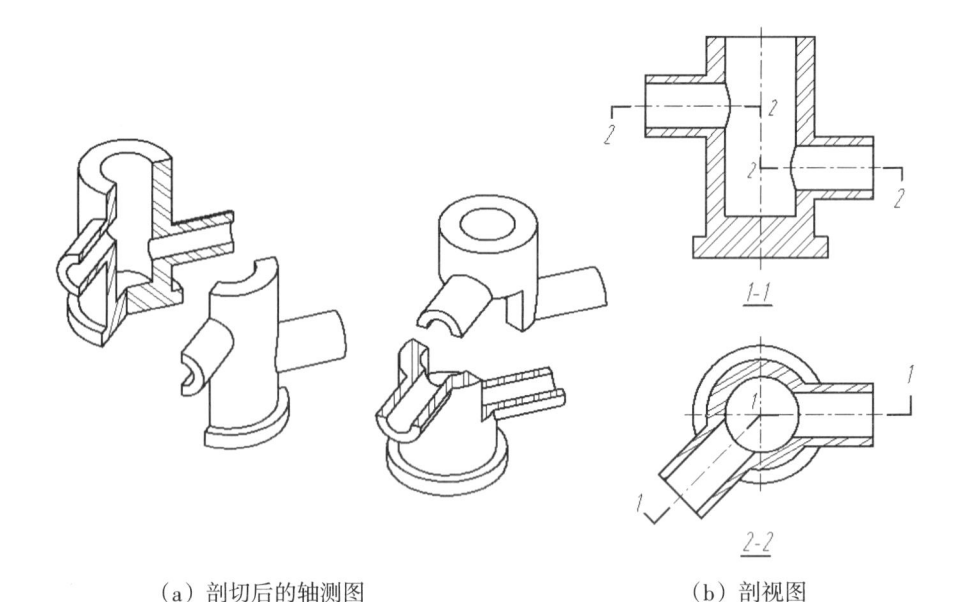

图12-14　立体被剖切后的图形

应用布局和视口的操作方法，便可将图12-14中的图形在一张图纸上打印出来。下面将以图12-14所示为例，介绍布局和视口的操作步骤与方法。

具体操作步骤如下：

（1）在模型空间中按1∶1比例绘出立体的剖视图和剖切后的轴测图，如图12-15所示。

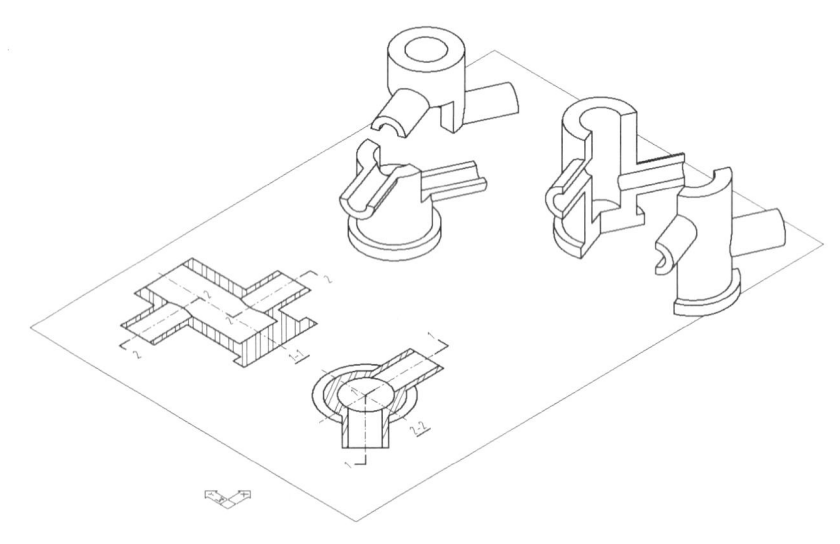

图12-15　在模型空间绘制立体的图形

（2）为使各视口中的图形能够按设想显示，应在模型空间中将显示在不同视口的图形移开。

（3）单击"布局1"选项卡进入图纸空间，并在默认的视口中显示视图。应将视口边框拉大（可用夹点的方法），然后在视口内双击以激活视口。此时，用户可调整图形的大小，如图12-16所示。

第 12 章 输出图形

（4）建立一新的视口，激活该视口后将其设置为"西南等轴测图"，并调整视口中所显示图形的大小，如图12-17所示。

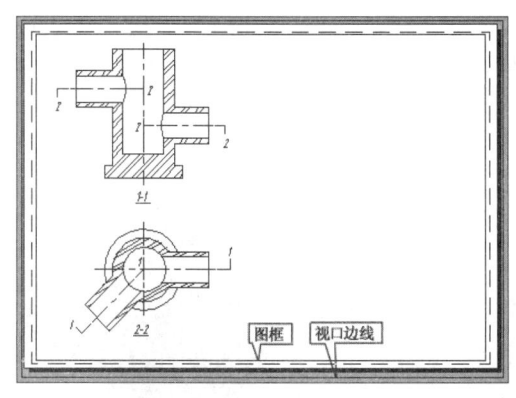

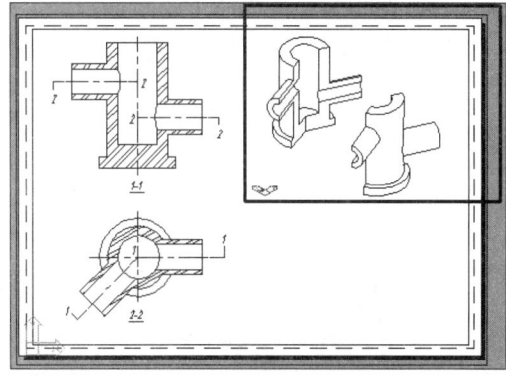

图12-16　进入图纸空间　　　　　　　图12-17　建立视口（一）

（5）按上述操作方法再建立一视口，并适当调整所显示的图形大小，如图12-18所示。
（6）在图纸空间中画出立体轴测图上的剖面线（先画出断面的封闭图形，再作填充），便完成图形的布局，最后再将视口的边线隐藏，如图12-19所示。

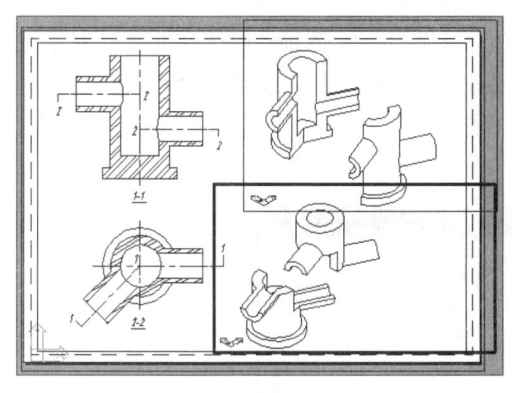

图12-18　建立视口（二）　　　　　　　图12-19　完成布局

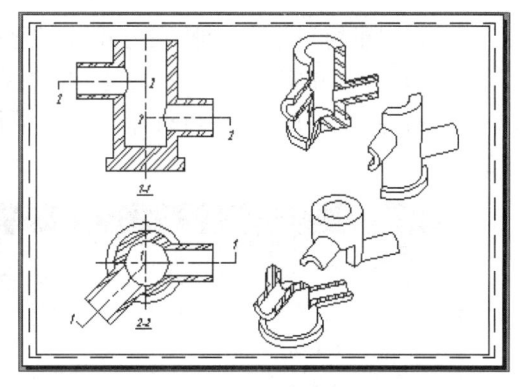

12.2.3　在图纸空间输出图形

在图纸空间中，通过建立视口将显示的各个视图的位置和大小排列完毕，就可对图形进行打印设置（在图纸空间打印输出的命令和操作方法与模型空间的类似）。AutoCAD 2008提供了多种着色打印三维图形的方式，如图12-20所示。

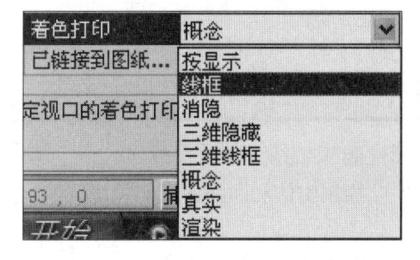

图12-20　打印三维图形的方式

设置三维图形着色打印方式的具体方法如下：
（1）选择"修改"|"特性"命令，打开"特性"窗口。
（2）选中显示三维图形视口的边线。
（3）在"特性"窗口中的"着色打印"下拉列表中选取打印方式。

在三维图形的各种打印方式中，以消隐、三维隐藏和概念等的方式应用较多，这三种方式的打印效果如图12-21所示。

（a）消隐　　　　　　　　（b）三维隐藏　　　　　　　（c）概念

图12-21　三维图形的打印效果

需要注意的是，用三维隐藏方式打印出的图形显得不够清晰。如选择"选项"对话框中的"显示"选项卡，并将其中"显示性能"选项区域里的"绘制实体和曲面的真实轮廓"复选框选中，如图12-22（a）所示，便可打印出与三维隐藏方式效果相同，但更加清楚的图形来，如图12-22（b）所示。

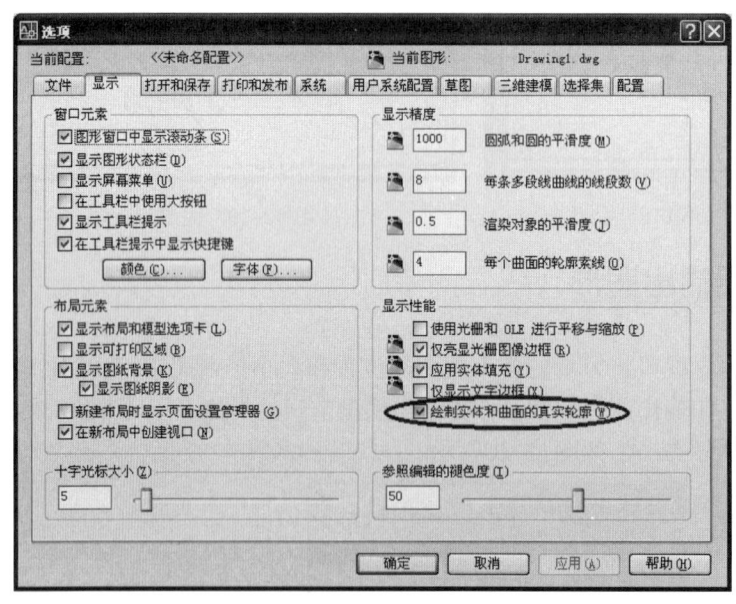

（a）"显示性能"中的复选框　　　　　　　　　　（b）打印的图形

图12-22　"绘制实体和曲面的真实轮廓"的命令与打印效果

第 12 章 输出图形

12.3 电子打印与发布

自AutoCAD 2000版开始，用户可借助于电子打印与发布的功能，实现新的图形输出方式。例如可以将绘制的图形通过EPLOT特性发布电子图形到Internet上，以Web图形格式（DWF）文件保存，并可使用Internet浏览器或Autodesk DWF Viewer进行浏览。当需要在文本中插入用AutoCAD绘制的图形时，可以通过电子打印功能将图形以.JPG、.PNG或.PDF等图片格式输出。

12.3.1 电子打印

在AutoCAD中，实现电子打印的具体操作步骤如下：

（1）单击"打印"按钮，打开"打印-模型"对话框，如图12-23所示。

（2）在"打印-模型"对话框中的"打印机/绘图仪"选项区域的"名称"下拉列表中选中打印设备（可选取其中的Microsoft Office Document Image Writer、PublishToweb PNG .pc3、PublishToweb JPG .pc3、DWG TO PDF.pc3或hDWF6 eplot .pc3选项）。

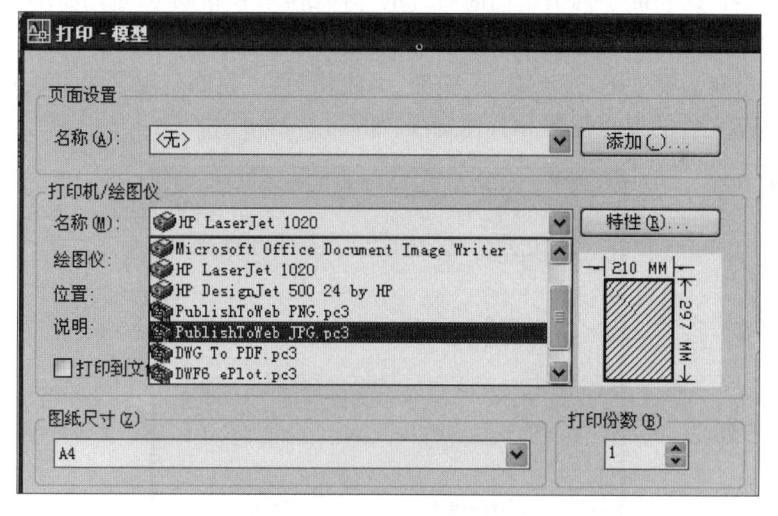

图12-23　选取打印设备

（3）单击"确定"按钮后，系统将打开"浏览打印文件"对话框，在该对话框中指定文件名称和保存路径后，单击"保存"按钮，即可完成电子打印操作。

> **注意** ◆ 上述各种格式的图片文件均可使用图片浏览器打开，也可通过Photoshop软件对其作进一步的编辑处理。

12.3.2 发布

在AutoCAD中，执行发布的具体操作步骤如下：

（1）单击"标准"工具栏中的"发布"按钮，打开"发布"对话框，如图12-24所示。

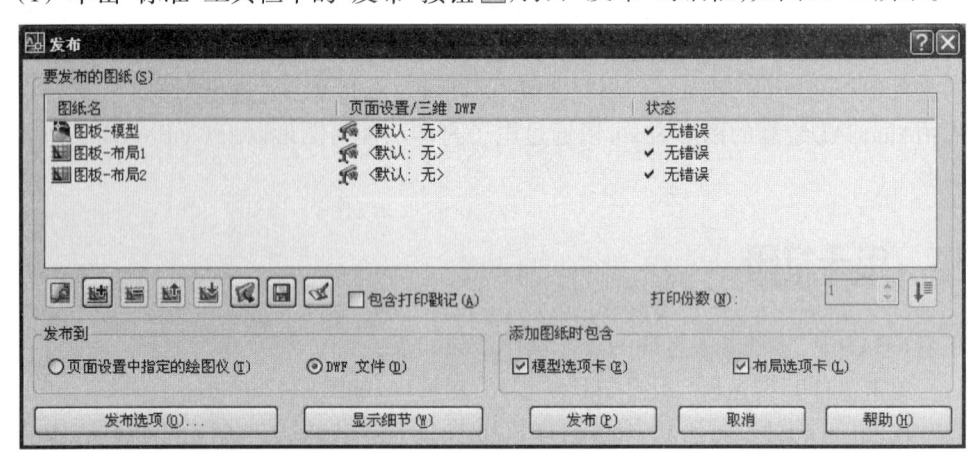

图12-24 "发布"对话框

（2）"图纸名"列表框中列出了当前打开的，并在模型和布局空间中的所有图形，用户应将不需发布的选项删除。

（3）如单击对话框中的"发布选项"按钮，系统将打开"发布选项"对话框，用户可在该对话框中设置DWF文件的保存位置和其他选项，如图12-25所示。

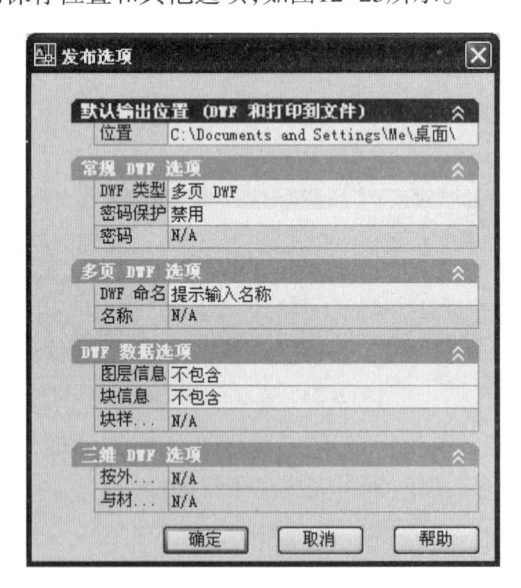

图12-25 "发布选项"对话框

（4）单击"发布"按钮后，系统打开"选择DWF文件"对话框，用户在该对话框中输入名称并点击"确定"按钮后，AutoCAD即可完成图形的发布工作。

（5）双击DWF文件图标可以启动Autodesk DWF viewer，并将所发布的DWF图形打开，如图12-26所示。

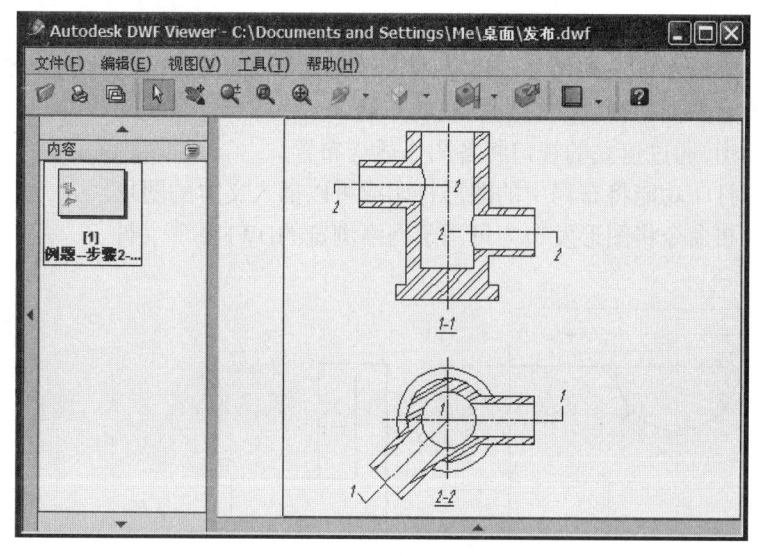

图12-26　浏览发布的图形

AutoCAD 2008增加了三维DWF图形发布功能。利用这一功能，用户可以将三维实体的DWG文件发布为三维DWF图形文件，发布三维DWF命令的方法有以下几种。

- 工具栏：单击"标准"工具栏中的3DDWF按钮 。
- 菜单栏：选择"文件"|"输出"命令。
- 命令行：输入3DDWF后，按下Enter键。

三维DWF文件也可使用Autodesk DWF viewer进行浏览，如图12-27所示。此外，为方便观察三维图形，浏览器还提供了各种视图、动态观察器以及剖切三维图形的工具。

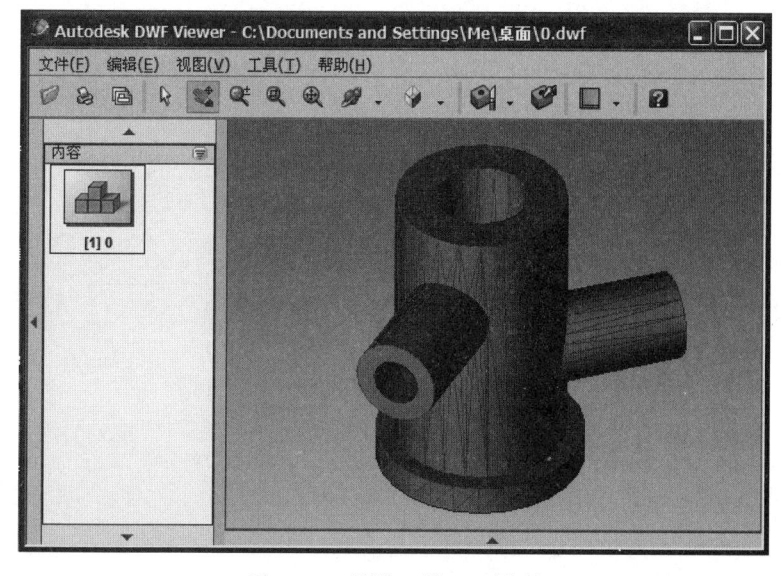

图12-27　浏览三维DWF图形

思考与练习

按如图12-28所示标注的尺寸画出立体的三视图和轴测图，并完成以下操作：
- 建立带有图框和标题栏的A4图幅的布局。
- 在布局中，通过建立的视口将各图作适当布置。
- 用电子打印功能将布局中的图形打印成可以插入文本的图片。
- 利用发布命令将图形发布为可用于网络浏览的DWF图形文件。

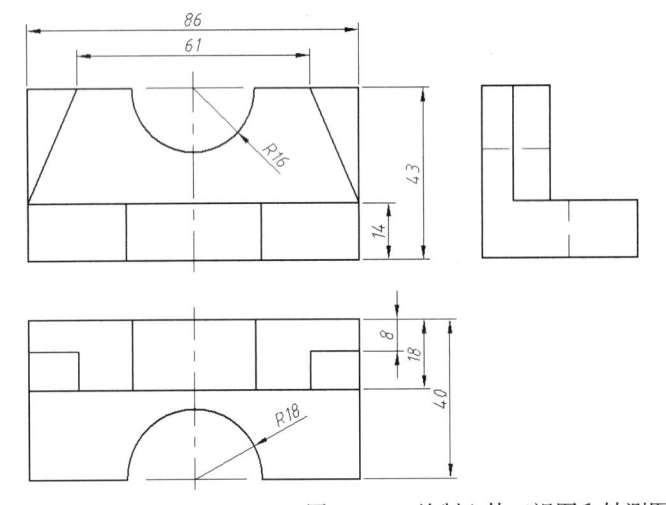

图12-28 绘制立体三视图和轴测图

第13章

综合应用

学习目标

本章重点介绍AutoCAD 2008在绘制机械工程图过程中的一些实际经验、综合应用以及思政教学。

学习要求

- **了解**：国标关于图层的规定、第三角画法与第一角画法CAD转换的方法。
- **掌握**：机械设计特殊符号的输入方法、机械样式字体的设置方法、二号国旗的绘制方法。

13.1 机械设计特殊符号输入、机械样式字体以及CAD国标图层设置

13.1.1 机械设计特殊符号输入

在机械设计过程中我们常常遇到一些特殊符号,在这一节里重点讲解AutoCAD 2008怎么进行设置及使用。

这些符号主要如表13-1所示。

表 13-1　机械设计常用特殊符号

符号	含义	符号	含义
□	正方形	↗	圆跳动
▽	深度	↗↗	全跳动
∨	埋头孔	=	对称度
▷	锥度	◎	同轴度
∠	斜度或倾斜度	⊕	位置度
⌒	弧长或线轮廓度	▱	平面度
○	圆度	⊥	垂直度
⌀	圆柱度	⌒	面轮廓度
—	直线度	∥	平行度
⊔	沉孔或锪平	⌀	直径

这些特殊符号在AutoCAD 2008可以通过设置特殊的文字样式来实现,具体方法如下:

在格式下拉菜单中的文字样式设置选项中设置样式名为"特殊字符",字体选用"gdt.shx"的文字样式。

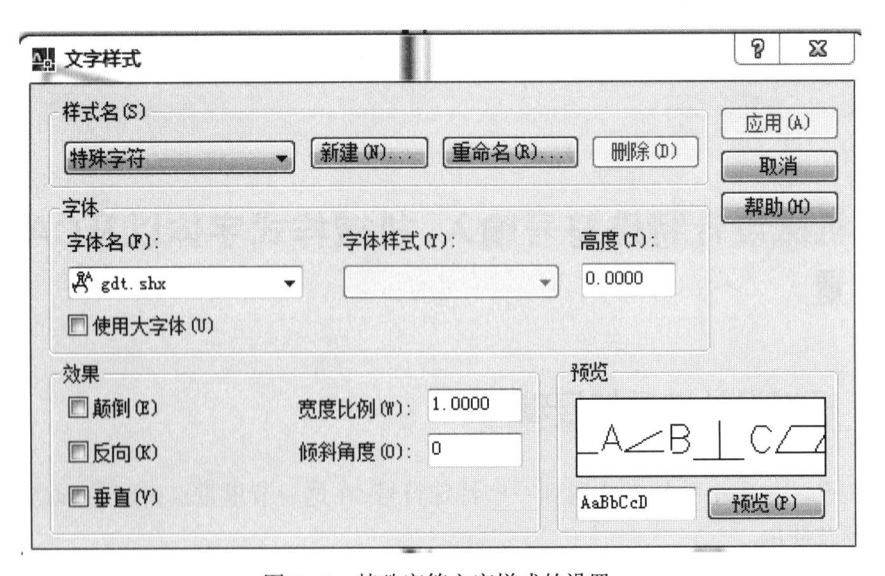

图13-1　特殊字符文字样式的设置

在文字书写过程中,调用"特殊字符"文字样式,按主键盘上的26个不同英文字母键(不区分大小写),即可输入相应的特殊字符。具体对应如表13-2所示:

在机械设计中,在标注斜度和锥度符号时还有另外一个对称方向的符号,在输入时可以使用镜像命令实现,但要修改镜像文字的参数设置。具体方法如下:

在命令栏输入命令"mirrtext",将系统默认参数值由"0"改成"1"。

第 13 章 综合应用

表 13-2 机械设计常用特殊符号输入对照表

符号	键盘字母	符号	键盘字母
□	O	↗	H
▽	X	↗↗	T
∨	W	=	I
▷	Y	◎	R
∠	A	⊕	J
⌒	K	▱	C
○	E	⊥	B
⌀	G	⌒	D
—	U	//	F
⊔	V	⌀	N

> **注意** ◆ 在命令栏输入 mirrtext，将镜像文字参数由"0"改成"1"。

对于其他不常见的特殊符号，AutoCAD 2008可以通过点击多行文字编辑对话框中的"@（符号）"选项中的"其他"，在弹出的字符映射表中选择、复制，然后粘贴所需特殊符号。字符映射表如图13-2所示：

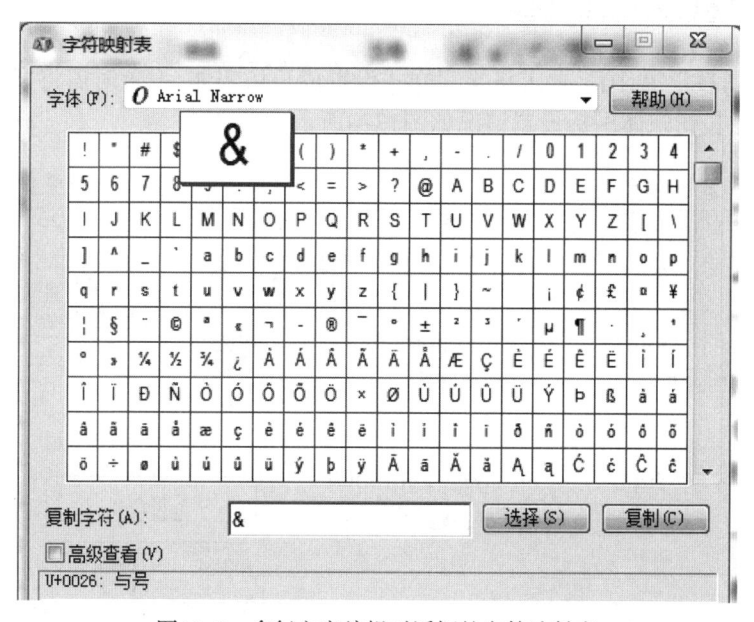

图13-2 多行文字编辑对话框的字符映射表

机械设计过程中需要用到的表面结构代号和几何公差的基准符号，编者在软件中没有找到直接的输入方法。具体解决方法如下：

根据机械制图国标绘制表面结构代号和基准符号（字高3.5），创建成图块或者将其放置在样板文件右侧。使用时插入图块或者复制符号，使用时根据需要修改相应参数值和字母。创建的表面结构代号和基准符号如图13-3所示：

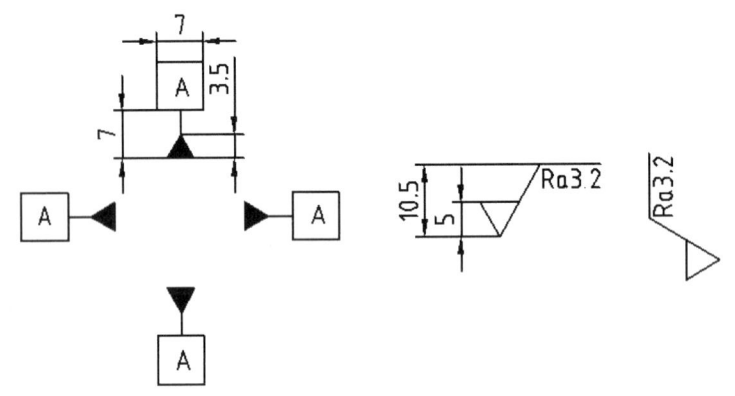

图13-3　字高3.5时表面结构代号和几何公差基准符号

> **注意**
> ◆ 教材第8章创建与使用图块中所示范的表面粗糙度代号在2009年颁布的国标中已经更新为图13-3所示的表面结构代号。

13.1.2　机械样式字体设置

在机械制图教学中，国标要求将文字样式设置成长仿宋体，设置时需将宽度比例修改成"0.7"，机械制图长仿宋体国标设置情况如图13-4所示。

图13-4　长仿宋体文字样式的设置

但在实际使用过程中该字体字号偏大并且会因为加载的字库版本不同造成文字样式的不统一。因此，CAD国家标准推荐使用CAD软件自带的"机械样式"汉字字体更能满足机械设计的要求。具体设置如下：

在格式下拉菜单中的文字样式设置选项中设置样式名为"机械样式"，字体选用"gbenor.shx"文字样式，勾选"使用大字体"对话框，在大字体样式下拉菜单中选用"gbcbig.shx"字体，然后点击"应用"完成设置，如图13-5所示。

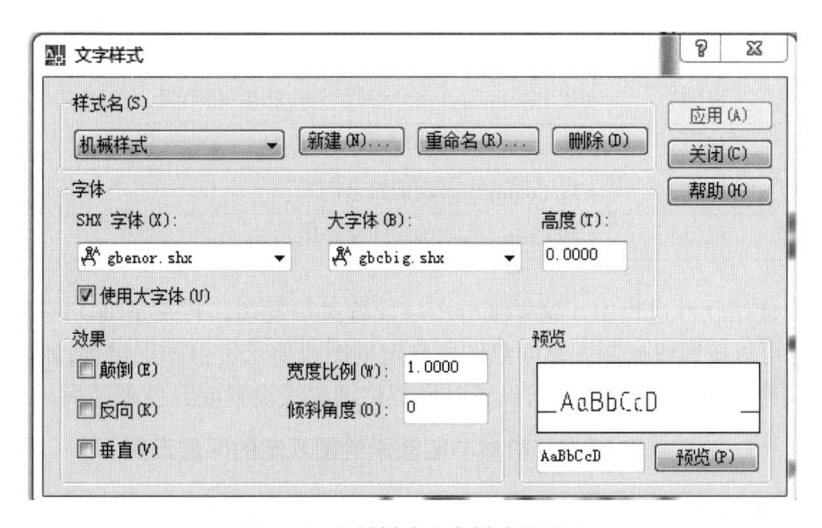

图13-5　机械样式文字样式的设置

用"机械样式"字体名完成的标题栏示例如图13-6所示：

图13-6　使用机械样式文字样式设置的标题栏

13.1.3　CAD图标图层设置

为了与国际标准接轨，在使用AutoCAD 2008设置图层时也可采用根据图层用途不同细分图层的方式进行细实线、粗实线的相关设置。特别是在AutoCAD机械设计工程师考级考核中系统要求按照表13-3的规定进行图层设置。

表13-3　CAD图标推荐的图层设置

图层名称	颜色(颜色号)	线型
01	白(7)	实线 Continuous(粗实线用)
02	绿(3)	实线 Continuous(细实线用)
04	黄(2)	虚线 ACAD-IS002W100(细虚线用)
05	红(1)	点画线 ACAD-IS004W100(细点画线用)
07	粉红(6)	双点画线 ACAD-IS005W100(细双点画线用)
08	绿(3)	实线 Continuous(尺寸标注、公差标注、指引线、表面结构代号用)
09	绿(3)	实线 Continuous(装配图序列号用)
10	绿(3)	实线 Continuous(剖面符号用)
11	绿(3)	实线 Continuous(细实线文体用)

在实际使用软件过程中，这样细分图层设置过于复杂，特别是细实线细分后很容易用错。我们也可以按照机械制图教学绘图所规定的图线要求进行图层设置，如表13-4所示。绘图时因细实线容易与粗实线用错，设置时推荐将细实线设置成红色来区别。

表13-4　机械制图教学绘图规定的图层设置

图层名称	颜色(颜色号)	线型
粗实线	白(7)	实线 Continuous(粗实线用)
细实线	红(1)	实线 Continuous(细实线用)
细虚线	白(7)	虚线 ACAD-IS002W100(细虚线用)
细点画线	白(7)	点画线 Center(细点画线用)
双点画线	白(7)	双点画线 JIS-09-15(双点画线用)

注意

◆ 机械图样需将全局线型比例参数"Celtscale"(Lts)设置成0.3-0.5。

13.2　第三角画法与第一角画法的AutoCAD转换方法

美国等西方国家绘制机械工程图时采用第三角画法，第三角画法的投影原理与第一角画法不同，但是其生成的6个基本视图图形与我国第一角画法投影生成的6个基本视图图形完全相同。区别在于6个基本视图的布局及默认放置的位置不同。图13-7、13-8展示的是同一个机件的第一角画法和第三角画法6个基本视图。

图13-7　第一角画法的6个基本视图

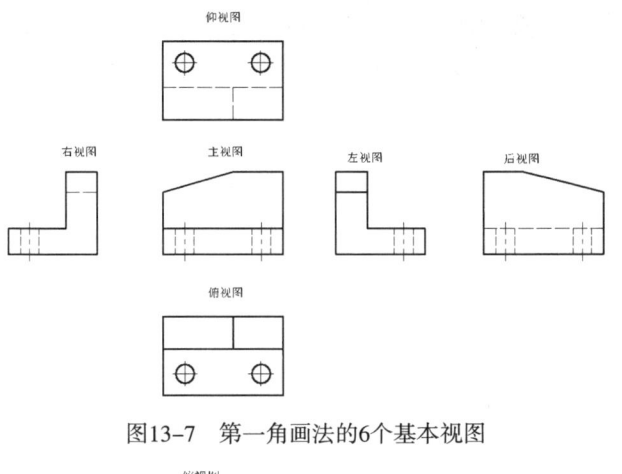

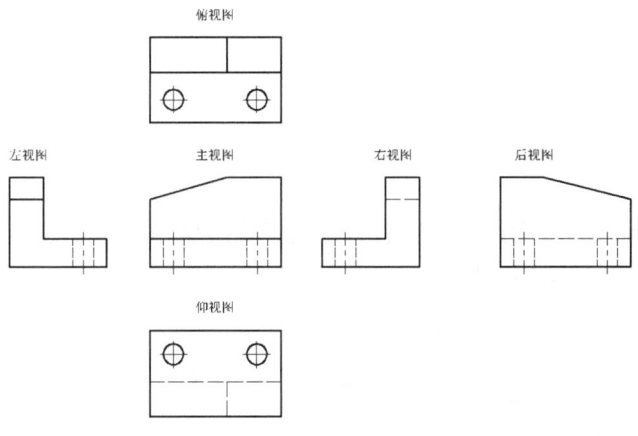

图13-8　第三角画法的6个基本视图

第三角画法的三视图由主视图、俯视图、右视图组成，第一角画法的三视图由主视图、俯视图、左视图组成。两种画法的三视图可以借助CAD软件的一些特殊功能和技巧进行转换。如图13-9所示机件的第三角画法三视图转换成第一角画法三视图的方法如下：

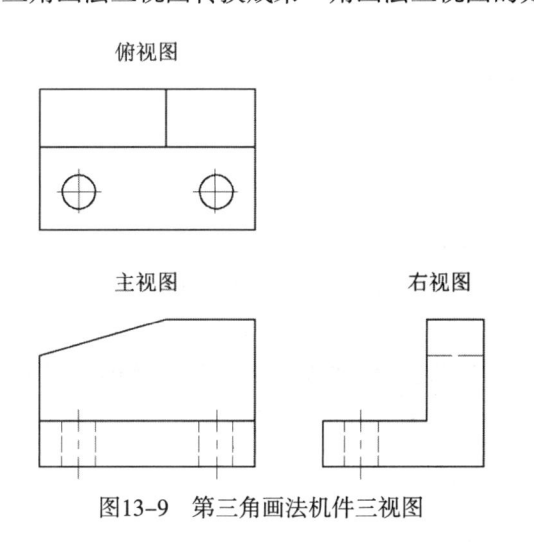

图13-9　第三角画法机件三视图

(1)保持主视图不动,将俯视图向下平移到主视图正下方,右视图向左平移到主视图的正左方,形成主视图、俯视图、右视图的第一角画法三视图布局,如图13-10所示。

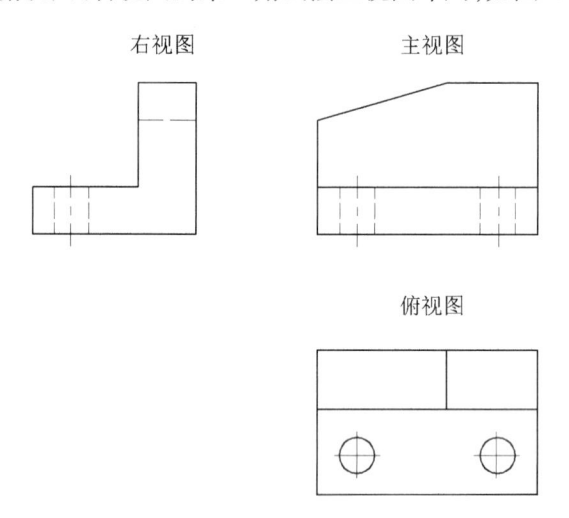

图13-10　第一角画法主视图、俯视图、右视图

(2)将第一角画法右视图以右侧竖直直线为镜像线做镜像图形,形成左视图轮廓,删除原右视图,得到的视图如图13-11所示。

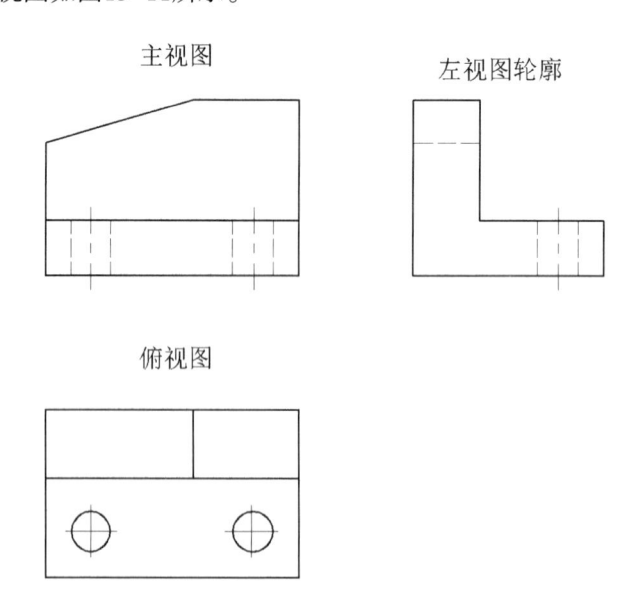

图13-11　镜像命令后的主视图、俯视图、左视图轮廓

(3)根据第一角画法左视图投影原理修改左视图轮廓的虚线和实线线型,得到最后的三视图如图13-12所示。

第 13 章 综合应用

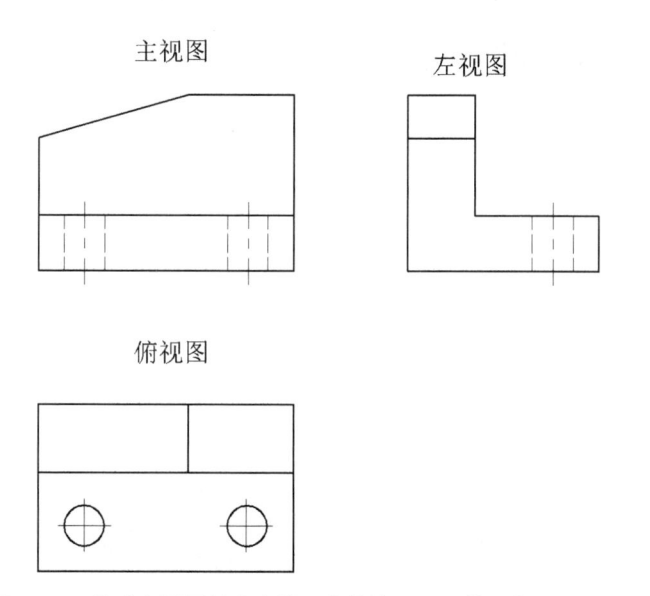

主视图　　　　　左视图

俯视图

图13-12　修改左视图轮廓虚线和实线线型后的第一角画法三视图

注意
◆ 如果需要形成仰视图和后视图，也可通过镜像俯视图和主视图到默认位置后再修改相应虚线、实线线型实现转换。

13.3 综合应用实例——思政教学

扫码可见思政视频
"国旗的绘制"

13.3.1 二号标准国旗的绘制

五星红旗是中华人民共和国的国旗，为左上角镶有五颗黄色五角星的红色旗帜。旗帜图案中的四颗小五角星围绕在一颗大五角星右侧呈半环形。红色的旗面象征革命，五颗五角星及其相互联系象征着中国共产党领导下中国人民的团结。

国旗是一个国家的象征，《中华人民共和国国旗法》明确规定了国旗的画法和规格。《国旗法》规定五星红旗的长宽比为3:2，共有六种规格。二号规格的国旗长为240cm，宽为160cm，具体绘制步骤如下：

(1)使用"直线"命令绘制长240cm宽160cm矩形，连接长边中点和宽边中点将矩形分成四份，如图13-13所示。

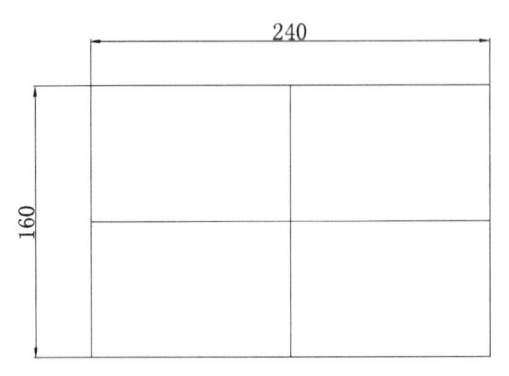

图13-13　二号国旗绘制步骤一

(2)使用点的"定数等分选项"将左上方长方矩形划分为长宽15×10的方格。等分网格直线的绘制可以使用复制或偏移命令完成，如图13-14所示。

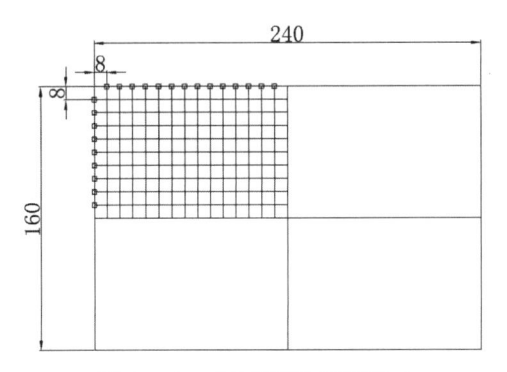

图13-14　二号国旗绘制步骤二

(3)使用"点"命令确定大五星和四个小五星的中心位置，大五角星中心位于该长方形上5下5、左5右10之处。四颗小五角星中心点：第一颗位于上2下8、左10右5之处，第二颗位于上4下6、左12右3之处，第三颗位于上7下3、左12右3之处，第四颗位于上9下1、左10右5之处。在使用"点"命令之前需设置点样式。绘制完成如图13-15所示。

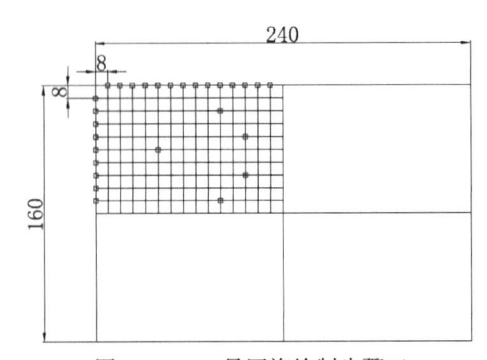

图13-15　二号国旗绘制步骤三

(4)以大小五角星中心点为圆心绘制五角星外接圆。大五角星外接圆直径为6个单位，每个小五角星外接圆直径为2个单位。使用"正多边形"命令中的"内接于圆"选项，以中心点为基点分别绘制大、小五星内接正五边形。连接正五边形各个角点绘制大、小五角星，删除等分网格线。绘制图形如图13-16所示。

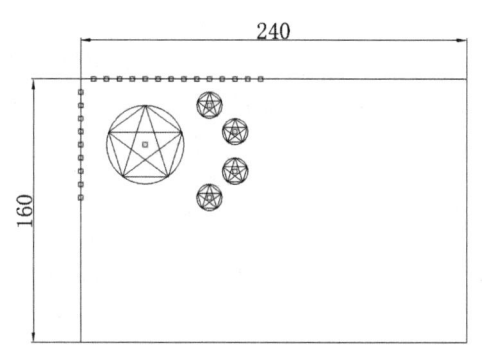

图13-16　二号国旗绘制步骤四

(5)使用"修剪"命令修剪大、小五角星中间连接线段，删除外接圆和正多边形，如图13-17所示。

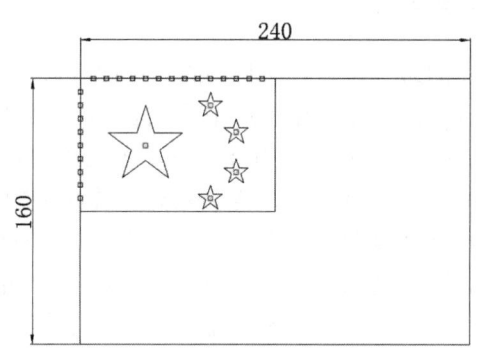

图13-17　二号国旗绘制步骤五

(6)《国旗法》规定右侧四颗小五角星各有一尖正对大五角星中心。使用"旋转"命令中的"参照(R)"选项来完成，即不用测量旋转角，把旋转角设置成参照角后再参照旋转四颗小五角星来保证小五角星一尖正对大五角星中心。绘制图形如图13-18所示。

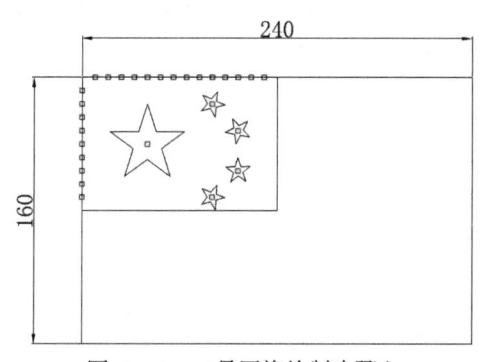

图13-18　二号国旗绘制步骤六

> **注意**
> ◆ 连接大、小五角星的中心点,放大检查连线是否正好通过小五角星一尖,确保四颗小五角星参照旋转后各有一尖正对大五角星中心。

(7)使用"图案填充"命令,选择"Solid"图案样式,图层颜色选择黄色、红色分别填充五角形和旗面。最后删除各个等分点和五角星中心点,整理图形完成二号标准国旗就绘制。

国旗是神圣的,在举行升旗仪式时,每当我们听到国歌响起,驻足凝望冉冉升起的五星红旗,作为一个中国人的自豪感油然而生。我们全国各族人民在伟大的中国共产党领导下团结一心,正阔步走在实现"两个一百年"宏伟目标的康庄大道上。"祖国我爱你"这是每个中国人的心声,祖国在我们的心中,我们祝愿我们伟大的祖国繁荣富强,人民安居乐业,早日实现中华民族伟大复兴的中国梦。

13.3.2 学生CAD作品赏析

扫码可见思政视频"学生CAD作品赏析"

学生CAD作品展是重要的第二课堂活动和实践平台,既可以丰富学生的业余生活,营造良好的学习氛围,学生又可以通过实际绘制CAD作品,提高自身专业技能。在课堂上,师生共同点评典型学生CAD作品,使一份作品发挥几十份的示范效果,教学效果事半功倍。接下来让我们一起来欣赏学生们的优秀CAD作品,一起领略这些作品中的精美。

(1)图13-19展示的是圆弧连接图。圆弧连接作品既要学生熟练掌握CAD绘制圆弧的各种技巧,又要有较深的画法几何分析能力。光滑的曲线、旋转的叶轮、柔中带刚。正如在教学和管理过程中要建立以学生发展为核心的体系,制度是前提,情感是关键的刚柔并济的教学方法。

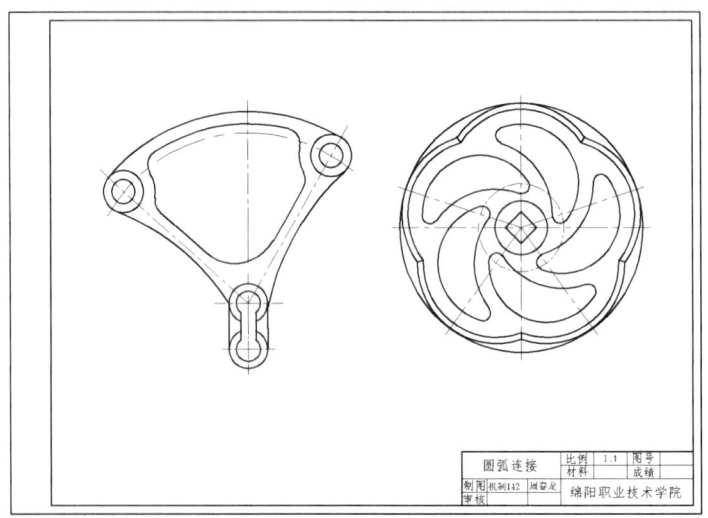

图13-19 圆弧连接

第 13 章 综合应用

（2）图13-20展示的是装载机平面图。这类图形没有尺寸标注,图线繁密,需要学生对绘图比例及结构布置有精准的把握,绘制难度较大。

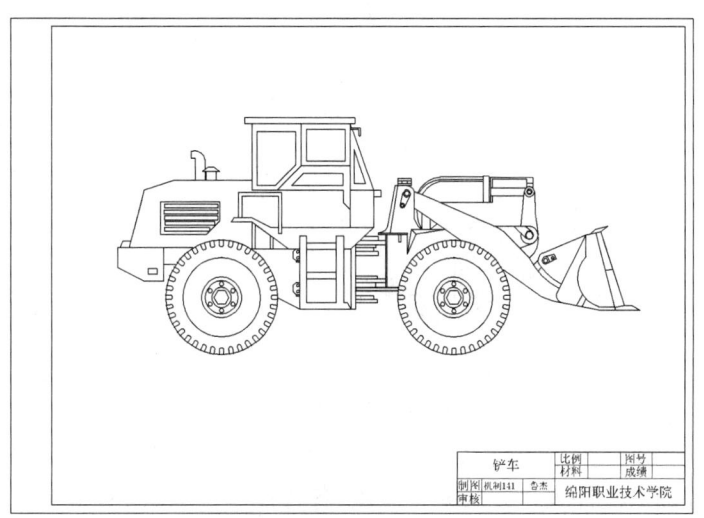

图13-20　装载机平面图

（3）图13-21绘制的是一组螺纹紧固件连接图。螺纹紧固件是一种日常生活和工业设计中十分常见的标准件,按照制图国家标准、查阅手册绘制标准的螺纹紧固件是机械专业学生必备的专业技能之一。

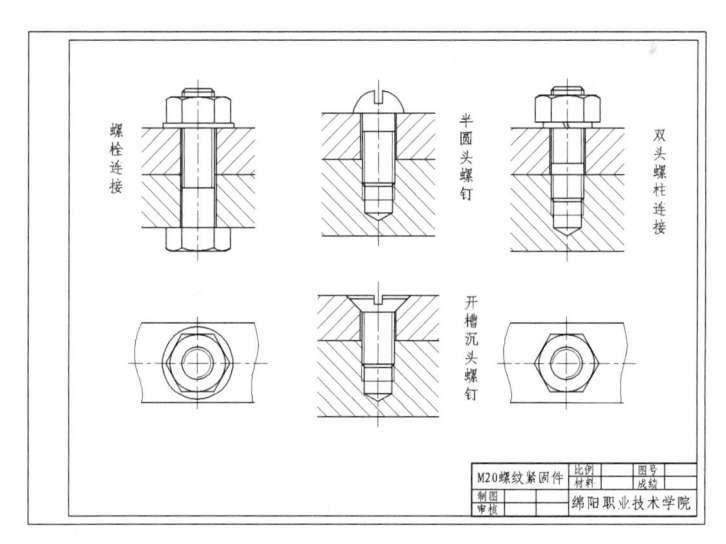

图13-21　螺纹紧固件连接图

（4）图13-22绘制的是建筑物轴测图。轴测图是我们在平面坐标系下绘制的具有立体感的图形,是三维软件出现前工程技术人员表达立体结构的主要方法之一。它虽然即将成为历史,但在黑白图纸上、在工程技术人员日常交流过程中,轴测图仍然具有生命力。

- 257 -

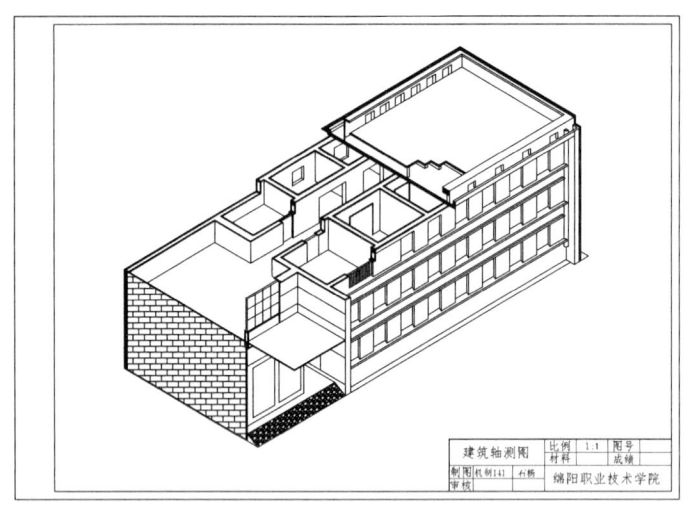

图13-22 建筑物轴测图

(5)图13-23展示的是输出轴零件图。这类零件图的表达相对固定,移出断面图、局部放大图、简化画法等辅助机件表达方法配合应用,各种技术要求的CAD正确标注方法,这些都是学生学习专业图纸绘制的很好示例。

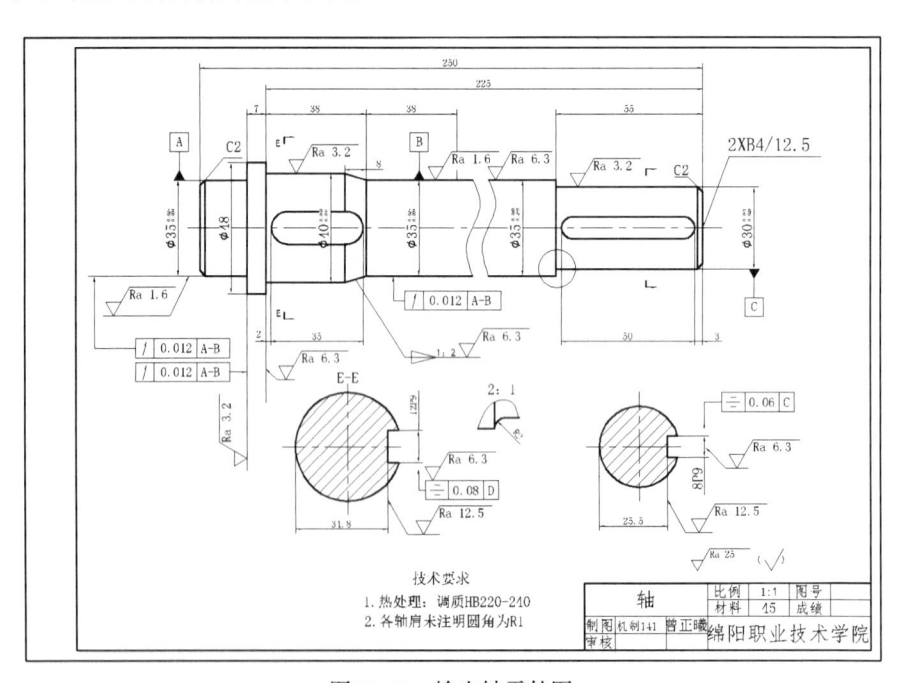

图13-23 输出轴零件图

(6)图13-24展示的是箱体类零件的典型代表减速器下箱体零件图。箱体类零件的表达最为复杂,减速器的设计是机零机原课程设计的经典题目,需要学生综合应用各种机件的表达方法。可见学生的绘图功底非常扎实,是勤学苦练才能达到的效果。由此体现出"不积跬步,无以至千里;不积小流,无以成江海"的含义。

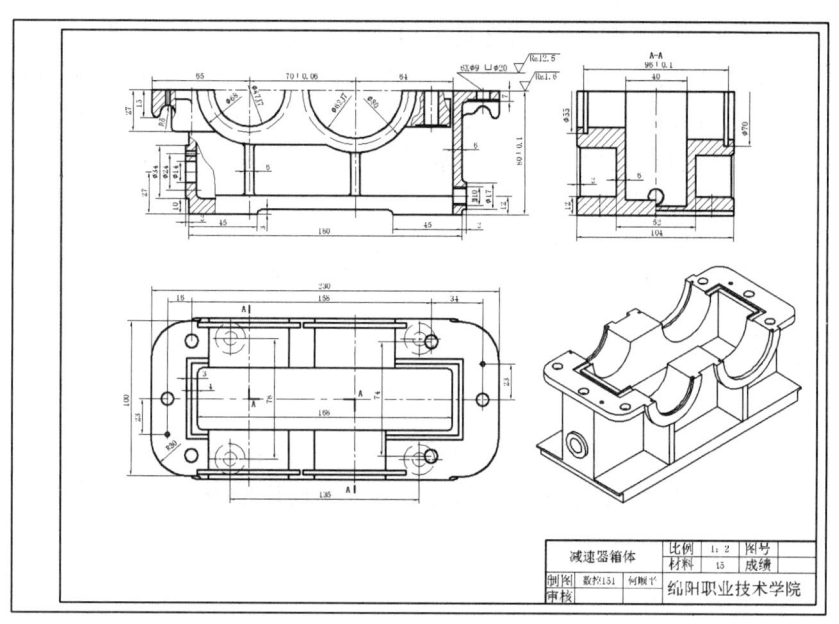

图13-24　减速器下箱体零件图

（7）图13-25绘制的是溢流阀装配图。装配图的绘制是对学生CAD绘制能力的终极挑战。既要求学生能熟练识读装配体各个部件的零件图,又要懂装配原理和画法。如果学生能很好完成图中所示难度的装配图,则表明学生很好地完成了《识图与制图》课程,专业能力迈上了新的台阶。

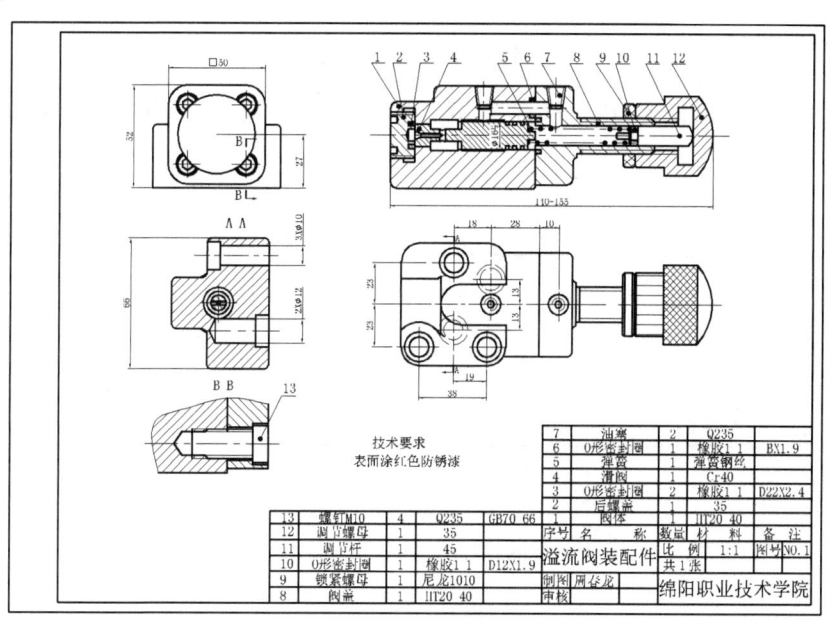

图13-25　溢流阀装配图

这些学生CAD作品无不体现学生打造精品、奉献精品的坚定信念,无不体现学生明察秋毫、精益求精的良好品质。学生在追求作品完美的过程中,心灵得到洗涤,意志得到磨炼。沉

住气、静下心,一丝不苟投入作品创作,这是工程技术人员必备的优良品质。

这些学生CAD作品只是千千万万个学生作品的缩影,这些优秀的作品映射出学院雄厚的办学软实力。《识图与制图》课程将思想政治教育贯穿到全程、全方位育人过程中,以课程为渠道,在教学中渗透思政教育,将思政元素融入到教学体系中,实现知识导向和价值引领相结合的协同育人,积极推进学院"三教改革"和"三全育人"工作。学生学而不厌,教师诲人不倦,学生一定会像花儿一样,次第开放,漫山遍野。

思考与练习

(1)查阅《国旗法》,参照二号国旗绘图布置,用A4图幅绘制三号图旗。
(2)参照图13-25,创建几何公差基准代号和表面结构代号图块。

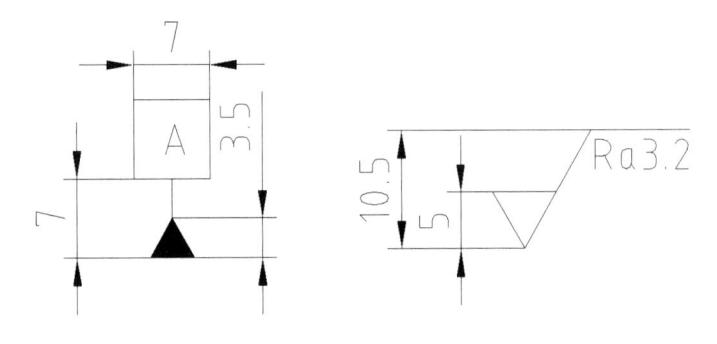

图13-25 创建图块

(3)按照教材要求设置"机械样式"字体,完成图13-26所示标题栏,文字采用多行文字输入。

图13-26 标题栏绘制